T0255150

Stefan Deschauer

DAS ZWEITE RECHENBUCH
VON ADAM RIES

Aus dem Programm Mathematik

Ellwyn R. Berlekamp, John H. Conway und Richard K. Guy
Gewinnen
Strategien für mathematische Spiele
Band 1: Von der Pike auf
Band 2: Bäumchen wechsle dich
Band 3: Fallstudien
Band 4: Solitairspiele

Albrecht Beutelspacher
„Das ist o. B. d. A. trivial!"
Eine Gebrauchsanleitung zur Formulierung mathematischer Gedanken mit vielen praktischen Tips für Studenten der Mathematik und Informatik

Albrecht Beutelspacher
Luftschlösser und Hirngespinste
Bekannte und unbekannte Schätze der Mathematik, ans Licht befördert und mit neuem Glanz versehen

Konrad Jacobs
Resultate
Ideen und Entwicklungen in der Mathematik
Band 1: Proben mathematischen Denkens
Band 2: Der Aufbau der Mathematik

Serge Lang
Faszination Mathematik
Ein Wissenschaftler stellt sich der Öffentlichkeit

Serge Lang
MATHE!
Begegnungen eines Wissenschaftlers mit Schülern

Herbert Meschkowski
Denkweisen großer Mathematiker
Ein Weg zur Geschichte der Mathematik

Stefan Deschauer

DAS ZWEITE RECHENBUCH VON ADAM RIES

Eine moderne Textfassung
mit Kommentar und
metrologischem Anhang
und einer Einführung
in Leben und Werk
des Rechenmeisters

Herausgegeben von Erich Ch. Wittmann

Dr. Stefan Deschauer
Mathematisch-Geographische Fakultät
Katholische Universität Eichstätt
Ostenstraße 26-28
8078 Eichstätt

Die Deutsche Bibliothek – CIP-Einheitsaufnahme

Deschauer, Stefan:
Das zweite Rechenbuch von Adam Ries: eine moderne
Textfassung mit Kommentar und metrologischem Anhang und
einer Einführung in Leben und Werk des Rechenmeisters /
Stefan Deschauer. Hrsg. von E. Chr. Wittmann. –
Braunschweig; Wiesbaden: Vieweg, 1992
   ISBN 978-3-528-06412-9   ISBN 978-3-322-84020-2 (eBook)
   DOI 10.1007/978-3-322-84020-2
NE: Riese, Adam: Rechenbuch

Alle Rechte vorbehalten

© Springer Fachmedien Wiesbaden 1992
Ursprünglich erschienen bei Friedr. Vieweg & Sohn Velagsgesellschaft mbH, Braunschweig/Wiesbaden, 1992
Softcover reprint of the hardcover 1st edition 1992

Der Verlag Vieweg ist ein Unternehmen der Verlagsgruppe Bertelsmann International.

Das Werk einschließlich aller seiner Teile ist urheberrechtlich geschützt. Jede
Verwertung außerhalb der engen Grenzen des Urheberrechtsgesetzes ist ohne
Zustimmung des Verlags unzulässig und strafbar. Das gilt insbesondere für
Vervielfältigungen, Übersetzungen, Mikroverfilmungen und die Einspeicherung
und Verarbeitung in elektronischen Systemen.

Gedruckt auf säurefreiem Papier

Meiner lieben Frau
Gabriele

hynden zu behmischen groß:Als dan nim dem
fordern hynwegk eynen behmischen groß: des
gleychen dem mittelnn stett also
.80. .4 Reynisch .z160.

Gewant

Item eyner kaufft zwen seum gewant zu pruck
in flandern/kost ein tuch 13 flo:ein halben/helt 1
seum zz tuch:kosten mit furlohnn piß ghenn .
Preßburgk in Vngernn 34 flo: Alda gibt er ein
tuch fur 1z flo:wierdthalben ort vngerisch/vnd
100 vngerisch/thun 136 flo: ein ort reynisch/fa=
cit gewin am reynischen golt 143 flo:17 ß vnd
anderhalben heller:Ader am vngerischen goldt
gewint er 105 vngerisch:15 ß/10 heller/vnd eyn
halben//machs also rechen zum ersten was die
tücher kosten/zum selbigen addir das furlohnn
vnnd vorzeychen es //ein weyl darnach rechen
wieuil er vnngerisch darauß kaufft//das selbig
mach zu reynischen:vnd nym ab was dich die
tücher gekost habē:so pleybt dir reynisch gewin:
den mach zu vngerisch/wie angezeyt:so kōmet
das facit wie oben gesatzt

Kusti

Item eyner kaufft zcu Venedig ein sagk mit neß
E ij

Vorwort

Eine der bedeutendsten kulturellen Leistungen der Menschheit ist die Erfindung des dezimalen Stellenwertsystems zur Darstellung von Zahlen. Zwar hatten einige antike Hochkulturen (z. B. die Ägypter) Zahlensysteme entwickelt, in denen in Anlehnung an die Zehnzahl der Finger das Prinzip der Zehnerbündelung realisiert war, aber nur in der Weise, daß jeweils zehn Einheiten durch eine neue ersetzt und mit einem neuen Zahlzeichen geschrieben wurden; andererseits kannten die Babylonier bereits eine primitive Stellenwertschreibweise. Doch blieb es den Indern in den ersten nachchristlichen Jahrhunderten vorbehalten, Zehnerbündelung und Positionsschreibweise miteinander zu kombinieren, wobei neben den Zeichen für 1 bis 9 besonders die konsequente Verwendung eines positionellen Leerzeichens — der Null — hervorzuheben ist.

Im 8. Jahrhundert wurde das dezimale Positionssystem bei den Arabern bekannt, und in einer spanischen Klosterhandschrift aus dem 10. Jahrhundert findet sich der früheste Nachweis für das neue System im Abendland. Von dieser Zeit an verbreiteten sich die neuen Kenntnisse allmählich in europäischen Gelehrtenkreisen, zunächst in Italien, doch dauerte es noch Jahrhunderte, bis sie zum Allgemeingut der abendländischen Völker wurden.

Eine so grundlegende Veränderung der Zahlenschreibweise und der Rechentechnik in allen Bevölkerungsschichten konnte sich nur unter dem Einfluß schwerwiegender äußerer Umstände anbahnen. Vor allem waren es der glanzvolle Aufschwung von Handwerk und Gewerbe, die Ausbeutung neu entdeckter reicher Lagerstätten von Silbererz und der aufblühende Handel in Europa und mit dem Orient seit dem 15. Jahrhundert, für die die Möglichkeiten der althergebrachten römischen Zahlenschreibweise und des Rechnens auf dem Rechenbrett bei weitem nicht mehr ausreichten. Auch die Entwicklung der Technik machte in der Renaissancezeit bedeutende Fortschritte: Hier ist in erster Linie die Erfindung des Buchdrucks mit beweglichen Bleilettern zu nennen, die Johann Gutenberg um 1445 gelang. Eine bisher ungeahnte Dimension der Wissens- und Informationsvermittlung war damit eröffnet, und die ständig wachsende Zahl der Druckereien bezeugte, daß das neue Gewerbe seine Marktchancen erkannte und zu nutzen verstand.

Der Boden für eine "mathematische Bildungsoffensive" war also bereitet, doch für ihren Erfolg im deutschen Sprachraum bedurfte es der besonderen pädagogischen Intuition und des außergewöhnlichen didaktischen Talents eines Adam Ries. Zwar schrieben damals viele Rechenmeister auch Rechenbücher, die über den engeren Schülerkreis hinaus eine gewisse Verbreitung fanden. Doch als der dreißigjährige Ries erstmals sein zweites Rechenbuch

VIII

vorlegte, begann eine Entwicklung, an deren Ende ganz Deutschland zur
Rechenschule des Franken geworden war. Wohl niemals sonst ist die "Re-
publikanisierung" (nach einem Wort von Heinrich Winter [53, S. 53]) einer
Kulturtechnik in Deutschland so sehr dem Verdienst eines einzigen Mannes
zuzuschreiben, so daß sich die Verbindung von Sache und Person dem
Volksbewußtsein zu Recht so tief eingeprägt hat: ... macht nach Adam
Riese ...
Zur 500. Wiederkehr des Geburtsjahres von Adam Ries im Jahr 1992 lag es
nahe, das 2. Rechenbuch, auf das sich die populäre Redensart ursprünglich
bezog, als Nachdruck erscheinen zu lassen; dementsprechend liegt inzwi-
schen erstmals eine Faksimile-Ausgabe der 1. Auflage von 1522 [16d] vor.
Der Verfasser hat sich jedoch von der Überlegung leiten lassen, daß ein
Nachdruck allein nicht genügt, um dieses einmalige Kulturdokument heute
einer breiteren Öffentlichkeit zugänglich zu machen.
Es ist einerseits die sprachliche Barriere, die es zu überwinden gilt.
Der Text ist, vereinfachend gesagt, in einer frühneuhochdeutschen Sprache
verfaßt, die an der damaligen Umgangssprache orientiert ist und zahlreiche
idiomatische Wendungen enthält. Die Nähe zur Umgangssprache kann nicht
verwundern, da das Neuhochdeutsche — nach dem jahrhundertelangen Gebrauch des Lateinischen als Gelehrtensprache — erst am Anfang seiner
Entwicklung zur Schriftsprache stand. Man bedenke, daß um 1520 noch 90 %
aller in Deutschland erschienenen Bücher lateinisch abgefaßt waren! Die
deutsche Schriftsprache wurde vor allem von der zeitgenössischen Luther-
bibel, aber auch von Textzeugnissen wie den Riesschen Rechenbüchern
beeinflußt. (Riesens Beitrag zur Sprachentwicklung ist allerdings von der
Deutschen Sprachwissenschaft bislang nicht einmal ansatzweise untersucht
worden, und in keiner mir bekannten deutschen Literaturgeschichte wird
sein Name erwähnt.) Da mathematische Texte heute in einer hochentwickel-
ten, abstrakten Fach- und Formelsprache geschrieben sind, die jeder Schüler zusammen mit den fachlichen Inhalten erlernen muß, bereitet eine eher
umgangssprachliche Formulierung mathematischer Sachverhalte Schwierig-
keiten, die zu den Problemen, einen frühneuhochdeutschen Text zu verstehen, noch hinzukommen.
Heute veraltete arithmetische und algebraische Techniken, z. B. das Linienrechnen und der doppelte falsche Ansatz, sowie überholte Kaufmannsprak-
tiken wie etwa der Warentausch bilden eine zweite, methodische Barriere,
die das Verständnis erschweren. Darüber hinaus stiftet die Fülle der verschiedenen, nichtdezimal strukturierten Geldwerte, Gewichte, Hohlmaße und
anderen Größenbereiche zunächst Verwirrung und führt zu ungewohnten
rechnerischen Komplikationen.
In zahlreichen Gesprächen mit Fachkollegen aus der Didaktik und der
Geschichte der Mathematik, insbesondere den Herren Prof. Dr. E. Ch.

Wittmann / Dortmund, Prof. Dr. M. Folkerts / München und Prof. Dr. H. Wußing / Leipzig, entstand daher aus Anlaß der bevorstehenden 500-Jahr-Feier die Idee, dem 2. Rechenbuch von Adam Ries (Erstausgabe 1522) eine modernisierte Textfassung zu geben, einen ausführlichen Kommentar zu schreiben und eine vollständige Metrologie zu erstellen, die auch warenkundliche Angaben und die Preise der Waren enthält.

Das Projekt konnte ich nun mit Hilfe des Verlags Vieweg realisieren, wobei ich mich für die Betreuung durch den Herausgeber, Herrn Prof. Wittmann, herzlich bedanke.

Ich möchte hier kurz auf Kriterien eingehen, die der Übertragung des Originaltextes aus der Erstausgabe von 1522 in die moderne Fassung zugrunde lagen. Diese Modernisierung mußte behutsam durchgeführt werden, wenn man dem Riesschen Text keine Gewalt antun wollte. Dazu gehörte, die obenerwähnte umgangssprachliche Diktion weitgehend zu belassen und moderne Fachausdrücke, die Ries noch nicht geläufig waren, nach Möglichkeit zu vermeiden.

Z. B. wurde "tausend tausend mal tausend" (aus dem Kapitel "Numerieren", in modernisierter Schreibweise) nicht mit "Milliarde", "die Zahl, von der du nehmen willst" (aus dem Abschnitt "Subtrahieren" zum Linienrechnen) nicht mit "Minuend" und "die Zahl, die beim Dividieren herausgekommen ist" (aus dem Abschnitt "Dividieren") nicht mit "Quotient" übersetzt. Auch die Formulierung "7 Gulden an 100" (Nr. 103) zur Bezeichnung eines 7%igen Gewinns wurde beibehalten – Ries kannte das Wort "Prozent" noch nicht. Andererseits mußte z. B. der Begriff *figur* (für "Ziffer") aufgegeben werden, da die heutige Bedeutung unweigerlich zu Mißverständnissen geführt hätte. Wenn Ries im Originaltext schreibt, daß die Nullen *zur obersten zal forn* anzusetzen sind (vgl. den Abschnitt "Multiplizieren" bei den schriftlichen Rechenarten), so ist aufgrund unserer Orientierung von links nach rechts *forn* mit dem Gegenbegriff "hinten" wiederzugeben. Entsprechend habe ich die *letzte figur* bei einer mehrzifferigen Zahl sinngemäß mit "Ziffer des höchsten Stellenwerts" übersetzt (vgl. den Abschnitt "Multiplizieren" zum Linienrechnen).

An dem letzten Beispiel wird deutlich, daß nicht immer eine konsequente Anwendung des obengenannten Kriteriums möglich war, denn der moderne Begriff "Stellenwert" gehört nicht zur Riesschen Terminologie. In solchen Fällen – vgl. auch "Wachstumszahl" anstelle von *vbertretung* im Kapitel "Progression" und "Vertausche die Diagonalzahlen spiegelbildlich" anstelle von *Vorwechssel außwendigk vñ inwendig* im Abschnitt über die magischen Quadrate (Nr. 7) – mußte die Verständlichkeit bei der Übertragung des Textes im Vordergrund stehen.

Wesentlich einfacher war es, ein anderes sinnvolles Prinzip zu berücksichtigen und weitestgehend durchzuhalten: die gleichförmige Übertragung je-

X

weils identischer Begriffe und Redewendungen aus dem Originaltext. So habe ich etwa *resoluirn* stets mit "auflösen" und die Rechenvorschrift *mach schilling* (aus dem Kapitel "Vom Geldwechsel") mit "Wandle in Schillinge um" wiedergegeben — ebenso bei anderen Münz- und Maßeinheiten. Andererseits sah ich bei anderen, teilweise ähnlichen umgangssprachlichen Wendungen wie "Mache die Groschen zu Gulden" (modernisierte Schreibweise) keinen Anlaß zu einer Umformulierung, da sie auch heute noch gut verständlich sind.

Veraltete Latinismen wie *mensur* und *species* habe ich durch die heute geläufigen Begriffe "Maß" und "Vermessung" bzw. "Rechenart(en)" ersetzt — vgl. auch das bereits zitierte Verb *resoluirn* —, bei den Rechenoperationen *Duplirn* und *Medirn* aber notwendigerweise eine Ausnahme gemacht, da Ries sie definiert. Aus ähnlichem Grund mußte auch "vielmachen" (modernisierte Schreibweise) stehenbleiben, das jeweils bei der Definition des Multiplizierens vorkommt.

Bei der Übertragung mancher untergegangener Fachbegriffe aus dem Wirtschaftsleben (z. B. *schissen vmb* in der Bedeutung von "Geld zuschießen für", *leymat* für "Leinwand" und *lassitz* für "Wieselfell(e)") war mir Jacob und Wilhelm Grimms 16bändiges "Deutsches Wörterbuch" eine unentbehrliche Hilfe. Für weitere Detailfragen zur Fachsprache des Originaltextes sei auf den entsprechenden Abschnitt in der genannten Faksimile-Ausgabe [16d] verwiesen. Für die kritische Durchsicht der modernen Textfassung und zahlreiche Anregungen bin ich Frau Prof. Dr. L. Hefendehl-Hebeker / Augsburg und den Herren Prof. Dr. W. L. Fischer / Erlangen-Nürnberg, Prof. Dr. H.-J. Vollrath / Würzburg und Prof. Dr. E. Ch. Wittmann zu Dank verpflichtet. Ich hoffe somit, dem Leser einen verständlichen Text vorlegen zu können, der dennoch den Riesschen "Originalton" weitgehend bewahrt hat. Dabei bin ich mir bewußt, daß man sich in manchen Zweifelsfällen mit guten Gründen auch zu anderen Formulierungen hätte entschließen können. Die Ideallösung einer Textübertragung aber kann es nicht geben, zahlreiche, nicht immer befriedigende Kompromisse mußten in Kauf genommen werden, und letztlich entscheidet auch der persönliche Geschmack darüber, ob das schwierige Unterfangen der Modernisierung des Textes gelungen ist.

Notwendige oder wünschenswerte Textergänzungen sind durch runde Klammern, Texttilgungen durch eckige Klammern gekennzeichnet. In Anlehnung an Riesens 3. Rechenbuch [19] habe ich die Aufgaben im Text numeriert, was die anschließende Kommentierung wesentlich erleichtert. Die Numerierung setzt mit dem Kapitel "Dreisatz" ein und beginnt in den Kapiteln zum doppelten falschen Ansatz und zur Zechrechnung jeweils von neuem.

Im Originaltext der Erstausgabe finden sich keinerlei Abbildungen. Deshalb habe ich mir erlaubt, den Text nach thematischen Gesichtspunkten mit

Holzschnitten aus der Auflage von 1578 [16c], aber auch aus dem Rechenbuch von Johannes Widman von 1508 [25] zu illustrieren. Diese Freiheit entspricht der Gepflogenheit der damaligen Buchdrucker, die ihre Druckwerke nach Gutdünken bebildert haben.

Der Kommentar ist bewußt ausführlich gehalten, damit jeder mathematisch interessierte Leser die genannte "methodische Barriere" überwinden kann; das Werk soll ja nicht nur Spezialisten zugänglich sein. Über das rein Methodische hinaus finden sich auch einige Hinweise zur Sprachentwicklung und — ebenso wie im metrologischen Anhang — zum wirtschaftshistorischen Hintergrund. Für den Kommentar zur Vorrede verdanke ich den Altphilologen Prof. Dr. H.-J. Tschiedel / Eichstätt, Prof. Dr. M. Baltes / Münster und Dr. H. Schreckenberg / Münster wertvolle Hinweise.

Der metrologische Teil kann zugleich als Sachregister dienen.

Im Literaturverzeichnis sind Texteditionen unter "Sekundärliteratur" aufgeführt, wenn in erster Linie der Kommentar der jeweiligen Herausgeber herangezogen wurde.

Für die freundliche Genehmigung des Nachdrucks der Abbildungen und Holzschnitte danke ich der Rare Book and Manuscripts Library der Columbia University in New York, der Bibliothek des St. John's College in Cambridge / England, der Staatlichen Bibliothek Regensburg, der Commerzbibliothek Hamburg, der Universitätsbibliothek Eichstätt, dem Institut für Geschichte der Naturwissenschaften der Universität München, dem Erzgebirgsmuseum in Annaberg-Buchholz, dem Museum Adam-Ries-Haus in Annaberg-Buchholz und der Verlagsbuchhandlung Vandenhoeck & Ruprecht in Göttingen.

Dem Verlag Vieweg danke ich abschließend für die Annahme zur Veröffentlichung, die Herstellung und die gelungene Umschlaggestaltung.

Im Jubiläumsjahr 1992 werden Person und Leben des Adam Ries in den Blickpunkt der Öffentlichkeit rücken. Möge das vorliegende Buch dazu beitragen, auch das Werk des sprichwörtlich populären Rechenmeisters wieder zu aktualisieren.

Eichstätt, im Oktober 1991   Stefan Deschauer

Inhalt

Adam Ries — Leben und Werk

Adam Ries wurde im Jahre 1492 im fränkischen Staffelstein geboren, über Kindheit und Jugend ist wenig bekannt. 1509 hielt er sich in Zwickau, 1515 vermutlich erstmals kurz im sächsischen Annaberg auf, einer jungen, aufgrund des damaligen Silberreichtums im Erzgebirge aufblühenden Bergwerksstadt. 1518 wurde Ries in Erfurt seßhaft und begründete dort eine Rechenschule. Erfurt war zu dieser Zeit eine der bedeutendsten Handelsstädte in Europa, und die angehenden Handwerker und Kaufleute waren auf die Vermittlung solider Rechenkenntnisse im Privatunterricht bei Rechenmeistern angewiesen.

Ries, der selbst keine Universitätsausbildung genossen hatte, dürfte seine Wander- und Lehrjahre (1509—1518) genutzt haben, sich die notwendigen Fähigkeiten autodidaktisch anzueignen. Man vermutet insbesondere, daß er eine Ausbildung bei Nürnberger Rechenmeistern erfahren hat.

In Erfurt trat er mit Universitäts- und Humanistenkreisen in Verbindung. Von besonderer Bedeutung war die Freundschaft mit dem Mediziner Dr. Georg Sturtz (oder Stortz), dem späteren Universitätsrektor. In dessen Privatbibliothek lernte Ries u. a. die Rechenbücher von Jakob Köbel [10, 11] und Johannes Widman [25] kennen, vermutlich auch ein Werk von Heinrich Schreiber (Henricus Grammateus) [22], der zur selben Zeit in Erfurt wirkte, und außerdem ein "altes verworfenes Buch" — die heute in der Dresdener Landesbibliothek befindliche Sammelhandschrift C 80 [6] —, das ihn zu seinen Algebra-Studien veranlaßt hat.

Sturtz war es auch, der ihn zur Herausgabe eigener Rechenbücher drängte. Der Anstoß für den beispiellosen Erfolg des jungen Rechenmeisters war damit gegeben. Begünstigt durch die fortschreitende Entwicklung der Buchdruckerkunst, erreichte Ries mit seinen Büchern interessierte und lernbegierige Kaufleute und Handwerker im gesamten deutschen Sprachraum. Seine Werke erfüllten in einer Zeit des wirtschaftlichen Umbruchs und Aufschwungs eine wichtige Funktion. Das schwerfällige Linienrechnen, die mittelalterliche Version des Rechnens auf dem Rechenbrett (Abakus), genügte den ökonomischen Anforderungen nicht mehr. Dieses Linienrechnen war in gewisser Weise mit den römischen Zahlen kompatibel, die damals noch überwiegend verwendet wurden. Wer einmal versucht hat, mit römischen Zahlen zu rechnen, kann sich eine Vorstellung machen, wie beschränkt die rechentechnischen Möglichkeiten damals waren. In Gelehrtenkreisen wurde schon längst mit den "neuen" Ziffern gerechnet, doch das dezimale Stellenwertsystem war noch keineswegs Allgemeingut geworden. Ja es gab sogar ideologische Widerstände gegen das neue System, da es einem nichtchristlichen Kulturkreis (der indischen bzw. islamischen Welt) entstammte. Besonders die Null galt als suspekt: Sie *bedeut alleyn nichts / sonder* (außer) *wen sie andern furgesatzt* (von rechts) *wurd macht sie die selbigen mehr bedeutten* — schreibt Ries in seinem 1. Rechenbuch (2. Auflage 1525, Anmerkungen in Klammern vom Verf.). Hatte hier nicht der Teufel seine Hand im Spiel?

Schon vor Ries, aber auch zeitgleich mit ihm, haben andere Autoren Rechenbücher geschrieben, in denen das Ziffernrechnen gelehrt wurde. Doch war diesen Rechenmeistern oder Universitätsprofessoren nicht annähernd der Erfolg beschieden, den Ries für sich verbuchen konnte; ihre Namen (Wagner [3], Widman [25], Köbel [11], Apian [2], Böschensteyn [4], Albert [1], Rudolff [21], Schreiber alias Grammateus [22] — um nur die wichtigsten zu nennen) sind heute nur noch den Mathematikhistorikern vertraut.

Was war nun das Erfolgsrezept des Adam Ries?

Titelblatt des 1. Rechenbuchs (2. Auflage 1525)

Sein 1. Rechenbuch "Rechnung auff der linihen / gemacht durch Adam Riesen vonn Staffel-//steyn / in massen man es pflegt tzu lern in allen //

rechenschulen / gruntlich begriffen anno 1518", dessen nicht mehr erhaltene Erstausgabe zwischen 1518 und 1522 erschienen ist, war, wie der Titel verrät, noch ganz dem Linienrechnen gewidmet. An diesem Buch besticht nicht die überholte Methode, sondern der Inhalt: eine Sammlung von gefälligen und ungemein praktischen Aufgaben aus verschiedenen Bereichen des Wirtschaftslebens. Wir finden Preisberechnungen von Waren wie Wein, Öl, Unschlitt, Wachs, Honig, Zwiebelsamen, Hafer, Stroh, Heu, Kalmus, Alaun, Weinstein, Feigen, Pfeffer, Ingwer, Safran, Nelken, Lorbeer, Wolle, Tuch, von Stoffen verschiedener Qualitäten, von Leder, Zinn, Messing, Silber und Gold. Die zentrale Methode ist dabei der Dreisatz, wobei die Rechnungen aufgrund der nichtdezimalen Struktur der Größenbereiche (Geldwerte, Gewichte, Längen und Hohlmaße) komplizierter als heute sind. Ries bringt auch Aufgaben zum Warentransport, wobei eine Ware in einer Stadt A gekauft und in einer anderen Stadt B verkauft wird. Wenn nun in A ein anderes Geldwert- und / oder Gewichtssystem als in B gilt, werden die Rechnungen ziemlich umfangreich. Ein eigenes Kapitel ist daher auch dem "Geldwechsel" gewidmet. Ferner gibt es Aufgaben zur "Silber- und Goldrechnung" (Berechnung von Feingehalten und Preisen von Legierungen), zur "Gesellschaftsrechnung" (Berechnung von Geschäftsgewinnen bei unterschiedlichen Kapitaleinlagen der Gesellschafter) und zum Warentausch. Die Anordnung der Aufgaben erfolgt nach dem Prinzip des Aufsteigens vom Einfachen zum Schwierigeren, überall wird das Lösungsverfahren ausführlich beschrieben, aber nicht begründet.

Ries hat das Buch ausdrücklich für Kinder geschrieben, was damals sehr ungewöhnlich war, weil im allgemeinen erst angehende Berufspraktiker das Rechnen erlernten. Sein Erstlingswerk erlebte noch drei weitere Auflagen, und heute kennt man nur noch die 2. Auflage mit dem Titelzusatz: "vleysigklich vberlesen / zum andern mall // in trugk vorfertiget.// Getruckt zu Erffordt zcum // Schwartzen Horn. // 1525"

Bereits 1522 ließ Ries sein 2. Rechenbuch folgen: "Rechenung auff der linihen // vnd federn in zal / maß / vnd gewicht auff // allerley handierung / gemacht vnnd zu // samen gelesen durch Adam Riesen // võ Staffelstein / Rechenmey-//ster zu Erffurdt im // 1522. Jar." Nach einer kurzgefaßten Abhandlung des Linienrechnens behandelt er das Ziffernrechnen, den "Algorismus", der über Indien und die islamische Welt nach Europa vorgedrungen war. Dabei sind gewisse Unterschiede zu unseren heutigen schriftlichen Rechenverfahren festzustellen.

Die Aufgabensammlung des 1. Buchs ist jetzt erheblich erweitert, wobei auch schwierigere Aufgaben auftreten. Alle damals relevanten Bereiche des Wirtschaftslebens werden nun berücksichtigt — so sind im Vergleich zum 1. Buch z. B. die Aufgaben zur Zins- und Zinseszinsrechnung, zur Metallurgie und zum "Münzschlag" hinzugekommen. Andererseits findet man zahlreiche

4

Aufgaben zur sog. Unterhaltungsmathematik, die, losgelöst von jeder praktischen Anwendung, Freude an mathematischen Problemen und Rätseln vermitteln sollen. Solche Denksportaufgaben sind seit jeher Teil der Beschäftigung der Menschen mit Mathematik gewesen und füllen noch heute die Spalten von Wochenendzeitungen und Zeitschriften. In diesem Zusammenhang sind auch die magischen Quadrate zu nennen, für die Ries ein Konstruktionsverfahren angibt.

Ein umfangreiches Kapitel des Buchs behandelt Aufgaben, die wir heute mit Hilfe von linearen Gleichungen lösen würden. Ries verwendet die von den Chinesen und Arabern überlieferte Methode des sog. doppelten falschen Ansatzes (Regula falsi): Man setzt zwei (falsche) Lösungszahlen an, die passend miteinander verrechnet werden müssen, so daß man schließlich zum richtigen Ergebnis gelangt. Die Wahl dieser Methode verrät wieder das Bemühen von Ries, die Leser (das Buch ist für *junge anhebende schuler* geschrieben, worunter wir uns junge Kaufmanns- und Handwerkerlehrlinge, nicht aber Kinder vorzustellen haben) nicht zu überfordern.

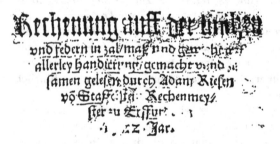

Titelblatt des 2. Rechenbuchs (Erstausgabe 1522)

Im 15. Jahrhundert waren algebraische Kenntnisse von Italien her nach Deutschland vorgedrungen, doch noch zur Zeit von Adam Ries beherrschten nur wenige Gelehrte und Rechenmeister diese Kunst, die sie teilweise sogar bewußt geheimhielten, um davon zu profitieren. Überliefert ist der Fall des Mönches Aquinas, der sich die Lösung einer Algebra-Aufgabe mit 1 Goldgulden, einer damals beachtlichen Summe, (für die man etwa 2 Kälber oder 4 Ziegen kaufen konnte,) entlohnen ließ. Ries, mathematisch voll auf der Höhe seiner Zeit, gehörte zu denjenigen, die zur Verbreitung algebraischer Techniken beitragen wollten: Am Ende des ersten und des 2. Rechenbuchs kündigt er die Veröffentlichung der *regelen Algebre* an, und es ist dazu auch noch ein umfangreiches Manuskript von 1524 erhalten, das aber nie gedruckt wurde und erst im Jubiläumsjahr mit Kommentar erscheinen wird.

Die Algebra war damals noch keine "Buchstabenrechnung" — die vorteilhafte symbolische Notation wurde erst gut 50 Jahre später von dem französischen Mathematiker Vieta entwickelt. Vielmehr läßt sie sich als "Wortalgebra" beschreiben, wobei die Unbekannte, ihre Wurzel, ihr Quadrat und ihre 3. Potenz mit Kunstnamen bezeichnet wurden, etwa mit *cosa* statt x, mit *radix* statt $\sqrt{x}$, mit *census* statt x^2 und mit *cubus* statt x^3. Zur Lösung von linearen, quadratischen und speziellen kubischen Gleichungen gab es in der "Coß" (zeitgenössische Bezeichnung für die Algebra — von ital. *cosa* abgeleitet) zahlreiche Regeln, die alle in Wortform formuliert waren. Während wir heute eine quadratische Gleichung nach einem einheitlichen Schema lösen können und nur einige einfache Fälle gesondert behandeln, mußte der "Cossist" eine Vielzahl von Fällen unterscheiden, da negative Vor- und Rechenzeichen nicht akzeptiert wurden. Cossistische Texte waren daher ziemlich umständlich und wirkten schwierig, was der Geheimnistuerei sicher noch Vorschub leistete. Auch mit der heutigen symbolischen Algebra haben so manche Schüler noch ihre Probleme (und vielleicht schließt sich der eine oder andere Leser rückblickend da mit ein); sie können sich damit trösten, keinen so trefflichen Lehrer wie Adam Ries gehabt zu haben, der am Ende seiner Coß mit Genugtuung feststellt: *Vnd Zum ersten gelernett Heinrich von Elterleinß sohn eynem knaben bey eylff Jarnn.*

Die Erfurter Jahre, in die auch noch der Beginn der Arbeiten am 1. Teil der erwähnten "Coß" (Algebra) fiel, waren zweifellos die wissenschaftlich fruchtbarsten im Leben des Rechenmeisters. 1522/23 übersiedelte er nach Annaberg, 1524 schloß er den ersten Teil der Coß ab, 1525 heiratete er, kaufte ein Haus und legte den Bürgereid ab. Bereits 1524 wurde er Rezeßschreiber von Annaberg, von 1527 bis 1536 hatte er dasselbe Amt auch in Marienberg inne [42]. Ein Rezeßschreiber hatte — vereinfachend gesagt — die Rechnungen der Gruben zu prüfen, Listen über die Ausbeute der Zechen zu führen sowie Gewinne und Verluste ins sog. Rezeßbuch einzutragen. 1532 wurde Ries zum Herzoglichen Berg- und Gegenschreiber befördert: In diesem Amt hatte er u. a. die Zecheneigentümer und deren Anteile namentlich zu führen und persönlich für Schäden und Unkorrektheiten bei der Verwaltung der Grubenanteile zu haften. Von 1533 bis 1539 war Ries Zehntner im Bergamt Geyer. Ein Zehntner hatte letztlich dafür zu sorgen, daß ein Zehntel des Gewinns an den Landesherrn abgeführt wurde — eine außerordentliche Vertrauensstellung: Sie erforderte die sorgfältige Kontrolle und Buchführung über alle gewonnenen und verarbeiteten Erze. Bei Veruntreuung oder Betrug drohte einem Zehntner die Todesstrafe.

Daneben führte Ries auch in Annaberg eine Rechenschule und trat weiterhin als Autor hervor. Auf Veranlassung der Stadt verfaßte er 1533 (erschienen: 1536) ein tabellarisches Werk, das Preisberechnungen zur Erleichterung des Rechnens mit verschiedenen Maßen enthält: "Ein Gerechent Büch-//lein / auff den Schöffel / Eimer / // vnd Pfundtgewicht / zu eh-//ren einem Erbarn / Weisen // Rathe auff Sanct An-//nenbergk. // Durch Adam Riesen. // 1533." (Leipzig 1536)

Daraus konnte z. B. der Bäcker, aber auch sein Kunde entnehmen, wie schwer das "Pfennigbrot", also ein Brot zum Preis von 1 Pfennig, bei schwankenden Getreidepreisen sein mußte. Wie Ries im Vorwort schreibt, geht es ihm darum, daß *der arme gemeine man ym Brotkauff nicht vbersetzt* (übervorteilt — d. V.) *würde.* Damit wird ein Wesenszug seiner Persönlichkeit deutlich, der über seine Tätigkeit als Rechenlehrer und Rechenbuchautor hinaus maßgeblich zum Erfolg beigetragen hat: Sein Selbstbewußtsein verstieg sich nicht zur dünkelhaften Anmaßung manch anderer Gelehrter seiner Zeit, die mit dem gemeinen Volk nichts im Sinn hatten. Er verspürte eine soziale Verantwortung für die einfachen Leute, denen er mit seinen in verständlichem Deutsch abgefaßten arithmetischen Werken zu Diensten sein wollte.

Seine Einstellung gegenüber der Überheblichkeit mancher Berufskollegen charakterisiert folgende nette Anekdote: Ein Rechenmeister, der sich viel auf seine geometrischen Fertigkeiten einbildete und mit Stolz an seinem Hut einen silbernen Zirkel trug, soll sich einmal gerühmt haben, so schnell wie er könne niemand rechte Winkel zeichnen. Ries forderte ihn angeblich zum Wettstreit heraus, und noch bevor der Mann einen einzigen rechten Winkel zustande gebracht hatte, soll Ries mit Hilfe des Thales-Kreises viele solcher Winkel konstruiert haben.

Ein Gerechent Büch=
leütt/auff den Schöffel/Eimer/
vnd Pfundegewichte/ zu eh=
ren einem Erbarn/Weisen
Rathe auff Sanct An=
nenbergk.

Titelblatt des "Gerechent Büchlein" von 1533 (erschienen 1536)

Durch Adam Riesen.
1533

Zu Leiptzick/ hatt gedruckt difs
gerechent Büchlein
Melchior Lotter.
Volendet vnd aufgangen am abendt
des Newen Jars
1536

Andererseits war Ries sich seiner Leistungen und Fähigkeiten schon bewußt, und ohne Scheu stellte er sie auch heraus: Dem Kaiser zum Beispiel schrieb er, daß er *einn Rechenbuch, desgleichen hiervuer nicht wirdet an tagh khemmen sein, in druck ausgehen zu laßen vorhabens* sei. Wo er andererseits Mängel an den Werken seiner Zunftgenossen sah, brachte er sie auch zur Sprache: In der Einleitung zur Coß kritisiert er an den Rechenbüchern von Köbel, daß darin *gantz vnd gar kein grundt Nach vnderrichtung gesatzet ist*, und über Widmans Buch lesen wir, daß *das selbig seltzam vnd wunderlich Zusamen getragenn vnd an wenigk ortten rechte vnderweisung sey*. Kritiker an seiner eigenen Coß hingegen, die womöglich behaupten, sie sei zu schwer zu begreifen, läßt er wissen: *Dan ich hoff gott lob das maul sol den selbigen, so sie es lesenn Zu gestopffet werdenn*. Dazu aber bestand, wie gesagt, keine Gelegenheit, da das Druckvorhaben scheiterte.

Beinahe wäre auch ein weiteres druckfertiges Manuskript des Rechenmeisters, dem 1539 der Ehrentitel "Kurfürstlich Sächsischer Hofarithmeticus" verliehen wurde, ebenso wie das Coß-Manuskript unveröffentlicht geblieben.

Die Arbeiten zum sog. großen Rechenbuch waren bereits in den zwanziger Jahren beendet, doch erst 1550 gelang es Ries, sein Hauptwerk in Druck zu geben: "Rechenung nach der // lenge / auf den Linihen // vnd Feder. // Darzu forteil vnd behendigkeit durch die Proportio-//nes / Practica genant / Mit grüntlichem // vnterricht des visierens. // Durch Adam Riesen. // im 1550. Jar." (Leipzig 1550)

Grund für die Verzögerung waren die hohen Druckkosten, die kein Verleger übernehmen wollte. Schließlich erklärte sich der sächsische Kurfürst bereit, Ries das Geld zu borgen. Durch ein Gesuch an den Kaiser — aus dem Schreiben wurde schon oben zitiert — erreichte Ries sogar nach Begutachtung und Empfehlung durch Gelehrte der Universität Leipzig ein kaiserliches Privileg gegen mißbräuchlichen Nachdruck.

Titelblatt des 3. (großen) Rechenbuchs mit Brustporträt

Es würde hier zu weit führen, den Inhalt dieses umfangreichen Werks, das im übrigen als einziges das bekannte Holzschnittporträt von Ries enthält, im einzelnen vorzustellen. Die Kapitel über das Linienrechnen und das schriftliche Rechnen sind noch wesentlich reichhaltiger als im 2. Buch, und das 3. Kapitel, die sog. Practica, enthält eine beeindruckende Fülle von anspruchsvollen Aufgaben aus der Praxis und der Unterhaltungsmathematik. Ein kurzer 4. Abschnitt beinhaltet schließlich die im 2. Buch angekündigte Visierkunst, d. h. die Inhaltsberechnung von Fässern mit der Meßrute. Das Buch stellt nicht nur den Höhepunkt im Riesschen Gesamtwerk dar — es ist zweifellos, in Übereinstimmung mit Riesens selbstbewußter Voreinschätzung, auch die beste deutsche Arithmetik in der Mitte des 16. Jahrhunderts. Es galt als ausgemacht, daß derjenige, der das Buch erfolgreich durchgearbeitet hatte, selbst zur Meisterschaft in der Rechenkunst gelangt war. Es leuchtet ein, daß der Verbreitungsgrad eines so anspruchsvollen Buchs eher beschränkt war. Nur noch eine weitere posthume Auflage hat es gegeben, die der Enkel Carolus Ries im Jahre 1611 besorgte.

Nach 1550 vollendete Ries den zweiten Teil seiner Coß, der aber ebenso wie der erste niemals gedruckt wurde, obwohl die *regelen Algebre* in allen drei Rechenbüchern vorangekündigt waren. Riesens algebraische Kenntnisse, um 1524 durchaus auf der Höhe der Zeit, sind somit nicht zur Geltung gekommen. Eine Veröffentlichung des Manuskriptes um die Mitte des 16. Jahrhunderts hätte allerdings nicht mehr dem Entwicklungsstand entsprochen, da Michael Stifel inzwischen seine wegweisende "Arithmetica integra" (1539 vollendet) vorgelegt hatte [23].

Am 30. 3. 1559 starb Adam Ries in Annaberg.

Adam Ries hat keine eigenständigen mathematischen Leistungen erbracht, wenn man einmal von seinen wohl originellen Bemühungen im zweiten und 3. Rechenbuch absieht, Konstruktionsverfahren für magische Quadrate zu finden [33, S. 336]. Auch zur mathematischen Symbolik hat er nichts Neues beigetragen — das ihm mitunter zugeschriebene Wurzelzeichen, das er im ersten Teil der Coß verwendet, ist schon früher nachweisbar (bei Rudolff [20, E 4^r ff.] erstmals im Druck). In der Coß scheint Ries (nach einer Mitteilung von Herrn Wußing) allerdings eine eigenständige algebraische Terminologie entwickelt zu haben.

Riesens wahre, überragende Verdienste liegen vielmehr in der weiten Verbreitung der Rechenkunst in allen Bildungsschichten des Volkes. Eine solche Popularisierung war auch die erklärte Absicht des Rechenmeisters: Er stellte sich die Aufgabe, *etwas dem gemeynen man nützlich in trugk zu gebenn, ...* (aus der Widmung im 1. Teil der Coß von 1524 an Sturtz), sein 2. Rechenbuch sollte *ein gemeyn leycht büchlein ... fur iunge anhebende schuler* (Vorrede) werden, und mit dem großen Rechenbuch wollte er *dem gantzen Landt vnd der Jugent zum besten etwas [zu] schreiben* (Vorrede). Sogar die Practica sei *nicht von wegen der scharffsinnigen geschrieben, sondern allein vmb der anhebenden willen* (Abschlußtext der Practica).

Für Riesens enormen Erfolg war vor allem der für die damalige Zeit methodisch besonders geschickte Aufbau seiner Rechenbücher verantwortlich. Um die Leser nicht zu überfordern, beginnt er — im Unterschied etwa zu Ulrich Wagner [3] — stets mit dem bekannten Linienrechnen und setzt es ausdrücklich als methodische Vorstufe zum Ziffernrechnen ein: *Ich habe befunden in vnder weisung der Jugent das alle weg / die so auff den linien anheben des Rechens fertiger vnd laufftiger werden / deñ so sie mit den ziffern die Feder genant anfahen / In den Linien werden sie fertig des zelen / vnd alle exempla der kauffhendel vnd hausrechnung schöpfen sie einen besseren grund / Mügen als denn mit geringer mühe auff den ziffer jre Rechnung volbringen / hierumb hab ich bey mir beschlossen / die Rechnung auff den linien zum ersten zu setzen ...* (aus dem Vorwort zum Linienrechnen im 3. Buch). Ein Vergleich mit dem heutigen Arithmetikunterricht in der Grundschule drängt sich auf: Die schriftlichen Rechenverfahren werden durch entsprechende Operationen mit Spielgeld in der Stellenwerttafel vorbereitet.

Außerdem ist das ungewöhnlich reichhaltige Übungsmaterial zu nennen, das den gesamten Bereich des Wirtschaftslebens im ausgehenden Mittelalter widerspiegelt und wichtige Traditionen der Unterhaltungsmathematik aufgreift. Noch zu Lebzeiten haben Riesens "Exempla" ausdrückliche Anerkennung gefunden: Stifel bezeichnet sie in seiner "Deutschen Arithmetica" von 1545 [24] als "holdseliger" als seine eigenen und übt an ihnen die Methoden der Coß ein. Entgegen manchen Behauptungen (z. B. von Müller [36] und Unger [47, S. 46]) hat Ries keine Aufgabe aus den ihm zur Verfügung stehenden Quellen, etwa von Köbel, direkt übernommen: Natürlich schöpfte er aus den traditionellen Aufgabensammlungen, aber er verstand es, das vorgefundene Material hinsichtlich der Zahlenwerte und des Kontextes zum Teil beträchtlich zu variieren und um zahlreiche originelle Aufgaben zu vermehren. Außerdem galt seine Anordnung und Darbietung des Stoffs lange Zeit als unübertroffen.

Das 2. Rechenbuch aber hat Riesens unsterblichen Ruhm begründet: Die heute noch gebräuchliche Redewendung "... macht nach Adam Ries(e) ..." zur Bekräftigung, daß eine Rechnung richtig ist, ist offenbar aus einer älteren Version "... macht nach Adam Rieses Rechenbuch ..." hervorgegangen. Bis zum Jahre 1656 sind über 108 Auflagen dieses Buches nachweisbar, das dem einfachen Volk unschätzbare Dienste leistete.

Die Riesschen Rechenbücher kamen erst im 18. Jahrhundert durch Christian Peschecks Werke allmählich außer Gebrauch [12, 13]. Die sprichwörtliche Unsterblichkeit des Rechenmeisters ist der verdiente Dank des deutschen Volkes an seinen großen Lehrer.

Der Text des 2. Rechenbuchs
in moderner Fassung

Linienrechnen und schriftliches Rechnen

mit Zahlen, Maßen und Gewichten

im Kaufhandel aller Art

verfaßt und zusammengestellt von

Adam Ries aus Staffelstein

Rechenmeister in Erfurt

im Jahre 1522

14

(Vorrede)

Wie sehr die Arithmetik und die ganze mathematische Wissenschaft vonnöten ist, kann man daraus leicht ermessen, daß nichts auch nur eine geringe Bedeutung haben kann, wenn es nicht aus gewissen Zahlen und Maßen zusammengesetzt ist, daß auch keine Wissenschaft, die man sonst eine freie Kunst nennt, ohne gewisse Maße und Zahlenverhältnisse existieren kann. Deshalb hat Platon, einer der großen Philosophen, zu Recht keinen in seiner Schule oder zu anderen Wissenschaften zugelassen, der sich mit Zahlen nicht auskannte, weil es ihm nicht möglich wäre, in irgendeiner Wissenschaft Fortschritte zu machen. In seinem Zusatz zum Buch "Gesetze", wo er erörtert, wer zu Recht klug genannt werden könne, kommt er bekräftigend zum Schluß, daß ohne Arithmetik, Musik und Geometrie, welche auf der Zahl aufbauen, niemand klug genannt werden kann — und ganz zu Recht! Denn diese Kunst ist, wie Josephus schreibt, nicht von Menschen, sondern von Gott oben herab gegeben, was etwa die Griechen wohlbedacht haben: Wenn sie irgendeinem großes Lob in allen Wissenschaften zuerkennen wollten, sagten sie in einem Sprichwort: 'Er kann zählen.' Auch wurde der obengenannte Platon irgendwann gefragt, wodurch ein Mensch andere Lebewesen übertreffe, und er hat geantwortet, daß er rechnen kann und Zahlenverstand habe — als wäre Rechnen ein Fundament und Grund aller Wissenschaft, wie es auch tatsächlich ist. Denn ohne Zahl kann kein Musiker seinen Gesang vorführen, desgleichen kein Geometer seine Vermessung vollbringen, auch kein Astronom den Lauf des Himmels erkennen, und gleiches gilt für andere Wissenschaften. Über dies alles macht Isidor folgende Aussage: Nimm die Zahl von den Dingen weg, so vergehen sie. Auch gebe es keinen Unterschied zwischen den Menschen und unvernünftigen Tieren als die Erkenntnis der Zahl. Deshalb wird die Rechenkunst anderen "freien Künsten" zu Recht vorangestellt in Anbetracht, daß andere Wissenschaften ohne sie nicht auskommen können.

Deshalb habe ich für junge Schüler, die erst Anfänger sind, ein gewöhnliches, leicht verständliches Büchlein über Linienrechnen und schriftliches Rechnen zusammengestellt mit schönen Regeln und Beispielen, wie es hier nun vorliegt.

Zuerst will ich dich in den Rechenarten auf den Linien unterrichten, danach in den schriftlichen Rechenarten und sodann den Dreisatz nach beiden Methoden anführen.

Numerieren

heißt zählen und lehrt, wie man jede Zahl schreiben und aussprechen soll. Dazu gehören zehn Ziffern, die so geschrieben werden: 1.2.3.4.5.6.7.8.9.0. Die ersten neun haben einen Wert. Die zehnte gilt allein nichts, außer wenn sie anderen Ziffern nachgesetzt wird, so erhöht sie deren Wert. Und du sollst wissen, daß eine jede unten gesetzte Ziffer an der letzten Stelle, d. h. rech-

ter Hand, ihren eigenen Wert hat, an der zweiten Stelle von rechts den Wert
von ebenso vielen Zehnern, an der dritten von so vielen Hundertern und an
der vierten von so vielen Tausendern. Das merke dir in diesen Worten: eins /
zehn / hundert / tausend. Von rechts zähle nach links, und von links sprich
aus nach rechts wie hier:

links   7   8   9   5   rechts

tausend   hundert   zehn   eins

Sind aber mehr als vier Ziffern vorhanden, so setze auf die viertletzte ein
Pünktchen, d. h. auf die Tausenderstelle, und fange gleich dort wiederum an
zu zählen "eins, zehn" etc. bis zum Ende. Sodann sprich aus: So viele Punkte
vorhanden sind, so oft nenne Tausend. Die Hunderter, das ist die drittletzte
Ziffer, sprich für sich allein aus, sodann die letzte und zweitletzte miteinander
wie hier:

8 6 7 8 9 3 2 5 1 7 8

Dies ist sechsundachtzigtausend tausend mal tausend / siebenhunderttausend
mal tausend neunundachtzigtausend mal tausend / dreihunderttausend fünfundzwanzigtausend / einhundertundachtundsiebzig.
Hast du dann eine Zahl zu schreiben, so schreibe den höchsten Stellenwert
zuerst. Werden aber die Tausender, Hunderter, Zehner oder Einer ausgelassen, so setze an die entsprechende Stelle eine 0, wie hier fünfundzwanzig-
tausendundsiebenunddreißig zu schreiben ist: setze 2 5 0 3 7. Also wird für
die Hunderter eine 0 geschrieben.

Von den Linien

Die erste und unterste bedeutet eins, die zweite über ihr zehn, die dritte
hundert, die vierte tausend usw., die nächste darüber stets zehn mal mehr
als die nächste darunter, und jeder Zwischenraum gilt halb soviel wie die
nächste Linie darüber, wie folgendes Diagramm aufzeigt:

~~1 0 0 0 0 0~~		~~hunderttausend~~
5 0 0 0 0		fünfzigtausend
~~1 0 0 0 0~~	5	~~zehntausend~~
5 0 0 0		fünftausend
~~1 0 0 0~~	X	~~tausend~~
5 0 0		fünfhundert
~~1 0 0~~	3	~~hundert~~
5 0		fünfzig
~~1 0~~	2	~~zehn~~
5		fünf
~~1~~	1	~~eins~~
$\frac{1}{2}$		ein halb

Addieren oder Summieren

lehrt, wie man viele und verschiedene Zahlen von Gulden, Groschen, Pfennigen und Hellern in eine Summe bringen soll. Mach's so: Ziehe für dich Linien und teile sie in so viele Felder, wie Münzsorten vorhanden sind. Lege die Gulden gesondert, die Groschen allein, Pfennige und Heller auch jeweils allein. Mache Heller und Pfennige zu Groschen, und was herauskommt, lege zu den Groschen. Danach mache die Groschen zu Gulden und lege sie zu den anderen Gulden — nach Art eines jeden Landes.

Auch sollst du dir merken, daß, wenn fünf Pfennige auf einer Linie liegen, du sie aufhebst und den fünften in den nächsten Zwischenraum darüber legst. Desgleichen auch, wenn zwei Pfennige in einem Zwischenraum liegen: hebe sie auf und lege einen auf die nächste Linie darüber. Dies werden die nächsten beiden Beispiele, bei denen der Groschen für 12 Pfennig und der Gulden für 21 Groschen gerechnet wird, klarmachen.

Einer hat bekommen, wie hier verzeichnet ist:

123		17		9	
234	Gulden	18	Groschen	7	Pfennig
307		11		5	
678		13		6	

Wieviel macht es in einer Summe?

Mach's so: Lege die Gulden gesondert, desgleichen die Groschen und Pfennige. Mache Pfennige zu Groschen und Groschen zu Gulden. Es kommen 1344 Gulden 19 Groschen und 3 Pfennig heraus.

Einer hat das nachstehend aufgeschriebene Geld ausgegeben. Wieviel macht es in einer Summe?

132		13		8	
3456		16		5	
789	Gulden	17	Groschen	7	Pfennig
67		9		6	
282		20		3	
4729		14		5	Summe

Probe

Willst du überprüfen, ob du es richtig gemacht hast, so nimm eine Zahl nach der anderen von der Gesamtsumme weg, so wie du sie aufgelegt hast. Bleibt dann nichts mehr liegen, so hast du es richtig gemacht.

Subtrahieren

heißt abziehen und lehrt, wie man eine Zahl von der anderen nehmen soll. Die Zahl, von der du nehmen willst, lege auf die Linien, die andere Zahl nimm weg. Kannst du sie nicht wegnehmen, so löse einen der oberen Pfennige folgendermaßen auf: Hebe ihn auf, lege einen in den nächsten Zwischenraum darunter und fünf auf die Linie unter dem Zwischenraum. Liegt aber ein Pfennig, der umgewandelt werden soll, in einem Zwischenraum, so lege dafür fünf Pfennig auf die Linie darunter. Auch merke dir: Wenn du Groschen und Pfennige abzuziehen hast, die nicht vorhanden sind, so wechsle einen Gulden in Groschen, ebenso einen Groschen in Pfennige um. Sodann nimm weg, was hinwegzunehmen ist, wie folgendes Beispiel aufzeigt.

Einer ist mir 396 Gulden 8 Groschen und 7 Pfennig schuldig. Er hat 279 Gulden 16 Groschen und 9 Pfennig zurückbezahlt. Wieviel ist er noch schuldig? Mach's so: Lege das Geld auf, das man schuldig ist, und nimm weg, was schon zurückbezahlt ist. So bleiben 116 Gulden 12 Groschen 10 Pfennig liegen. Soviel ist er noch schuldig.

Probe

Willst du die Probe machen, ob das richtig ist, so lege die abgezogene Zahl zur überbliebenen. Kommt die erste aufgelegte Zahl wieder, so ist es richtig.

Duplieren

heißt verdoppeln und ist nichts anderes als mit zwei multiplizieren. Mach's so: Lege die Zahl auf, die dupliert werden soll, und schreibe dir 2 auf. Greife auf die oberste Linie, auf der noch Pfennige liegen, und merke dir, daß eine jede Linie, die mit dem Finger berührt wird, nicht mehr als eins bedeutet, der Zwischenraum darunter ein halb, der darüber fünf, die nächste Linie darüber zehn und so fort, als ob es sich um die unterste Linie handeln würde. Wird aber der Finger hinweggenommen, so haben die Linien ihre vorige Bedeutung. Oben sollst du anfangen. Liegt nun ein Pfennig im Zwischenraum, so greife auf die nächste Linie darüber und sprich: ein halb mal 2 macht 1. Das lege hin. Danach greife herab auf die nächste Linie. Liegen dort Pfennige, so dupliere sie, und was herauskommt, lege nieder. Liegt aber ein Pfennig im Zwischenraum, so verfahre wie gesagt. Desgleichen verfahre mit den Pfennigen auf den Linien so lange, bis nichts mehr zu duplieren vorhanden ist, wie folgende Beispiele aufzeigen.

	8967		17934
zweimal	7583	macht	15166
	5968		11936

Das überprüfe so: Wenn du die Zahl halbierst, die aus dem Duplieren herausgekommen ist, so kommt die erste aufgelegte Zahl wieder.

Medieren

heißt halbieren und ist nichts anderes als eine Zahl in zwei gleiche Teile aufspalten. Mach's so: Lege die Zahl auf, die du halbieren willst. Greife auf die unterste Linie und mediere den nächsten Zwischenraum darüber — wenn sonst noch ein Pfennig darin liegt — mit den Pfennigen auf der Linie. Die Hälfte lege nieder. Danach greife auf die zweite Linie, mediere aber den Zwischenraum und die Linie zusammen, und so fort nach oben hin, bis auf den Linien kein Pfennig mehr zu medieren vorhanden ist. So hast du dann den halben Teil, wie folgende Beispiele erläutern werden.

	8624		4312
halb	7892	macht	3946
	6318		3159

Willst du überprüfen, ob du es richtig gemacht hast, so dupliere die Zahl, die herausgekommen ist. Wird es wiederum die erste aufgelegte Zahl, so ist es richtig.

Multiplizieren

heißt "vielmachen" und lehrt, wie man eine Zahl mit ihr selbst oder einer anderen vervielfältigen soll. Und du mußt vor allen Dingen das Einmaleins gut kennen und auswendig lernen, wie es hier steht:

1	1	1	2	9	18	5	6	30
1	2	2				5	7	35
1	3	3	3	3	9	5	8	40
1	4	4	3	4	12	5	9	45
1	5	5	3	5	15			
1	6	6	3	6	18	6	6	36
1	7	7	3	7	21	6	7	42
1	8	8	3	8	24	6	8	48
1	9	9	3	9	27	6	9	54
mal	ist		mal	ist		mal	ist	
2	2	4	4	4	16	7	7	49
2	3	6	4	5	20	7	8	56
2	4	8	4	6	24	7	9	63
2	5	10	4	7	28			
2	6	12	4	8	32	8	8	64
2	7	14	4	9	36	8	9	72
2	8	16	5	5	25	9	9	81

Zum Multiplizieren gehören zwei Zahlen — eine, die multipliziert wird, und eine andere, mit der man multipliziert. Die Zahl, die multipliziert werden soll, sollst du auflegen, die andere dir aufschreiben und oben anfangen.

Liegt ein Pfennig in einem Zwischenraum, so greife auf die Linie darüber und lege die aufgeschriebene Zahl halb, sofern du mit einer einzifferigen Zahl multiplizierst. Im Falle einer zweizifferigen Zahl aber greife auf die zweite Linie über dem Pfennig und lege dort die Ziffer des höchsten Stellenwerts halb. Sodann greife herab, lege die letzte Ziffer auch halb und hebe den Pfennig im Zwischenraum auf. Desgleichen soll man, wenn man mit drei-, vier- oder mehrzifferigen Zahlen multiplizieren will, über ebenso viele Linien greifen und von oben herab legen.

Wenn aber Pfennige auf der Linie liegen, so greife auf die oberste Linie. Multiplizierst du mit einer einzifferigen Zahl, so halte still und lege die aufgeschriebene Zahl dort sooft, wie Pfennige auf der Linie liegen. Handelt es sich aber um eine zweizifferige Zahl, so greife auf die nächste Linie über dem Pfennig. Dort lege die Ziffer des höchsten Stellenwerts sooft, wie Pfennige auf der Linie liegen. Danach greife herab, lege die letzte Ziffer auch sooft, wie Pfennige zu multiplizieren vorhanden sind, und hebe diese Pfennige auf. Auf gleiche Art verfahre, wenn die Zahl aus drei, vier oder mehr Ziffern besteht, wie folgende Beispiele mit ein, zwei und drei Ziffern klar aufzeigen.

		2		13578
		3		20367
		4		27156
6789	mal	5	macht	33945
		6		40734
		7		47523
		8		54312
		9		61101

		12		95472
		36		286416
7956	mal	50	macht	397800
		72		572832
		84		668304
		96		763776

		123		859401
		234		1634958
6987	mal	345	macht	2410515
		456		3186072
		567		3961629

Desgleichen mit vier Ziffern

Willst du nun die Probe machen, ob du richtig multipliziert hast, so dividiere die Zahl, die beim Multiplizieren herausgekommen ist, durch die, mit der du multipliziert hast: Auf diese Weise kommt die aufgelegte Zahl wieder heraus.

Dividieren

heißt teilen und lehrt, wie man eine Zahl in viele und verschiedene Teile teilen soll. Dazu gehören zwei Zahlen — die eine, die man teilen will, lege auf die Linie, die andere, durch die man teilen will, schreibe dir auf. Fange oben an.

Hat die Zahl, durch die zu teilen ist, nur eine Ziffer, so nimm sie auf der obersten Linie weg, sooft du kannst, und lege so viele Pfennige nieder. Hat der Teiler aber zwei Ziffern, so nimm die Ziffer des höchsten Stellenwerts oben weg, sooft du kannst, aber doch so, daß du von der überbleibenden Zahl die zweite Ziffer, das ist die letzte, auf der nächsten Linie darunter auch sooft wegnehmen kannst. Kannst du es, so tu es und lege — wenn du die letzte Ziffer weggenommen hast — so viele Pfennige nieder, wie oft du sie dann weggenommen hast. Auf gleiche Art verfahre bei Teilern mit drei, vier oder mehr Ziffern.

Kannst du den Teiler aber nicht ganzzahlig oft, sondern nur einhalbmal weg-nehmen, und ist durch eine einzifferige Zahl zu teilen, so nimm ihn einhalbmal weg und lege einen Pfennig in den Zwischenraum unter dem Finger. Sind aber im Teiler zwei Ziffern vorhanden, so nimm die Ziffer des höchsten Stellen-werts oben einhalbmal weg, danach greife mit dem Finger herab auf die nächste Linie, nimm die letzte Ziffer auch einhalbmal weg und lege einen Pfennig in den Zwischenraum unter dem Finger. Auf gleiche Art verfahre auch bei Teilern mit drei, vier oder mehr Ziffern, wie hier folgt.

	13578		2	
	20367		3	
	27156		4	
Teile	33945	durch	5	kommen heraus 6789
	40734		6	
	47523		7	
	54312		8	
	61101		9	

Durch zwei Ziffern

	95472		12	
	286416		36	
Teile	397800	durch	50	kommen heraus 7956
	572832		72	
	668304		84	
	763776		96	

Durch drei Ziffern

	859401		123	
	1634958		234	
Teile	2410515	durch	345	kommen heraus 6987
	3186072		456	
	3961629		567	

Willst du die Probe machen, ob du richtig dividiert hast, so multipliziere die Zahl, die beim Dividieren herausgekommen ist, mit der, durch die du dividiert hast. Kommt wieder die erste aufgelegte Zahl heraus, so hast du es richtig gemacht.

22

Es folgen die schriftlichen Rechenarten.

Addieren

lehrt, viele Zahlen in eine Summe zu bringen. Mach's so: Setze diejenigen
Zahlen, die du summieren willst, untereinander, und zwar die letzte Ziffer unter die letzte, die zweitletzte unter die zweitletzte und so fort. Danach fange
zuerst rechts an: Zähle die letzten Ziffern zusammen. Kommt eine Zahl heraus,
die du mit einer Ziffer schreiben kannst, so setze sie direkt darunter. Entsteht
aber eine Zahl mit zwei Ziffern, so schreibe die letzte direkt darunter, die
andere behalte für dich. Danach zähle die zweitletzten Ziffern zusammen,
addiere, was du für dich behalten hast, und schreibe abermals die letzte
Ziffer, wenn zwei vorhanden sind.
Verfahre ebenso weiter mit allen Ziffern bis auf die ersten: die schreibe ganz
aus. So erhältst du, wieviel in einer Summe herauskommt, wie folgende Beispiele aufzeigen.

78312	68975	37064
87547	87496	52086
165859	156471	89150

Probe

Nun sollst du wissen, daß ich hierbei zweierlei Proben gebrauchen will.
Die erste besteht darin, daß eine Rechenart die Probe für die andere dar-
stellt.
Die andere geht mit 9 so: Subtrahiere 9, sooft du kannst. Was dann unter 9
als Rest bleibt, behalte für deine Probe.
Hier ist nach der ersten Probe so vorzugehen: Subtrahiere die oberen zwei
Zahlen von der unteren. Bleibt nichts übrig, so ist es richtig.
Nach der anderen Probe aber subtrahiere 9 von den oberen Zahlen, sooft du
kannst. Der Rest ist deine Probezahl. Kommt dann von der unteren Zahl auch
soviel heraus, so hast du es richtig gemacht.

Subtrahieren

lehrt, wie du eine Zahl von der anderen abziehen sollst. Mach's so: Setze
oben die Zahl, von der du abziehen willst, und diejenige, die du abziehen
willst, direkt darunter — wie beim Addieren. Danach ziehe eine Linie darunter
und fange hinten an — wie beim Addieren. Ziehe die letzte Ziffer der unteren
Zahl von der letzten der oberen Zahl ab — was dann übrigbleibt, setze unten.
Danach ziehe die zweitletzte Ziffer der unteren Zahl von der zweitletzten der
oberen Zahl ab — was übrigbleibt, setze auch unten. Kannst du aber die
untere Ziffer von der oberen nicht abziehen, so ziehe sie von 10 ab und zum

Rest addiere die obere. Setze direkt unter die Linie, was da herauskommt. Danach addiere 1 zur linker Hand stehenden nächsten unteren Ziffer und subtrahiere weiter bis zum Ende, wie hier folgt.

89674	79864	30000
63521	67876	12345
26153	11988	17655

Willst du nach der ersten Probe prüfen, so addiere die unteren zwei Zahlen. Kommt die obere wieder heraus, so ist es richtig.

Nach der anderen Probe aber: Ziehe 9 von den unteren zwei Zahlen ab, sooft du kannst. Kommt dann von der oberen Zahl heraus, was diesem Rest gleich ist, so hast du es richtig gemacht.

Duplieren

lehrt, wie du eine Zahl verdoppeln sollst. Mach's so: Schreibe dir die Zahl auf. Ziehe eine Linie darunter und fange hinten an. Dupliere die letzte Ziffer. Kommt eine Zahl heraus, die du mit einer Ziffer schreiben kannst, so setze sie unten. Im Falle von zwei Ziffern schreibe die letzte, die andere behalte im Sinn. Danach dupliere die zweite Ziffer und gib die dazu, die du behalten hast. Schreibe abermals die letzte Ziffer, wenn zwei vorhanden sind, und dupliere weiter bis zur ersten Ziffer. Die schreibe ganz aus, wie folgende Beispiele aufzeigen.

41232	98765	68704
82464	197530	137408

Probe

Nach der ersten Probe: Mediere die untere Zahl. Kommt die obere wieder heraus, so ist es richtig.

Nach der Neunerprobe: Ziehe 9 ab, sooft du kannst. Den Rest dupliere. Davon ziehe auch 9 ab, sooft du kannst. Entsteht dann von der unteren Zahl auch soviel, so hast du es richtig gemacht.

Medieren

lehrt, wie du eine Zahl halbieren sollst. Mach's so: Schreibe sie dir auf und ziehe eine Linie darunter. Fange vorne an, d. h. an der äußersten Ziffer linker Hand. Ist diese Ziffer gerade, so setze unten die Hälfte. Ist sie aber ungerade wie z. B. 9, so sprich: Die Hälfte von 8 macht 4 — die setze. Den Rest, nämlich 1, mediere mit der rechter Hand stehenden nächsten Ziffer, wobei er

24

als 10 gerechnet wird. Ist aber mittendrin 1 zu medieren, so schreibe eine 0 direkt darunter und mediere sodann zusammen mit der nächsten Ziffer, wie folgende Beispiele aufzeigen.

8642	78976	68174
4321	39488	34087

Probe

Nach der ersten Probe: Dupliere die untere Zahl, so kommt die obere wieder heraus.

Nach der anderen, der Neunerprobe: Nimm die Probezahl von der unteren, dupliere sie und ziehe 9 ab, sooft du kannst. Kommt dann von der oberen Zahl auch soviel heraus, wie überbleibt, so hast du es richtig gemacht.

Multiplizieren

lehrt "vielmachen". Du mußt auch hinten anfangen und vor allen Dingen das Einmaleins auswendig lernen, wie vorhin schon gezeigt. Oder mach's nach folgenden zwei Regeln.

Die erste

Addiere die zwei Ziffern und schreibe die Einerziffer. Sodann multipliziere die jeweiligen Reste bis 10 miteinander und schreibe das Ergebnis hinter die gesetzte Ziffer. Kommt aber aus dem Multiplizieren eine Zahl mit zwei Ziffern heraus, so addiere die erste Ziffer zur bereits gesetzten, wie hier in folgenden Beispielen:

8. 2	7. 3	6. 4	6. 4
9. 1	8. 2	8. 2	7. 3
7 2	5 6	4 8	4 2

Die zweite

Setze hinter die kleinere Ziffer eine 0, bei 7 mal 8 z. B. setze 70, und ziehe davon ab, was herauskommt aus der kleineren Ziffer, multipliziert mit dem Rest der größeren bis 10, so wie hier. Sprich: 7 mal 2 sind 14. Die ziehe von 70 ab, und es bleiben 56. Ebenso:

8. 0	6. 0	4. 0	5. 0
8 2	7 3	9 1	8 2
6 4	4 2	3 6	4 0

Willst du nun eine Zahl mit *einer* Ziffer multiplizieren, so schreibe die Zahl, die du multiplizieren willst, oben und die Ziffer, mit der du multiplizieren willst, direkt unter die letzte Ziffer. Sodann multipliziere sie mit der letzten Ziffer. Kommt eine Zahl mit *einer* Ziffer heraus, so setze sie unten. Im Falle einer *zweizifferigen* Zahl schreibe die letzte Ziffer, die andere behalte im Sinn. Sodann multipliziere die untere Ziffer mit der zweitletzten der oberen Zahl und gib dazu, was du behalten hast. Schreibe abermals die letzte Ziffer und so fort. Zuletzt schreibe die Zahl ganz aus, wie hier:

```
  6789        6789        6789
     6           7           8
-----        -----       -----
40734       47523       54312
```

Mit zwei Ziffern

Willst du eine Zahl mit zwei Ziffern multiplizieren, so führe es mit der letzten Ziffer so durch, wie eben gesagt. Sodann führe es auch in gleicher Weise mit der anderen Ziffer durch, setze aber das Ergebnis um eine Ziffer weiter nach links eingerückt. Danach zähle zusammen wie hier:

```
   7956                 7956
     72                   84
 ------               ------
 15912                31824
 55692                63648
------               ------
572832               668304
```

Mit drei Ziffern

In gleicher Weise multipliziere auch mit drei oder mehr Ziffern, nur setze die Ergebnisse jeweils um eine Ziffer weiter eingerückt, wie hier folgt:

```
   6987                  6987
    234                   456
-------               -------
  27948                 41922
  20961                 34935
  13974                 27948
-------               -------
1634958               3186072
```

Willst du aber eine Zahl mit 20, 70, 90, 300, 4800 multiplizieren, so setze die Nullen bei der obersten Zahl hinten an, wie hier z. B. bei 6789 mal 4500:

$$6789.00$$
$$45$$
$$33945\;00$$
$$27156\;0\;0$$
$$305505\;00$$

Probe

Teile die Zahl, die beim Multiplizieren herausgekommen ist, durch die, mit der du multipliziert hast. Tritt dann die zuerst vorgenommene Zahl wieder auf, so ist es richtig.

Oder nimm die Probezahlen, von beiden Zahlen jeweils gesondert, multipliziere sie miteinander, ziehe 9 ab, sooft du kannst, und behalte den Rest für deine Probe. Ergibt sich dann aus der unteren Zahl, die beim Multiplizieren herausgekommen ist, auch soviel, so hast du es richtig gemacht.

Dividieren

lehrt, eine Zahl durch die andere zu teilen. Vorne mußt du anfangen. Schreibe dir die Zahl auf, die du teilen willst, und unter die erste Ziffer den Teiler, sofern du durch *eine* Ziffer teilst und du abziehen kannst. Ist aber der Teiler größer, so schreibe ihn unter die zweite Ziffer und schaue, wie oft du ihn abziehen kannst. Ebensooft ziehe ihn ab und schreibe, wie oft du ihn abgezogen hast, neben der Zahl nach einem kleinen Strich. Multipliziere mit dem Teiler und ziehe von der ganzen Zahl ab. Sodann rücke mit dem Teiler unter die nächste Ziffer nach rechts und schaue, wie oft du ihn abziehen kannst. Ebensooft ziehe ihn ab und schreibe es nach der vorigen Ziffer und so fort, bis unter keine Ziffer mehr zu rücken ist, wie hier:

$$455 \qquad\qquad 677$$
$$40734\;(6789 \qquad 54312\;(6789$$
$$6666 \qquad\qquad 8888$$

Kannst du die letzte Ziffer, wie hier oben bei 6 mal 6 gleich 36 die 6, nicht abziehen, so ergänze bis 40, und was du ergänzt, schreibe zur oberen Ziffer. Sodann lösche linker Hand 40 aus. Desgleichen im anderen Beispiel. Sprich: 6 mal 8 macht 48. Die 8 kannst du von 4 nicht abziehen. Deshalb sprich: 2 dazu sind 50. Die 2 und 4 gib über der 8 zusammen, es werden 6. Die schreibe hin und lösche 8 und 4 aus, desgleichen auch linker Hand die 50. Rücke ein bis zur nächsten Ziffer nach rechts, schaue, wie oft du abziehen kannst, und führe es durch, wie es oben steht. So erhältst du, wieviel auf einen Teil kommt.

Durch zwei Ziffern

Willst du eine Zahl durch zwei Ziffern teilen, so gib acht, daß du eine Ziffer ebensooft wie die andere abziehst, sodann unter die nächsten Ziffern einrückst und abermals sooft abziehst, wie du abziehen kannst. Auch sollst du wissen, daß du den Teiler höchstens 9mal und wenigstens einmal abziehen sollst. So z. B.:

	4
1 2 1	6 5 4
2 1 6 1	8 8 5 1
9 5 4 7 2 (7 9 5 6	5 7 2 8 3 2 (7 9 5 6
1 2 2 2 2	7 2 2 2 2
1 1 1	7 7 7

In gleicher Weise sollst du auch durch drei oder mehr Ziffer teilen. Ziehe eine Ziffer nach der anderen ab, danach rücke weiter und schaue, wie oft du abziehen kannst. So z. B.:

```
            1 1 1
            3 2 8
          1 2 3 1 2
          2 3 1 7 6
          8 5 9 4 0 1     (6 9 8 7
          1 2 3 3 3
          1 2 2 2
            1 1
```

Willst du aber eine Zahl in 20, 30, 70 etc. teilen, so setze die Nullen unter die letzten Ziffern. Danach teile, wie du unterrichtet bist. Bei 30550500 durch 4500 z. B. schreibe so:

```
          3 4 4
          6 7 8 4
        3 0 5 5 0 5 0 0  (6 7 8 9
          4 5 5 5 5 0 0
            4 4 4
```

Die Ziffern beim Dividieren sollen alle ausgelöscht werden, ausgenommen diejenigen, die beim Teilen herausgekommen sind.

Probe

Multipliziere die Zahl, die herausgekommen ist, mit der, durch die du dividiert hast. Addiere dazu, wenn etwas übriggeblieben ist. Wenn dann deine vorgenommene Zahl wieder herauskommt, so hast du es richtig gemacht.
Oder nimm die Probezahl vom Teiler und von der Zahl, die beim Teilen herausgekommen ist. Multipliziere, bilde den Neunerrest und addiere dazu die Probezahl von dem, was beim Teilen übriggeblieben ist. Kommt dann von der Zahl, die du geteilt hast, ebensoviel heraus, so ist es richtig gemacht worden.

Progression

lehrt, Zahlen in eine Summe zu bringen, die in natürlicher Ordnung oder in gleichen Abständen aufeinanderfolgen. Mach's so: Addiere die erste Zahl zur letzten. Was daraus wird, halbiere — wenn du kannst — und multipliziere mit der Zahl der Glieder. So erhältst du, wieviel die angegebenen Zahlen in einer Summe machen. Kannst du nicht halbieren, so halbiere die Zahl der Glieder und multipliziere damit, wie folgende zwei Beispiele aufzeigen.

7. 8. 9. 10. 11. 12. 13. 14. 15. 16. 17. 18. 19. 20. 21. 22. 23. 24. 25. Wieviel machen sie in einer Summe? Mach's so: Addiere 7 zu 25, es kommt 32 heraus. Die halbiere, es werden 16, und multipliziere mit der Zahl der Glieder, d. h. 19. Es kommt 304 heraus. Soviel machen die gesetzten Zahlen in einer Summe.

3. 6. 9. 12. 15. 18. 21. 24. 27. 30. 33. 36. 39. 42. 45. 48. Wieviel? Mach's so: Addiere 3 und 48, es werden 51, die sind ungerade. Deshalb zähle die Glieder, es sind 16; die halbiere, es kommt 8 heraus. Multipliziere mit 51, es werden 408 — die ganze Summe.

Wenn aber eine Zahl die andere zweifach, dreifach, vierfach etc. übersteigt, und du willst die Summe wissen, so multipliziere die letzte Zahl mit der Wachstumszahl und ziehe davon die erste Zahl ab. Was bleibt, teile durch die Wachstumszahl weniger 1, wie hier in folgenden Beispielen:

2. 4. 8. 16. 32. 64. 128. 256. 512. 1024. 2048. Verdoppele 2048, es kommt 4096 heraus. Ziehe 2 ab, es bleiben 4094; die teile durch 2 weniger 1, d. h. durch 1. Es bleibt die Zahl selbst.

3. 9. 27. 81. 243. 729. 2187. 6561. Wieviel machen die gesetzten Zahlen? Mach's so: Multipliziere die letzte Zahl mit 3, es werden 19683. Davon ziehe

die erste Zahl ab, d. h. 3, und es bleiben 19680. Die teile durch 3 weniger 1, d. h. durch 2. Es kommt 9840 heraus. Und ebenso bei anderen Beispielen.

Das Ausziehen der Quadrat- und Kubikwurzel will ich hier auf sich beruhen lassen, aber zu gegebener Zeit genügend erklären, wenn ich über die Inhaltsbestimmung von Fässern und einige Regeln der Algebra berichte.

Dreisatz

ist eine Regel von drei Dingen. Setze hinten, was du wissen willst: es heißt die Frage. Das Ding unter den anderen beiden, das die gleiche Benennung hat, setze vorne und dasjenige, das eine andere Benennung hat, setze in die Mitte. Danach multipliziere, was hinten und in der Mitte steht, miteinander. Was herauskommt, teile durch das vordere Ding. So erhältst du, wie teuer das dritte Ding kommt. Dieses hat die gleiche Benennung wie das mittlere, wie hier in folgendem Beispiel.

1) 32 Ellen Tuch kosten 28 Gulden. Wie teuer kommen 6 Ellen?
   Ergebnis: 5 Gulden 5 Groschen 3 Pfennig. — Setze so:

   32 Ellen   28 Gulden   6 Ellen

Probe

Willst du prüfen, ob du es richtig gemacht hast, so kehre die Regel folgendermaßen um: Was hinten gestanden hat, setze vorne, das Ergebnis in die Mitte, und was vorne gestanden hat, hinten. Mach's dann nach besagter Regel, und es muß wieder herauskommen, was vorhin in der Mitte gestanden hat, z. B.

2) 6 Ellen kosten 5 Gulden 5 Groschen 3 Pfennig. Wie teuer kommen 32 Ellen?
   Ergebnis: 28 Gulden. — Setze:

   6   5.5.3   32

Mache in der Mitte Gulden zu Groschen, danach Groschen zu Pfennigen. Dann steht:

   6   1323   32

Multipliziere, dividiere, es kommen Pfennige heraus. Die mache zu Groschen und danach die Groschen zu Gulden.

3) 36 Pfund für 8 Gulden 9 Groschen. Wie teuer kommen 8 Pfund?
Ergebnis: 1 Gulden 18 Groschen und 4 Pfennig. — Setze so:

36   8.9   8

In der Mitte mache die Gulden zu Groschen, dann steht:

36   177 Groschen   8

Multipliziere und dividiere, es kommen Groschen heraus. Mache daraus Gulden, den Rest mache zu Pfennigen und teile auch. Es kommt wie oben heraus.
Mache die Probe, wie gesagt. Sprich: 8 Pfund für 1 Gulden 18 Groschen 4 Pfennig, wie teuer kommen 36 Pfund? — Setze so:

8   1.18.4   36

Mache in der Mitte den Gulden zu Groschen, rechne die 18 Groschen dazu. Es kommen 39 heraus. Die mache zu Pfennigen und gib 4 Pfennig dazu. Es werden 472. Die setze so in die Mitte:

8   472 Pfennig   36

Multipliziere und dividiere, es kommen Pfennige heraus. Die mache zu Groschen und danach die Groschen zu Gulden. So kommen wiederum 8 Gulden 9 Groschen heraus, die vorher in der Mitte gestanden haben. Und so überprüfe alle derartigen Dreisatzaufgaben.

Wenn beim Dreisatz vorne 1 gesetzt wird, so multipliziere, was in der Mitte und hinten steht, miteinander. Stehen in der Mitte Gulden, so ist es fertig, stehen dort Groschen, so mache sie zu Gulden. Sind aber Pfennige in der Mitte vorhanden, so mache sie nach dem Multiplizieren zu Groschen, danach die Groschen zu Gulden, wie in folgenden Beispielen.

Wachs

4) 1 Zentner Wachs für 18 Gulden — wie teuer sind 19 Zentner?
Ergebnis: 342 Gulden

1   18   19

Zinn

5) 1 Zentner Zinn für 14 Gulden — wie teuer sind 342 Zentner?
Ergebnis: 4788 Gulden

        1   14   342

Wein

6) 1 Fuder Wein für 29 Gulden — wie teuer kommen 17 Fuder?
Ergebnis: 493 Gulden. — Setze:

        1   29   17

Waid

7) Ich kaufe 98 Kübel Waid und gebe für 1 Kübel 11 Gulden. Wieviel macht es? Ergebnis: 1078 Gulden. — Setze:

        1   11   98

8) 1 Pfund Wachs für 5 Groschen — wie teuer sind 19 Pfund?
Ergebnis: 4 Gulden 11 Groschen. — Setze so:

        1   5   19

9) 1 Pfund Zinn für 3 Groschen — wie teuer sind 37 Pfund?
Ergebnis: 5 Gulden 6 Groschen. — Setze so:

        1   3   37

10) Ich verkaufe 37 Eimer Wein und gebe 1 Eimer für 17 Groschen ab.
Ergebnis: 29 Gulden 20 Groschen. — Setze so:

        1   17   37

11) 1 Pfund Feigen für 8 Pfennig — wie teuer sind 39 Pfund?
Ergebnis: 1 Gulden 5 Groschen. — Setze:

        1   8   39

12) 1 Elle Leinwand für 9 Pfennig — wie teuer sind 17 Ellen?
Ergebnis: 12 Groschen 9 Pfennig. — Setze:

        1   9   17

Stehen aber in der Mitte Gulden und Groschen und wird dazu vorne 1 gesetzt, so löse die Gulden in Groschen auf. Sodann multipliziere mit dem Hinteren, dabei erhältst du nur Groschen. Die mache zu Gulden, so hast du, wieviel es macht.

Ebenso wenn Groschen und Pfennige oder Gulden, Groschen und Pfennige vorhanden sind, so mache Gulden zu Groschen und danach Groschen zu Pfennigen. Danach multipliziere mit dem Hinteren, daraus entstehen nur Pfennige. Die mache zu Groschen, danach Groschen zu Gulden, wie hier:

13) 1 Kübel Waid für 9 Gulden 17 Groschen. Wie teuer kommen 47 Kübel? Ergebnis: 461 Gulden 1 Groschen. — Setze so:

$$1 \qquad 9.17 \qquad 47$$

Mache in der Mitte die Gulden zu Groschen. Dann steht:

$$1 \qquad 206 \qquad 47$$

14) 1 Elle Tuch für 8 Groschen 7 Pfennig — wie teuer kommen 9 Ellen? Ergebnis: 3 Gulden 14 Groschen 3 Pfennig. — Setze:

$$1 \qquad 8.7 \qquad 9$$

Mache in der Mitte die Groschen zu Pfennigen. Dann steht:

$$1 \qquad 103 \qquad 9$$

15) Einer kauft 45 Pfund Wolle und gibt für 1 Pfund 1 Groschen 9 Pfennig und 1 Heller.
Ergebnis: 3 Gulden 17 Groschen 7 Pfennig und 1 Heller.
Und ebenso bei anderen Beispielen.

Schließt aber die hintere Zahl die vordere in sich ein, z. B. wenn hinten Zentner stehen und vorne Pfunde oder hinten Tücher und vorne Ellen oder hinten Fuder und vorne Eimer und dergleichen, so löse, was hinten steht, in den Wert des Vorderen auf, d. h. gleiche die Benennung dem Vorderen an. Danach verfahre so, wie es bis jetzt besprochen wurde.

16) 1 Pfund für 3 Groschen 7 Pfennig — wie teuer ist 1 Zentner, der 112 Pfund hat?
Ergebnis: 19 Gulden 2 Groschen 4 Pfennig

17) 1 Pfund für 7 Pfennig — wie teuer ist 1 Zentner, der 110 Pfund hat?
Ergebnis: 3 Gulden 1 Groschen und 2 Pfennig

18) 1 Pfund für 19 Pfennig — wie teuer ist 1 Zentner, der 110 Pfund hat?
Ergebnis: 8 Gulden 6 Groschen 2 Pfennig

19) 1 Pfund für 3 Groschen 2 Pfennig — wie teuer kommt 1 Zentner, der 102 Pfund enthält?
Ergebnis: 15 Gulden 8 Groschen

20) 1 Pfund für 3 Groschen 9 Pfennig — wie teuer kommen 3 Zentner 2 Stein 7 Pfund?
Ergebnis: 68 Gulden 9 Pfennig. — Setze so:

1   3.9   3.2.7

Die Zentner mache mit 110, die Steine mit 22 zu Pfunden, zähle zusammen: es werden 381. Setze dies nach hinten und mache in der Mitte die Groschen zu Pfennigen. Dann steht:

1   45   381

21) Einer kauft 3 Zentner 2 Stein 17 Pfund. Für 1 Pfund gibt er 6 Groschen 7 Pfennig 1 Heller. Der Zentner wird für 112 Pfund und der Stein für 21 Pfund gerechnet.
Ergebnis: 124 Gulden 12 Groschen 10 Pfennig und 1 Heller.
Mach's nach dem vorigen Beispiel. Dann steht:

1   159 Heller   395 Pfund

Multipliziere, mache Heller zu Pfennigen, Pfennige zu Groschen und Groschen zu Gulden. So kommt das Ergebnis heraus, wie gesagt.

22) Einer verkauft 1 Tuch, das 36 Ellen hat. Er gibt 1 Elle für 8 Groschen.
Ergebnis: 13 Gulden 15 Groschen. — Setze so:

1   8 Groschen   36 Ellen

23) Einer schneidet 1 Tuch zu, das 39 Ellen hat. [Für] 1 Elle gibt er (für) 7 Groschen 9 Pfennig.
Ergebnis: 14 Gulden 8 Groschen 3 Pfennig.
Mache die Groschen in der Mitte zu Pfennigen. Dann steht:

1	93 Pfennig	39 Ellen

24) 1 Viertel Wein für 8 Pfennig — wie teuer kommt 1 Eimer, der 72 Viertel hat?
Ergebnis: 2 Gulden 6 Groschen

25) Einer schenkt 78 Eimer 27 Viertel aus und gibt 1 Viertel für 9 Pfennig. Der Eimer wird für 72 Viertel gerechnet.
Ergebnis: 201 Gulden 11 Groschen 3 Pfennig.
Die Eimer mache zu Vierteln und setze danach so:

1	9 Pfennig	5643

26) 1 Viertel Wein für 16 Pfennig — wie teuer ist 1 Eimer, der 64 Viertel hat?
Ergebnis: 4 Gulden 1 Groschen 4 Pfennig

27) 3 Fuder 7 Eimer 9 Viertel Wein — 1 Viertel kostet 22 Pfennig. Das Fuder wird für 12 Eimer und 1 Eimer für 64 Viertel gerechnet.
Ergebnis: 241 Gulden 10 Pfennig.
Löse die Fuder in Eimer auf, danach die Eimer in Viertel. Dann steht:

1	22 Pfennig	2761 Viertel

28) 1 Scheffel Korn für 2 Groschen 5 Pfennig — wie teuer ist 1 Malter, das 16 Scheffel hat?
Ergebnis: 1 Gulden 17 Groschen 8 Pfennig

29) Einer kauft 17 Malter 9 Scheffel und gibt für 1 Scheffel 3 Groschen 4 Pfennig 1 Heller.
Ergebnis: 45 Gulden 3 Groschen 4 Pfennig 1 Heller.
Mache die Malter mit 16 zu Scheffeln. Es kommen 281 Scheffel heraus: setze sie nach hinten. Danach mache Groschen zu Pfennigen und Pfennige zu Hellern. Es werden 81 Heller: die setze in die Mitte und 1 nach vorne. Dann steht:

1	81 Heller	281

30) 1 Scheffel für 3 Groschen 7 Pfennig — wie teuer ist 1 Malter?
Ergebnis: 2 Gulden 15 Groschen 4 Pfennig

31) 17 Malter 9 Scheffel — 1 Scheffel kostet 6 Groschen 5 Pfennig.
    Ergebnis: 85 Gulden 18 Groschen und 1 Pfennig

Wird beim Dreisatz hinten 1 gesetzt, so teile das, was in der Mitte steht, durch das Vordere. Kannst du es nicht und handelt es sich um Gulden, so mache sie zu Groschen und teile. Den Rest mache zu Pfennigen und teile ebenfalls, wie folgt:

32) 24 wollen für den Kauf eines Pferdes, das 13 Gulden kostet, Geld zuschießen. Wieviel legt ein einzelner an?
    Ergebnis: 11 Groschen 4 Pfennig 1 Heller

33) 16 haben auf einem Schützenhof 28 Gulden gewonnen. Wieviel steht jedem zu?
    Ergebnis: 1 Gulden 15 Groschen und 9 Pfennig

Schließt aber das Vordere das Hintere in sich ein, so gleiche die Benennung des Vorderen an, z. B. wenn vorne Zentner und hinten Pfunde oder vorne Pfunde und hinten Lote stehen oder dergleichen, so löse das Vordere in den Wert des Hinteren auf wie hier:

34) 1 Tuch hat 36 Ellen und kostet 17 Gulden. Wie teuer kommt 1 Elle?
    Ergebnis: 9 Groschen 11 Pfennig

35) 1 Tuch hat 36 Ellen und kostet 17 Gulden 9 Groschen. Wie teuer kommt 1 Elle?
    Ergebnis: 10 Groschen 2 Pfennig

36) 1 Zentner hat 112 Pfund und kostet 17 Gulden 11 Groschen 8 Pfennig. Wie teuer kommt 1 Pfund?
    Ergebnis: 3 Groschen 3 Pfennig 1 Heller

37) 1 Pfund Safran hat 32 Lot und kostet 3 Gulden 9 Groschen. Wie teuer kommt 1 Lot?
    Ergebnis: 2 Groschen und 3 Pfennig

38) 1 Tonne Hering enthält 12 Schock und kostet 7 Gulden und 3 Groschen. Wie teuer kommt 1 Hering?
    Ergebnis: 2 Pfennig 1 Heller

Bleibt dir beim Teilen etwas übrig und kannst du es nicht weiter auflösen, so lege beim Linienrechnen den Teiler daneben. Beim schriftlichen Rechnen schreibe den Teiler darunter und ziehe dazwischen eine Linie. Danach halbiere eins nach dem anderen so lange, bis eine ungerade Zahl auftritt. Das siehst du beim Linienrechnen auf der untersten Linie, beim schriftlichen Rechnen an der letzten Ziffer.

Tritt eine ungerade Zahl auf, schreibe sie getrennt auf. Suche eine Zahl, durch die beide gekürzt werden können, auf folgende Weise: Ziehe die kleinere Zahl von der größeren ab, sooft du kannst, darauf den Rest von der kleineren auch, sooft du kannst, und so fort. Wird dann eine Zahl ohne Rest abgezogen, so lassen sich die anfangs genannten Zahlen durch die Zahl kürzen, die zuletzt von der größeren abgezogen worden ist.

Dabei sollst du wissen: Wenn unter den je zwei Zahlen von einer Zahl der Rest 1 bleibt, dann können die anfangs genannten Zahlen überhaupt nicht gekürzt werden.

Z. B.:

39) 9 haben 576 Gulden 8 Groschen zu teilen. Wieviel steht jedem zu?
Ergebnis: 64 Gulden 0 Groschen 10 Pfennig 1 Heller und der dritte Teil eines Hellers

40) 1 Eimer Wein enthält 72 Viertel und kostet 2 Gulden 7 Groschen. Wie teuer kommt 1 Viertel?
Ergebnis: 8 Pfennig 0 Heller und der dritte Teil eines Hellers

41) 1 Eimer Wein enthält 64 Viertel und kostet 3 Gulden 7 Groschen. Wie teuer kommt 1 Viertel?
Ergebnis: 1 Groschen 1 Pfennig 0 Heller und 1 Viertel eines Hellers

42) 1 Zentner rote Farbe hat 112 Pfund und kostet 6 Gulden 1 Ort. Wie teuer kommt 1 Pfund?
Ergebnis: 1 Groschen 2 Pfennig 0 Heller und ein Achtel von einem Heller

43) 1 Stein Unschlitt hat 22 Pfund und kostet 17 Groschen 9 Pfennig. Wie teuer kommt 1 Pfund?
Ergebnis: 9 Pfennig 1 Heller und vier Elftel Heller

Von gebrochenen Zahlen

Die obere Zahl einer gebrochenen Zahl heißt der Zähler und die untere der Nenner wie hier: $\frac{3}{7}$ Gulden $\frac{\text{Zähler}}{\text{Nenner}}$

Willst du wissen, welchen Wert ein jeder Bruch hat, so löse den Zähler in seinen Wert auf und teile durch den Nenner, z. B. bei $\frac{3}{4}$ Gulden: Multipliziere 3 mit 21 Groschen und teile durch den Nenner 4. Es kommen 15 Groschen und

9 Pfennig heraus. In gleicher Weise verfahre bei Gewichten und anderem.

Addieren von gebrochenen Zahlen

Haben die Brüche gleiche Nenner, so addiere die Zähler und schreibe den einen Nenner darunter. Andernfalls multipliziere kreuzweise, addiere und setze darunter die miteinander multiplizierten Nenner. Hier die Beispiele:

$\frac{5}{13}$ und $\frac{8}{13}$ und $\frac{11}{13}$:
Addiere 5, 8 und 11, es werden 24. Darunter setze 13. Es kommt $\frac{24}{13}$ oder $1\frac{11}{13}$ heraus.

$\frac{5}{7}$ und $\frac{7}{9}$ ist wieviel?
Multipliziere über Kreuz, addiere und setze die miteinander multiplizierten Nenner darunter. So kommt $\frac{94}{63}$ oder $1\frac{31}{63}$ heraus.

Sind aber mehr als zwei Brüche mit ungleichen Nennern zu addieren, so addiere einen nach dem anderen kreuzweise wie in folgendem Beispiel:

$\frac{2}{3}$, $\frac{3}{4}$ und $\frac{4}{5}$ sind wieviel?
Addiere zuerst die zwei Brüche $\frac{2}{3}$ und $\frac{3}{4}$ — es werden $\frac{17}{12}$ — und $\frac{4}{5}$ dazu: Dann kommt $2\frac{13}{60}$ heraus.

Subtrahieren

Haben die Brüche gleiche Nenner, so ziehe einen Zähler vom anderen ab und unter den Rest setze den einen Nenner. Sind aber ungleiche Nenner vorhanden, so multipliziere über Kreuz, ziehe eins vom anderen ab und unter den Rest setze die miteinander multiplizierten Nenner. Es folgen die Beispiele:

$\frac{5}{11}$ ziehe von $\frac{9}{11}$ ab, so bleiben $\frac{4}{11}$.

$\frac{2}{3}$ ziehe von $\frac{4}{5}$ ab, so bleiben $\frac{2}{15}$ übrig.

Willst du irgendeinen Bruchteil von 1 abziehen, so ziehe den Zähler vom Nenner ab und unter den Rest setze den Nenner.

$\frac{5}{11}$ von 1 subtrahiert:
Ziehe 5 von 11 ab, es bleiben 6. Darunter setze die 11, also: $\frac{6}{11}$
Oder mache die ganze Zahl zum Bruch, indem du 1 daruntersetzt, und führe es über Kreuz durch, z. B.

$\frac{5}{7}$ von 1 subtrahiert:
Setze $\frac{5}{7}$ von $\frac{1}{1}$, rechne: So bleiben $\frac{2}{7}$.

Willst du gemischte Zahlen von gemischten Zahlen abziehen, so löse die ganzen Zahlen vorher in ihre Teile auf, d. h. multipliziere sie mit dem Nenner. Addiere die Zähler und setze die Summe an die Stelle des Zählers. Danach führe es über Kreuz durch, z. B.

ziehe $3\frac{2}{3}$ von $4\frac{1}{4}$ ab:
Löse jeden Bruch auf. Dann steht $\frac{11}{3}$ und $\frac{17}{4}$. Tu, wie gesagt, so bleiben $\frac{7}{12}$. Und ebenso bei ähnlichen Beispielen.

Duplieren von Brüchen
Verdopple den Zähler oder halbiere den Nenner, z. B.:

Zweimal $\frac{3}{5}$ macht $\frac{6}{5}$ oder $1\frac{1}{5}$.

Zweimal $\frac{3}{4}$ macht $\frac{3}{2}$ oder $1\frac{1}{2}$.

Medieren von Brüchen
Halbiere den Zähler, wenn du kannst, andernfalls verdopple den Nenner, wie folgende Beispiele aufzeigen:

Die Hälfte von $\frac{6}{7}$ macht $\frac{3}{7}$, die Hälfte von $\frac{3}{5}$ macht $\frac{3}{10}$ und dergleichen.

Multiplizieren von Brüchen
Die Zähler multipliziere miteinander und auch die Nenner, so bist du fertig.

$\frac{3}{4}$ mit $\frac{4}{5}$ multipliziert wird $\frac{3}{5}$.

Willst du ganze Zahlen mit Brüchen multiplizieren, so mache die ganzen Zahlen zu Brüchen, indem du 1 daruntersetzt. Danach multipliziere die oberen und auch die unteren Zahlen miteinander.

24 mit $\frac{3}{7}$: Setze $\frac{24}{1}$ mit $\frac{3}{7}$. Fahre fort wie oben. Es kommen $10\frac{2}{7}$ heraus.

Willst du aber ganze Zahlen mit gemischten Zahlen oder gemischte Zahlen mit gemischten Zahlen multiplizieren, so löse vorher die ganzen Zahlen in Teile auf und mach's danach wie oben.

$3\frac{2}{3}$ mit $3\frac{3}{4}$:

Löse die ganzen Zahlen in die Teile auf, und es kommen $\frac{11}{3}$ und $\frac{15}{4}$ heraus. Verfahre wie gesagt, so kommt $13\frac{3}{4}$ heraus.

Dabei merke dir auch: Wenn die obere Zahl, d. h. der Zähler, größer als der Nenner ist, sollst du sie in Ganze mit dem Nenner, d. h. mit der unteren Zahl, umwandeln durch Dividieren.

Dividieren von Brüchen

Haben die Brüche gleiche Nenner, so teile einen Zähler durch den anderen. Andernfalls multipliziere über Kreuz, setze oben, was geteilt wird, und unten, was teilt. Wie hier:

$\frac{12}{19}$ durch $\frac{3}{19}$ zu teilen: Es kommt gerade 4 heraus.

$\frac{6}{7}$ durch $\frac{5}{7}$: Es kommt $1\frac{1}{5}$ heraus. — Und dergleichen.

$\frac{2}{3}$ durch $\frac{3}{4}$: Es kommen $\frac{8}{9}$ heraus. — $\frac{3}{4}$ durch $\frac{1}{2}$: Es kommen $\frac{6}{4}$ oder $1\frac{1}{2}$ heraus.

Willst du aber einen Bruch in Ganze teilen, so merke dir: Kannst du den Zähler gleich in die ganze Zahl teilen, so tu es und setze unter das Ergebnis den Nenner. Andernfalls multipliziere die ganze Zahl mit dem Nenner und laß den Zähler für sich stehen. Hier sind die Beispiele.

$\frac{12}{13}$ durch 4: Es kommen $\frac{3}{13}$ heraus. — $\frac{7}{8}$ durch 3 zu teilen: Es kommen $\frac{7}{24}$ heraus. — Und dergleichen.

Willst du gemischte Zahlen durch gemischte Zahlen teilen, so löse die ganzen Zahlen in Teile auf. Danach dividiere über Kreuz wie oben.

$3\frac{2}{3}$ soll durch $4\frac{4}{5}$ geteilt werden:

Löse in die Teile auf. Dann sind $\frac{11}{3}$ durch $\frac{24}{5}$ zu teilen. Mach's, und es kommen $\frac{55}{72}$ heraus. Und ebenso bei ähnlichen Beispielen.

Bruchteile von Bruchteilen berechnen

oder Bruchteile von Bruchteilen eines Bruchs: Multipliziere die oberen Zahlen miteinander, desgleichen auch die unteren, so bist du fertig.

$\frac{3}{4}$ von $\frac{5}{7}$ macht $\frac{15}{28}$. — $\frac{4}{5}$ von $\frac{2}{3}$ von $\frac{3}{7}$ macht $\frac{8}{35}$. — $\frac{3}{4}$ von $21\frac{2}{3}$ macht $16\frac{1}{4}$. — Und ebenso bei ähnlichen Beispielen.

Um mit Brüchen beim Dreisatz umzugehen, verfahre so: Wird dem Vorderen ein Bruch zugesetzt, so gehe mit seinem Nenner ins Hintere. Steht in der Mitte oder hinten ein Bruch, so gehe mit seinem Nenner nach vorne. Sodann brich die Ganzen in die Teile beim Bruch, wie folgende Beispiele aufzeigen.

Stößt du beim Rechnen auf Örter, so setze dafür folgende Werte:

Für einen halben Ort schreibe $\frac{1}{8}$ Gulden.

Für einen Ort setze $\frac{1}{4}$ Gulden.

Für anderthalb Ort setze $\frac{3}{8}$ Gulden.

Für zwei Ort setze $\frac{1}{2}$ Gulden.

Für zweieinhalb Ort setze $\frac{5}{8}$ Gulden.

Für drei Ort schreibe $\frac{3}{4}$ Gulden.

Für dreieinhalb Ort setze $\frac{7}{8}$ Gulden.

44) 1 Zentner für 16 Gulden $\frac{1}{2}$ Ort — wie teuer kommt 1 Pfund?
Ergebnis: 3 Groschen 0 Pfennig $1\frac{97}{110}$ Heller.
Für den halben Ort schreibe $\frac{1}{8}$, schreibe das Mittlere als Bruch und gehe mit dem Nenner nach vorne. Dann steht:

| 880 | 129 | 1 |

45) 1 Zentner für 9 Gulden 1 Ort — wie teuer kommt 1 Pfund?
Ergebnis: 1 Groschen 9 Pfennig $\frac{21}{55}$ Heller.
Schreibe $\frac{1}{4}$ für den Ort, sodann das Ganze als Bruch. Dann steht:

| 440 | 37 | 1 |

46) 1 Stein für 12 Gulden 3 Ort — wie teuer kommt 1 Pfund?
Ergebnis: 12 Groschen 2 Pfennig $\frac{1}{11}$ Heller.
Für die drei Ort setze $\frac{3}{4}$ und schreibe das Ganze als Bruch. Dann steht:

| 88 | 51 Gulden | 1 |

47) 1 Zentner Wachs für 17 Gulden $2\frac{1}{2}$ Ort — wie teuer kommen 17 Pfund?
Ergebnis: 2 Gulden 15 Groschen 2 Pfennig $\frac{91}{110}$ Heller. — Setze:

| 110 | $17\frac{5}{8}$ | 17 |

Gehe mit dem Nenner nach vorne und schreibe in der Mitte als Bruch. Dann steht:

| 880 | 141 | 17 |

48) 1 Pfund für $3\frac{1}{5}$ Groschen — wie teuer kommen 2 Zentner 13 Pfund?
Ergebnis: 35 Gulden 10 Groschen 7 Pfennig $\frac{2}{5}$ Heller.
Mache hinten die Zentner zu Pfunden und schreibe in der Mitte als Bruch. Dann steht:

5   16   233

49) 1 Pfund für 3 Groschen $9\frac{1}{3}$ Pfennig — wie teuer kommt 1 Zentner?
Ergebnis: 19 Gulden 16 Groschen 6 Pfennig $1\frac{1}{3}$ Heller.
In der Mitte wandle in Pfennige um. Danach schreibe es als Bruch und gehe mit dem Nenner nach vorne. Dann steht:

3   136 Pfennig   110

50) 45 Ellen Tuch für 13 Gulden 17 Groschen — wie teuer kommen 7 Ellen?
Ergebnis: 2 Gulden 3 Groschen 1 Pfennig $\frac{2}{3}$ Heller.
In der Mitte wandle in Groschen um. Dann steht:

45   290 Groschen   7

51) 7 Ellen Tuch für 2 Gulden 3 Groschen 1 Pfennig $\frac{2}{3}$ Heller — wie teuer kommen 45 Ellen?
Ergebnis: 13 Gulden 17 Groschen.
Schreibe vorne als Bruch (mit Nenner 3), danach mache in der Mitte Gulden zu Groschen, Groschen zu Pfennigen und Pfennige zu Hellern. Die schreibe als Bruch mit Nenner 3. Dann steht:

21   3248 Heller   45

52) 17 Pfund für 2 Gulden 15 Groschen 2 Pfennig $\frac{91}{110}$ Heller — wie teuer ist 1 Zentner, der 110 Pfund hat?
Ergebnis: 17 Gulden 13 Groschen 1 Pfennig 1 Heller.
Schreibe als Bruch wie eben. Dann steht:

1870   151011   110

53) 3 Tücher 24 Ellen für 23 Gulden — wie teuer kommen 7 Ellen?
Ergebnis: 1 Gulden 4 Groschen 7 Pfennig $\frac{8}{11}$ Heller.
Mache vorne die Tücher mit 36 zu Ellen. Dann steht:

132   23   7

54) Einer verkauft 3 Tücher 16 Ellen und gibt 14 Ellen für 3 Gulden ab.
Ergebnis: 26 Gulden 12 Groschen.
Mache die Tücher mit 36 zu Ellen. Dann steht:

14   3   124

55) Einer kauft einige Stück Leinwand, die die Länge von 324 Ellen haben.
Man gibt ihm 16 Ellen für 1 Gulden $1\frac{1}{2}$ Ort.
Ergebnis: 27 Gulden 17 Groschen 8 Pfennig $1\frac{1}{4}$ Heller.
Wenn man es als Bruch geschrieben hat und mit dem Nenner nach vorne gegangen ist, dann steht:

128   11 Gulden   324

56) Einer kauft 1 Schock Hühner weniger 9, und zwar die eine Hälfte zu 14 Pfennig, die andere Hälfte zu 15 Pfennig.
Ergebnis: 2 Gulden 19 Groschen 7 Pfennig und 1 Heller.
Mach's so: Ziehe 9 von 1 Schock ab, es bleiben 51. Die setze hinten.
Danach addiere 14 und 15. Es werden 29 Pfennig. Die setze in die Mitte und 2 Hühner nach vorne. Dann steht:

2   29 Pfennig   51

57) In 1 Jahr gibt man einem Knecht 10 Gulden 16 Groschen. Wieviel steht ihm in 17 Wochen zu?
Ergebnis: 3 Gulden 10 Groschen 10 Pfennig $1\frac{3}{13}$ Heller.
Mache die Gulden zu Groschen und setze:

52   226 Groschen   17

58) Einer kauft 3678 Stück Leder und gibt für 12 Stück 7 Gulden $2\frac{1}{2}$ Ort.
Ergebnis: 2337 Gulden 1 Groschen 3 Pfennig $1\frac{1}{2}$ Heller.
Setze so an: 12 Stück Leder für $7\frac{5}{8}$ Gulden — wie teuer kommen 3678 Stück Leder? Schreibe als Bruch. Dann steht:

96   61 Gulden   3678

59) Ich verkaufe 978 Kalbsfelle und gebe 100 Stück für 8 Gulden $1\frac{1}{2}$ Ort ab.
Ergebnis: 81 Gulden 19 Groschen $1\frac{19}{50}$ Heller.
Setze so an: 100 Stück für $8\frac{3}{8}$ Gulden — wie teuer sind 978 Stück? Schreibe als Bruch. Dann steht:

800   67   978

60) Ich verkaufe 3698 Messer und gebe ein Decher, das sind 10 Messer, für $7\frac{1}{3}$ Groschen ab.
Ergebnis: 129 Gulden 2 Groschen 10 Pfennig $\frac{4}{5}$ Heller.
Setze so an: 10 Messer für $7\frac{1}{3}$ Groschen — wie teuer kommen 3698 Messer? Schreibe als Bruch. Dann steht:

30   22 Groschen   3698

61) 1 Tuch hat 36 Ellen und kostet $9\frac{3}{4}$ Gulden. Wie teuer kommen $3\frac{2}{3}$ Ellen?
Ergebnis: 20 Groschen 10 Pfennig und $\frac{1}{2}$ Heller.
Gehe mit beiden Nennern nach vorne. Danach schreibe jeweils als Bruch. Dann steht:

432   39 Gulden   11

62) 1 Barchent hat 22 Ellen und kostet 2 Gulden $2\frac{1}{2}$ Ort. Wie teuer sind $5\frac{1}{2}$ Ellen?
Ergebnis: 13 Groschen 9 Pfennig $\frac{3}{4}$ Heller.
Schreibe Brüche. Dann steht:

352   21 Gulden   11

63) 1 Zwillich für 1 Gulden $3\frac{1}{2}$ Ort — wie teuer kommen $7\frac{1}{4}$ Ellen?
Ergebnis: 8 Groschen 11 Pfennig $\frac{13}{128}$ Heller.
Den Zwillich rechne für 32 Ellen, für die $3\frac{1}{2}$ Ort schreibe $\frac{7}{8}$ und schreibe als Brüche. Dann steht:

1024   15 Gulden   29

64) 1 Satin hat 24 Ellen und kostet $6\frac{1}{2}$ Gulden. Wie teuer sind $4\frac{2}{3}$ Ellen?
Ergebnis: 1 Gulden 5 Groschen 6 Pfennig und 1 Heller.
Schreibe als Brüche. Dann steht:

144   13 Gulden   14

65) 1 Harraß hat 48 Ellen und kostet $5\frac{1}{2}$ Gulden. Wie teuer sind $11\frac{3}{4}$ Ellen?
Ergebnis: 1 Gulden 7 Groschen 3 Pfennig $\frac{9}{16}$ Heller.
Es steht:

384   11 Gulden   47

66) 1 Damast hat $16\frac{1}{2}$ Ellen und kostet 17 Gulden $2\frac{1}{2}$ Ort. Wie teuer kommen 7 Ellen?
Ergebnis: 7 Gulden 10 Groschen 0 Pfennig $\frac{6}{11}$ Heller.
Mach's so: Mit dem Nenner des vorderen Bruchs gehe nach hinten, schreibe vorne als Bruch, gehe mit dem Nenner des Mittleren dahinein und schreibe die Mitte auch als Bruch. Dann steht:

264   141 Gulden   14

67) Ich (ver)kaufe 1 Zentner Zwiebelsamen für 16 Gulden. Wieviel Pfund soll ich für 1 Gulden geben?
Ergebnis: 6 Pfund und 28 Lot.
Setze vorne und hinten Gulden:

16 Gulden   110 Pfund   1 Gulden

68) 1 Zentner für 17 Gulden $2\frac{1}{2}$ Ort — wieviel Pfund kommen für $3\frac{1}{2}$ Gulden heraus? Ergebnis: 21 Pfund $27\frac{1}{141}$ Lot.
Setze vorne und hinten Gulden und sprich: $17\frac{5}{8}$ Gulden geben 110 Pfund. Was geben $3\frac{1}{2}$ Gulden?
Mit dem Nenner des vorderen Bruchs gehe nach hinten und mit dem Nenner des hinteren Bruchs gehe nach vorne wie folgt:

282   110 Pfund   56

69) 1 Tuch hat 36 Ellen und kostet 16 Gulden $\frac{1}{2}$ Ort. Wieviel Ellen kommen für 3 Gulden 16 Groschen heraus? Ergebnis: 8 Ellen $1\frac{179}{301}$ Viertelellen.
Sprich so: $16\frac{1}{8}$ Gulden geben 36 Ellen. Was geben 3 Gulden 16 Groschen?
Mache hinten Gulden zu Groschen und gehe mit dem Nenner des Bruchs dahinein. Danach schreibe vorne als Bruch und wandle in Groschen um. Dann steht:

2709   36   632

70) 1 Eimer Wein enthält 64 Viertel und kostet 3 Gulden 16 Groschen. Wieviel Viertel kommen für 1 Gulden 7 Groschen heraus?
Ergebnis: $22\frac{54}{79}$ Viertel.

Wenn beim Dreisatz ein Bruch ohne ganze Zahl gesetzt wird, so gehe mit dem Nenner nach der vorher betrachteten Unterrichtung um und laß statt dessen den Zähler stehen, wie in folgenden Beispielen.

71) 1 Stein enthält 22 Pfund und kostet $\frac{1}{2}$ Gulden. Wie teuer kommen 16 Pfund?
Ergebnis: 7 Groschen 7 Pfennig $1\frac{3}{11}$ Heller.
Gehe mit dem Nenner nach vorne und schreibe 1 in die Mitte:

44   1 Gulden   16

72) 1 Pfund für $2\frac{1}{2}$ Ort — wie teuer kommt 1 Lot?
Ergebnis: 4 Pfennig $1\frac{27}{32}$ Heller.
Setze für das Pfund 32 Lot und für die $2\frac{1}{2}$ Ort $\frac{5}{8}$ Gulden und mach's wie eben. Dann steht:

256   5 Gulden   1

73) Einer hat für 17 Tage 13 Arbeiter und gibt jedem von ihnen am Tag 15 Pfennig.
Ergebnis: 13 Gulden 3 Groschen 3 Pfennig.
Mach's so: Multipliziere 13 mit 17. Was herauskommt, multipliziere mit 15 Pfennig und mache die Pfennige zu Gulden.

74) Einer hat für 5 Wochen 9 Arbeiter und gibt jedem von ihnen am Tag 14 Pfennig.
Ergebnis: 17 Gulden 10 Groschen 6 Pfennig.
Mach's so: Löse die 5 Wochen mit 7 in Tage auf, es werden 35 Tage. Die multipliziere mit 9 Arbeitern, es kommt 315 heraus. Die multipliziere weiter mit 14 Pfennig, so kommen Pfennige heraus. Die mache zu Groschen, danach zu Gulden, wie es oben steht.

75) Eine Mutter und ihre 5 Kinder haben 3789 Gulden 7 Groschen zu teilen. Der Mutter gehört der dritte Teil. Wieviel kommt der Mutter und jedem Kind zu?
Mach's so: Teile das Geld in 3 Teile, dann kommen 1263 Gulden 2 Groschen 4 Pfennig heraus — der Anteil der Mutter. Den ziehe von 3789 Gulden 7 Groschen ab, so bleiben 2526 Gulden 4 Groschen und 8 Pfennig. Das teile durch die Zahl der Kinder, so kommt für jedes 505 Gulden 5 Groschen 1 Pfennig $1\frac{1}{5}$ Heller heraus.

76) Ein Hofmeister gibt einem Wirt 12 Pferde 1 Jahr lang unter Vertrag mit der Bedingung, daß er jedem Pferd in der Woche 2 Scheffel Hafer, 40 Bund Heu und 10 Bund Stroh geben soll. 1 Scheffel Hafer gibt man für 2 Groschen, 40 Bund Heu für 3 Groschen und 10 Bund Stroh für 2 Groschen ab. Wie hoch sind die Kosten für die Pferde?

Mach's so: Zähle zusammen, wieviel 1 Pferd in der Woche verzehrt. Das sind 4, 3 und 2 Groschen, also 9 Groschen. Die multipliziere mit den 12 Pferden, und was daraus wird, mit 52 Wochen. Danach mache die Groschen zu Gulden. Es kommen 267 Gulden 9 Groschen heraus.

77) 3 Scheiben mit Wachs — die erste wiegt 3 Zentner 12 Pfund, die zweite 4 Zentner 1 Stein 17 Pfund und die dritte 3 Zentner 2 Stein 19 Pfund. 1 Zentner kostet 14 Gulden $3\frac{1}{2}$ Ort.
Ergebnis: 164 Gulden 3 Groschen 5 Pfennig $1\frac{34}{55}$ Heller.
Mach's so: Zähle zusammen, mache Zentner und Steine zu Pfunden. Es werden 1214. Sprich: 110 Pfund für $14\frac{7}{8}$ Gulden — wie teuer sind 1214 Pfund?
Schreibe als Bruch. Dann steht:

$$880 \qquad 119 \text{ Gulden} \qquad 1214$$

78) Einer kauft 3060 Ochsen. Er gibt für 1 Ochsen 3 Gulden $3\frac{1}{2}$ Ort, und man schenkt auf jedes Hundert 3 Ochsen.
Ergebnis: 11512 Gulden 2 Groschen 10 Pfennig $\frac{52}{103}$ Heller.
Mach's so: Rechne zuerst, wie teuer 100 Ochsen kommen, sprich: 1 Ochse für $3\frac{7}{8}$ Gulden — wie teuer kommen 100 Ochsen? Ergebnis: $387\frac{1}{2}$ Gulden. Nun addiere die 3 Ochsen zu den 100 — es werden 103 — und sprich: 103 Ochsen kosten $387\frac{1}{2}$ Gulden. Was kosten 3060 Ochsen? Schreibe als Bruch und gehe mit dem Nenner nach vorne. Dann steht:

$$206 \qquad 775 \qquad 3060$$

Es folgen etliche Aufgabenbeispiele in Goldwährung —
der Gulden für 20 Schilling, der Schilling für 12 Heller, der Zentner für
100 Pfund, das Pfund für 32 Lot, 1 Lot für 4 Quent, 1 Quent für 4 Pfenniggewicht und 1 Pfenniggewicht für 2 Hellergewicht gerechnet.

79) $2\frac{2}{3}$ Pfund für 3 Gulden 16 Schilling — wie teuer kommen 17 Pfund?
Ergebnis: 24 Gulden 4 Schilling und 6 Heller.
Schreibe als Bruch. Dann steht:

        8   76 Schilling   51

80) 36 Pfund für $7\frac{3}{5}$ Gulden — wie teuer kommen 45 Pfund?
Ergebnis: 9 Gulden 10 Schilling.
Schreibe als Bruch. Dann steht:

        180   38 Gulden   45

81) 24 Pfund für 3 Gulden 7 Schilling — wie teuer sind $13\frac{3}{4}$ Pfund?
Ergebnis: 1 Gulden 18 Schilling $4\frac{5}{8}$ Heller.
Schreibe als Bruch und gehe mit dem Nenner nach vorne. Dann steht:

        96   67 Schilling   55

82) $3\frac{2}{3}$ Pfund für 2 Gulden 16 Schilling — wie teuer sind $3\frac{4}{5}$ Pfund?
Ergebnis: 2 Gulden 18 Schilling $\frac{24}{55}$ Heller.
In der Mitte wandle in Schillinge um, schreibe vorne als Bruch und gehe mit dem Nenner des Hinteren nach vorne. Danach schreibe hinten als Bruch und gehe mit dem Nenner des Vorderen dahinein. Dann steht:

55   56   57

83) $4\frac{3}{7}$ Pfund für $6\frac{2}{3}$ Gulden — wie teuer kommen 19 Pfund?
Ergebnis: 28 Gulden 12 Schilling $\frac{16}{31}$ Heller.
Schreibe als Brüche, wie du unterrichtet bist. Dann steht es wie hier:

93   20 Gulden   133

84) 13 Pfund für $3\frac{1}{4}$ Gulden — wie teuer kommen $6\frac{5}{9}$ Pfund?
Ergebnis: 1 Gulden 12 Schilling $9\frac{1}{3}$ Heller.
Schreibe wie vorher als Brüche. Dann steht:

468   13   59

85) $3\frac{2}{3}$ Pfund für $3\frac{3}{7}$ Gulden — wie teuer kommen $6\frac{5}{9}$ Pfund?
Ergebnis: 6 Gulden 2 Schilling $7\frac{13}{77}$ Heller.
Schreibe überall Brüche. Danach gehe mit dem Nenner des Vorderen nach hinten, sodann mit dem mittleren und hinteren Nenner nach vorne. Also:

693   24   177

86) $\frac{2}{3}$ Pfund und dazu $\frac{3}{4}$ Pfund für $6\frac{1}{3}$ Gulden und dazu $\frac{2}{3}$ von $\frac{3}{4}$ Gulden und dazu $\frac{1}{4}$ von $\frac{3}{5}$ von $\frac{4}{5}$ Gulden — wie teuer kommen $\frac{1}{2}$ Pfund und dazu $\frac{1}{3}$ Pfund und dazu $\frac{1}{4}$ von $\frac{1}{2}$ von $\frac{1}{5}$ Pfund?
Ergebnis: 4 Gulden 4 Schilling $3\frac{41}{425}$ Heller.
Mach's so: Addiere die vorderen Brüche, es kommt $\frac{17}{12}$ heraus. Nun nimm dir die Zahlen in der Mitte vor und addiere, wie gelehrt wurde. Es kommen $6\frac{143}{150}$ Gulden heraus. Verfahre ebenso mit den dritten Zahlen: es werden $\frac{103}{120}$ Pfund. Nun schreibe als Brüche und gehe mit den Nennern heraus wie eben. Dann steht:

306000   1043   1236

87) 1 Sack mit Pfeffer wiegt 3 Zentner 48 Pfund. 1 Pfund kostet 7 Schilling.
Ergebnis: 121 Gulden 16 Schilling

88) 1 Sack Ingwer wiegt 98 Pfund 13 Lot. 1 Pfund kostet 13 Schilling.
Ergebnis: 63 Gulden 19 Schilling $3\frac{3}{8}$ Heller.
Mache vorne und hinten die Pfunde zu Loten. Dann steht:

$$32 \qquad 13 \qquad 3149$$

89) 1 Stumpf Safran wiegt 48 Pfund 13 Lot 3 Quent. 1 Pfund kostet 3 Gulden 9 Schilling 6 Heller.
Ergebnis: 168 Gulden 5 Schilling $10\frac{23}{64}$ Heller.
Setze an: 1 Pfund für 3 Gulden 9 Schilling 6 Heller — wie teuer kommen 48 Pfund 13 Lot 3 Quent?
Wandle vorne und hinten in Quente um, danach in der Mitte in Heller. Dann steht:

$$128 \qquad 834 \text{ Heller} \qquad 6199$$

90) 1 Stumpf Safran wiegt 38 Pfund 16 Lot und hat 9 Lot Tara. Man gibt $3\frac{2}{3}$ Pfund für $8\frac{3}{4}$ Gulden ab.
Ergebnis: 91 Gulden 4 Schilling $\frac{81}{88}$ Heller.
Mach's so: Ziehe die Tara ab und sprich danach: $3\frac{2}{3}$ Pfund für $8\frac{3}{4}$ Gulden — wie teuer kommen 38 Pfund und 7 Lot?
Wandle hinten in Lote um und gehe mit dem Nenner des vorderen Bruchs dahinein. Danach schreibe vorne als Bruch und gehe mit dem Nenner des Mittleren dahinein. Das schreibe auf und schreibe in der Mitte als Bruch. Dann steht:

$$1408 \qquad 35 \text{ Gulden} \qquad 3669$$

91) 1 Sack mit Kalmus wiegt 48 Pfund 24 Lot — Tara 2 Pfund und 16 Lot. 1 Pfund kostet $13\frac{1}{2}$ Schilling.
Ergebnis: 31 Gulden 4 Schilling $4\frac{1}{2}$ Heller.
Ziehe die Tara ab und wandle vorne und hinten in Lote um. Schreibe in der Mitte als Bruch und gehe mit dem Nenner nach vorne. Dann steht:

$$64 \qquad 27 \qquad 1480$$

92) 3 Säcke mit Mandeln wiegen 3 Zentner 17 Pfund, 4 Zentner 29 Pfund und 2 Zentner 78 Pfund. 1 Zentner kostet 7 Gulden $2\frac{1}{2}$ Ort.
Ergebnis: 78 Gulden 1 Schilling $7\frac{1}{5}$ Heller.
Mach's so: Zähle zusammen, es werden 1024 Pfund. Die setze hinten, 100 vorne und $7\frac{5}{8}$ Gulden in die Mitte. Schreibe als Bruch und gehe mit dem Nenner nach vorne. Dann steht:

800   61   1024

93) 2 Säcke mit Baumwolle wiegen 6 Zentner 29 Pfund und 3 Zentner 11 Pfund und haben zusammen 37 Pfund Tara. 1 Zentner kostet 17 Gulden $3\frac{1}{2}$ Ort.
Ergebnis: 161 Gulden 8 Schilling $2\frac{7}{10}$ Heller.
Mach's wie bisher. Dann steht:

800   143 Gulden   903

94) 1 Sack mit Schafwolle wiegt 7 Zentner 44 Pfund — Tara 21 Pfund. 1 Zentner kostet 6 Gulden 9 Schilling 8 Heller.
Ergebnis: 46 Gulden 17 Schilling $5\frac{22}{25}$ Heller.
Ziehe die Tara ab und wandle ausschließlich in Heller um. Dann steht:

100   1556 Heller   723

95) 2 Säcke mit Lorbeeren wiegen zusammen 4 Zentner $29\frac{1}{2}$ Pfund, und 1 Zentner kostet 10 Gulden $1\frac{1}{2}$ Ort.
Ergebnis: 44 Gulden 11 Schilling $2\frac{11}{20}$ Heller.
Mach's und schreibe als Bruch nach den vorigen Beispielen. Dann steht:

1600   83 Gulden   859

96) 1 Faß mit Weinstein wiegt 3 Zentner 68 Pfund — Tara 21 Pfund. 1 Zentner kostet 9 Gulden 13 Schilling.
Ergebnis: 33 Gulden 9 Schilling $8\frac{13}{25}$ Heller.
Ziehe die Tara ab und gehe wie oben vor. Dann steht:

100   193 Schilling   347

97) 1 Faß Alaun wiegt 3 Zentner $75\frac{1}{2}$ Pfund — Tara 23 Pfund. $7\frac{2}{3}$ Pfund kosten 1 Gulden.
Ergebnis: 45 Gulden 19 Schilling $6\frac{18}{23}$ Heller.
Ziehe die Tara ab, schreibe als Brüche und gehe wie üblich vor. Dann steht:

46   1 Gulden   2115

98) 5 Körbe mit Feigen wiegen 2 Zentner 18 Pfund, 3 Zentner 7 Pfund, 5 Zentner 9 Pfund, 3 Zentner 45 Pfund und 4 Zentner 78 Pfund. Auf jeden Korb kommen 14 Pfund Tara. 1 Zentner kostet 5 Gulden 3 Ort.

Ergebnis: 102 Gulden 15 Schilling $\frac{3}{5}$ Heller.

Mach's so: Addiere, ziehe die Tara ab, schreibe sodann Brüche und gehe wie üblich vor. Dann steht:

400	23 Gulden	1787

99) 5 Fässer mit Unschlitt wiegen 8 Zentner 13 Pfund, 5 Zentner 12 Pfund, 4 Zentner 17 Pfund, 9 Zentner 35 Pfund und 3 Zentner 15 Pfund. Auf jedes Faß kommen 21 Pfund Tara. 1 Zentner kostet 2 Gulden $2\frac{1}{2}$ Ort.

Ergebnis: 75 Gulden 15 Schilling $8\frac{1}{10}$ Heller.

Mach's, wie bisher gesagt. Dann steht:

800	21 Gulden	2887

100) 4 Fäßchen mit Öl wiegen 4 Zentner 13 Pfund, 3 Zentner 21 Pfund, 5 Zentner 16 Pfund und 3 Zentner 75 Pfund. Auf 1 Zentner kommen 11 Pfund Tara. 1 Zentner kostet 7 Gulden $1\frac{1}{2}$ Ort.

Ergebnis: 107 Gulden 19 Schilling $4\frac{6}{37}$ Heller.

Mach's so: Addiere, es werden 1625 Pfund. Die setze hinten. Ziehe die Tara nicht ab, sondern addiere sie zum Zentner, d. h. zu 100 Pfund. Es werden 111 Pfund. Die setze vorne, und was 1 Zentner netto kostet, nämlich $7\frac{3}{8}$ Gulden, setze in die Mitte. Danach schreibe als Brüche und gehe wie üblich vor. Dann steht:

888	59 Gulden	1625

101) 3 Tonnen mit Honig wiegen 6 Zentner 45 Pfund, 3 Zentner 13 Pfund und 5 Zentner 48 Pfund. Auf 1 Zentner kommen 12 Pfund Tara. Man gibt 14 Pfund für $1\frac{1}{2}$ Gulden ab.

Ergebnis: 144 Gulden 1 Schilling $4\frac{26}{49}$ Heller.

Mach's so: Rechne zuerst, wie teuer 1 Zentner netto kommt. Danach verfahre, wie bisher geschrieben. Dann steht es wie hier:

784	75 Gulden	1506

102) 4 Fäßchen mit Seife wiegen 3 Zentner minus 13 Pfund, 4 Zentner 1 Pfund, 4 Zentner minus 28 Pfund und 3 Zentner minus 11 Pfund. Auf 1 Zentner kommen 10 Pfund Tara. 1 Pfund netto kostet $16\frac{1}{2}$ Pfennig.

Ergebnis: 80 Gulden 6 Groschen 3 Pfennig — der Gulden für 21 Groschen und 1 Groschen für 12 Pfennig gerechnet.

Beginne mit dem Nächststehenden. Rechne zuerst, wie teuer 1 Zentner netto kommt: 1650 Pfennig. Nun addiere die Tara zum Zentner und

sprich: 110 Pfund kosten 1650 Pfennig. Was kosten 1349 Pfund?
Die 0 kannst du vorne und in der Mitte ausstreichen und so setzen:

11   165 Pfennig   1349

103) 1 Zentner Wachs für 15 Gulden 3 Ort — wieviel Pfund kommen für
1 Gulden heraus, wenn man 7 Gulden an 100 gewinnen will?
Ergebnis: 5 Pfund 29 Lot 3 Quent 2 Pfenniggewicht und $\frac{1684}{6741}$ Heller-
gewicht.
Mach's so: Rechne zuerst, wieviel Wachs für 100 Gulden herauskommt.
Sodann addiere die 7 Gulden zu 100 und sprich: 107 Gulden geben so-
viel Wachs, z. B. hier $634\frac{58}{63}$ Pfund. Was gibt 1 Gulden? Schreibe als
Bruch. Dann steht:

6741   40000 Pfund   1 Gulden

104) Einer verkauft Ingwer. Er gibt 1 Pfund für 11 Schilling 6 Heller ab und
gewinnt 8 Gulden an 100. Wie hat er 1 Pfund gekauft?
Ergebnis: für 10 Schilling $7\frac{7}{9}$ Heller.
Mach's so: Addiere den Gewinn zum Grundwert, d. h. 8 Gulden zu 100.
Es kommen 108 Gulden heraus. Sprich: 108 Gulden Grundwert samt Ge-
winn geben 100 Gulden Grundwert. Was geben 11 Schilling 6 Heller
Grundwert samt Gewinn?
Wandle vorne und hinten in Heller um. Dann steht:

25920   100 Gulden   138

Oder setze vorne und hinten Gulden und 11 Schilling 6 Heller in die
Mitte. Dann steht:

108   11 Schilling 6 Heller   100 Gulden

Auch so kommt es richtig heraus, denn die letzten beiden werden miteinander multipliziert und durch das erste geteilt.

105) Einer kauft Safran, das Pfund für 3 Gulden $1\frac{1}{2}$ Ort. Er verkauft ihn wie-
der notgedrungen und verliert 7 Gulden an 48. Wie hat er 1 Pfund ver-
kauft?
Ergebnis: für 2 Gulden 17 Schilling $7\frac{7}{8}$ Heller.
Und wieviel Safran ist es gewesen?
Ergebnis: $14\frac{2}{9}$ Pfund.
Mach's so: Ziehe deshalb, weil er wieder verkauft und verliert, die 7 Gul-

den von 48 ab. Es bleiben 41 Gulden Erlös. Sprich: Aus 48 Gulden hat er einen Erlös von 41 Gulden. Welchen Erlös wird er aus dem Geld haben, das er für 1 Pfund bezahlt hat, d. h. aus 3 Gulden $1\frac{1}{2}$ Ort? Das Ergebnis siehe oben.

In gleicher Weise auch, wenn du wissen willst, wieviel Pfund er gekauft hat, sprich: 3 Gulden $1\frac{1}{2}$ Ort geben 1 Pfund. Was geben 48 Gulden? Das Ergebnis siehe oben.

106) Ich kaufe 1 Elle Samt für 3 Gulden 9 Schilling. Wie soll ich sie wieder-verkaufen, wenn ich 11 Gulden an 100 gewinnen will?
Ergebnis: für 3 Gulden 16 Schilling $7\frac{2}{25}$ Heller.
Mach's so: Addiere den Gewinn zum Grundwert und sprich: Aus 100 Gulden will ich 111 Gulden gewinnen. Wieviel gewinne ich aus 3 Gulden 9 Schilling, die ich für 1 Elle bezahlt habe? Dann steht:

100   3 Gulden 9 Schilling   111 Gulden

107) Einer gibt 1 Elle Samt für 4 Gulden und verliert 9 Gulden an 100. Wie hat er 1 Elle gekauft?
Ergebnis: für 4 Gulden 7 Schilling $10\frac{86}{91}$ Heller.
Ziehe 9 Gulden von 100 ab, es bleiben 91, und sprich: Aus 91 Gulden hätte er 100 Gulden Erlös haben sollen. Welchen Erlös hätte er aus 4 Gulden, zu welchem Preis er 1 Elle gegeben hat, haben sollen? Dann steht:

91   100 Gulden   4

108) Einer kauft 4 Ellen Tuch für 5 Gulden und verkauft wieder 7 Ellen für 11 Gulden. Er hat so viele Ellen gekauft und wiederverkauft, daß er 24 Gulden gewonnen hat.
Die Frage ist, wieviel Ellen er gekauft hat.
Mach's so: Rechne zuerst, wieviel Gewinn die 7 Ellen einbringen. Sprich: 4 Ellen für 5 Gulden — wie teuer sind 7 Ellen? Ergebnis: 8 Gulden 15 Schilling.
Die ziehe von 11 Gulden ab, es bleiben 2 Gulden 5 Schilling Gewinn.
Danach setze so: 2 Gulden 5 Schilling Gewinn geben 7 Ellen. Was geben 24 Gulden?
Wandle in Schillinge um, dann steht:

45   7 Ellen   480

Rechne es aus, so kommen $74\frac{2}{3}$ Ellen heraus.

Vom Geldwechsel

109) 1 Rheinischer Gulden hat in Silberwährung einen Wert von 21 Groschen, in Goldwährung einen Wert von 20 Schilling. Wieviel ist für 11 Schilling 9 Heller in Silberwährung zu geben?

Ergebnis: 12 Groschen $4\frac{1}{20}$ Pfennig.

So steht es da:

      240 Heller   21 Groschen   141 Heller

110) 894 Ungarische Gulden — wieviel machen die in Rheinischen Gulden bei einem Aufschlag von 29 Rheinischen Gulden auf 100 Ungarische?

Ergebnis: 1153 Rheinische Gulden 5 Schilling $2\frac{2}{5}$ Heller.

Mach's so: Addiere den Aufschlag zu 100 Rheinischen Gulden und sprich:

100 Ungarische Gulden ergeben 129 Rheinische Gulden. Wieviel ergeben 894 Ungarische Gulden? Das Ergebnis siehe oben.

111) 1378 Ungarische Gulden — wieviel Rheinische Gulden bei einem Aufschlag von $31\frac{1}{4}$?

Ergebnis: 1808 Rheinische Gulden 12 Schilling 6 Heller.

Führe es durch. Dann steht:

$$400 \qquad 525 \qquad 1378$$

112) 874 Ungarische Gulden — wieviel Rheinische, wenn je 3 Ungarische Gulden den Wert von 4 Rheinischen haben?
Ergebnis: 1165 Rheinische Gulden 6 Schilling 8 Heller.

113) 478 Rheinische Gulden — wieviel Ungarische bei einem Aufschlag von $29\frac{1}{2}$?
Ergebnis: 369 Ungarische Gulden 3 Groschen $2\frac{250}{259}$ Pfennig, der Ungarische Gulden für 29 Groschen und 1 Groschen für 12 Pfennig gerechnet.
Mach's so. Sprich: $129\frac{1}{2}$ Rheinische Gulden geben 100 Ungarische. Was geben 478 Rheinische Gulden?
Schreibe als Bruch. Dann steht:

$$259 \qquad 100 \qquad 956$$

Wenn dir Ungarische Gulden übrigbleiben und du nicht weißt, wie die umzurechnen sind, so mache Rheinische Schillinge daraus: teile durch das Mittlere. Sind aber Brüche vorhanden, so gehe mit den Nennern ins Mittlere wie hier:

114) 578 Rheinische Gulden — wieviel Ungarische machen die bei einem Aufschlag von $32\frac{1}{2}$?
Ergebnis: 436 Ungarische Gulden und 6 Rheinische Schilling.

115) 1236 Rheinische Gulden — wieviel Ungarische bei einem Aufschlag von $32\frac{1}{3}$?
Ergebnis: 934 Ungarische Gulden 0 Rheinische Schilling $1\frac{3}{5}$ Rheinische Heller
Mach's so. Sprich: $132\frac{1}{3}$ Rheinische Gulden geben 100 Ungarische. Was geben 1236 Rheinische Gulden?
Schreibe als Bruch. Dann steht:

$$397 \qquad 100 \qquad 3708$$

116) Einer wechselt 1478 Ungarische Gulden 16 Rheinische Schilling $11\frac{7}{25}$ Rheinische Heller und gibt je 100 Ungarische Gulden und 13 Rheinische Schilling für 142 Rheinische Gulden.
Ergebnis: 2090 Rheinische Gulden.
Mach's so: Ziehe bei den 100 Ungarischen Gulden die 13 Schilling ab, ebenso auch von den 142 Rheinischen Gulden, und laß die Schillinge hinten bei den Ungarischen Gulden weg:

100   141 Rheinische Gulden 7 Schilling   1478 Ungarische Gulden

Rechne es aus und addiere zum Ergebnis die 16 Schilling $11\frac{7}{25}$ Heller, so kommt es heraus wie angegeben.

117) Einer will 789 Rheinische Gulden wechseln, und man gibt ihm für 139 Rheinische 100 Dukaten 6 Schilling. Wieviel macht's?
Mach's so: Ziehe auf beiden Teilen, vorne und in der Mitte, die 6 Schilling ab und setze dann so an: 138 Rheinische Gulden 14 Schilling geben 100 Dukaten. Was geben 789 Rheinische Gulden? Wandle in Schillinge um. Dann steht:

2774   100 Dukaten   15780

Rechne es aus, so kommen 568 Dukaten heraus, der Rest ist 2368. [Die mache mit 20 zu Schillingen. Mache auch die 100 Dukaten zu Schillingen und teile dadurch.]
Es werden 23 Schilling $8\frac{4}{25}$ Heller.

118) 100 Dukaten haben einen Wert von 124 Rheinischen Gulden und 100 Rheinische einen Wert von 72 Ungarischen. Wieviel Dukaten werde ich für 72 Ungarische Gulden haben? Setze so an:

72 Ungarische   100 Rheinische

                                        72 Ungarische

124 Rheinische   100 Dukaten

Die Vorderen multipliziere miteinander und auch die Mittleren. Dann steht:

8928   10000 Dukaten   72

Ergebnis, wenn du es gerechnet hast: 80 Dukaten und 16 Schilling

119) Einer will 80 Ungarische Gulden gegen Rheinische wechseln, und man gibt je 3 Ungarische Gulden für 4 Rheinische Gulden und 1 Böhmischen Groschen, der Ungarische Gulden für 27 Böhmische Groschen gerechnet. Die Frage ist, wieviel Rheinische die 80 Ungarischen Gulden ergeben. Ergebnis: 108 Rheinische Gulden.
Mach's so. Sprich: 3 Ungarische Gulden machen 4 Rheinische und 1 Böhmischen Groschen. Was machen 80 Ungarische Gulden?
Mache die Ungarischen Gulden vorne und hinten zu Böhmischen Groschen. Danach ziehe vorne einen Böhmischen Groschen ab, ebenso in

der Mitte. Dann steht:

80   4 Rheinische   2160

Gewand

120) Einer kauft 2 Saum Gewand in Brügge in Flandern. 1 Tuch kostet $13\frac{1}{2}$ Rheinische Gulden. 1 Saum hat 22 Tuch. Der Fuhrlohn nach Preßburg in Ungarn kostet 34 Gulden. Dort verkauft er ein Tuch für 12 Ungarische Gulden $3\frac{1}{2}$ Ort, und 100 Ungarische machen 136 Gulden 1 Ort Rheinische.

Ergebnis: Gewinn in rheinischer Goldwährung: 143 Gulden 17 Schilling $1\frac{1}{2}$ Heller. Oder in ungarischer Goldwährung gewinnt er 105 Gulden 15 Schilling $10\frac{1}{2}$ Heller.

Mach's so: Rechne zuerst, was die Tücher kosten. Dazu addiere den Fuhrlohn und schreibe es auf. Danach rechne, wieviel Ungarische Gulden er beim Verkauf erzielt, mache diese zu Rheinischen und ziehe ab, was dich die Tücher gekostet haben. So bleibt dir der Gewinn in rheinischer Goldwährung. Den mache zu ungarischer Goldwährung, wie angegeben. So kommt das Ergebnis heraus, wie oben geschrieben.

Minderwertige Ware

121) Einer kauft in Venedig einen Sack mit Nelken, der $654\frac{1}{2}$ Pfund wiegt.
1 Pfund kostet 9 Schilling. Der Fuhrlohn bis nach Nürnberg kostet 25 Gulden, und 10 Pfund von Venedig machen 6 Pfund in Nürnberg. Dort enthält 1 Zentner 15 Pfund minderwertige Ware. 1 Pfund minderwertige Ware kostet 4 Schilling und 1 Pfund hochwertige Ware 16 Schilling. Wieviel hat er verloren oder gewonnen?
Ergebnis: 40 Gulden 14 Schilling $1\frac{23}{26}$ Heller Verlust.
Mach's so: Rechne, wie teuer er die Nelken kauft, und addiere dazu den Fuhrlohn. Danach mache das venezianische Gewicht zu Nürnberger Gewicht und merke es dir. Sodann ziehe die 15 Pfund minderwertige Ware von 1 Zentner ab; es bleiben 85 Pfund hochwertige Ware. Rechne, wieviel die 15 Pfund minderwertige Ware zu 4 Schilling und die 85 Pfund hochwertige Ware zu 16 Schilling in einer Summe machen. Es kommen 71 Gulden heraus. Sprich danach: 100 Pfund minderwertige und hochwertige Nelken durcheinander kosten 71 Gulden. Wie teuer kommt dann die Anzahl der Pfunde, die hier $392\frac{7}{10}$ ausmacht?
Das ziehe davon ab, was es ihn gekostet hat. Dann bleibt der Verlust wie oben.

Safran

122) Einer nimmt in Venedig aufgrund einer unbeglichenen Schuld $25\frac{1}{2}$ Pfund Safran in Zahlung, und zwar 1 Pfund für $2\frac{1}{3}$ Dukaten. Der Fuhrlohn nach Nürnberg kostet $2\frac{1}{2}$ Dukaten, und 10 Pfund von Venedig sind 6 Pfund in Nürnberg. Dort verkauft man 1 Pfund für $4\frac{1}{2}$ Rheinische Gulden, und 100 Dukaten machen 134 Rheinische Gulden. Wieviel hat er gewonnen oder verloren?
Ergebnis: 14 Gulden 4 Schilling $7\frac{1}{6}$ Heller Verlust.
Mach's wie beim Gewand. Dann kommt das Ergebnis richtig heraus.

123) Einer kauft in Eger 124 Zentner Zinn, und zwar 1 Zentner für $16\frac{1}{2}$ Gulden. Der Fuhrlohn bis nach Nürnberg kostet 34 Gulden, und 3 Zentner von Eger sind 4 Zentner in Nürnberg. Dort verkauft er 1 Zentner für 10 Gulden $1\frac{1}{2}$ Ort. Wieviel hat er gewonnen oder verloren?
Ergebnis: 364 Gulden 13 Schilling und 4 Heller Verlust.
Mach's so: Rechne zuerst, wieviel ihn das Zinn bis nach Nürnberg kostet. Danach mache das Egerer Gewicht zu Nürnberger Gewicht und rechne, welchen Erlös er dort hat. Danach ziehe eins vom anderen ab: Hast du größeren Erlös gehabt, als es dich gekostet hat, so hast du gewonnen, andernfalls hast du verloren wie hier.

124) Ein Sack mit Pfeffer wiegt in Nürnberg 4 Zentner 48 Pfund — Tara
$12\frac{1}{2}$ Pfund. 1 Pfund kostet 9 Schilling, der Fuhrlohn bis nach Leipzig 4 Gulden, und 10 Pfund von Nürnberg machen 11 Pfund in Leipzig. Dort verkauft man 1 Pfund für 9 Groschen 6 Pfennig, und 20 Schilling haben
einen Wert von 21 Groschen, der Groschen für 12 Pfennig gerechnet.
Das Ergebnis ist, daß man am Sack 16 Gulden 15 Groschen und 6 Pfennig gewinnt.
Mach's so: Ziehe die Tara ab, rechne, wieviel man in Nürnberg für den
Pfeffer gibt und addiere dazu den Fuhrlohn. Danach wandle in Leipziger
Gewicht um und berechne, welchen Erlös man dort daraus hat. Sodann
rechne die Gold- in die Silberwährung um. Ziehe eins vom anderen ab,
so kommt der Gewinn heraus.

125) Einer kauft Wachs in Breslau, je 1 Stein für 2 Ungarische Gulden $1\frac{1}{2}$ Ort.
1 Zentner Breslauer Gewicht, der dort $5\frac{1}{2}$ Stein oder 132 Pfund hat,
kostet bis nach Nürnberg $1\frac{1}{2}$ Ungarische Gulden Fuhrlohn, und 128 Pfund
von Breslau sind 100 Pfund in Nürnberg.
Nun frage ich, wieviel ein Nürnberger Zentner nach dem Transport von
Breslau bis nach Nürnberg kostet, wenn man 100 Ungarische Gulden für
$132\frac{1}{2}$ Rheinische gibt und 7 Gulden an 100 gewinnen will.
Ergebnis: 20 Rheinische Gulden 0 Schilling $4\frac{243}{275}$ Heller.
Mach's so. Sprich: 1 Stein für $2\frac{3}{8}$ Ungarische Gulden — wie teuer kom-
men $5\frac{1}{2}$ Stein?
Das macht $13\frac{1}{16}$ Ungarische Gulden. Dazu $1\frac{1}{2}$ Ungarische Gulden — das
werden $14\frac{9}{16}$ Ungarische Gulden. Soviel kostet 1 Breslauer Zentner mit
Fuhrlohn. Rechne, wie teuer 1 Nürnberger Zentner ist. Sprich: 132 Pfund
für $14\frac{9}{16}$ Ungarische Gulden — wie teuer kommen 128 Pfund?
Das macht $14\frac{4}{33}$ Ungarische Gulden. Die mache zu Rheinischen, es wer-
den $18\frac{469}{660}$ Gulden. So teuer ist 1 Nürnberger Zentner ohne Gewinn.
Setze deshalb so an: 100 Gulden geben 107 Gulden. Was geben
$18\frac{469}{660}$ Gulden?
Schreibe als Bruch. Dann steht:

    66000   107 Rheinische Gulden   12349

126) Einer kauft Pfeffer in Nürnberg, je 1 Pfund für 8 Schilling 5 Heller. 1 Nürnberger Zentner kostet bis nach Breslau 1 Rheinischen Gulden 8 Schilling
Fuhrlohn, und 100 Pfund von Nürnberg machen 128 Pfund in Breslau.
Wieviel kostet 1 Stein Breslauer Gewicht nach dem Transport bis nach
Breslau, wenn man 3 Ungarische Gulden für 4 Rheinische gibt, der Ungarische Gulden für 84 Groschen und 1 Groschen für 12 Heller gerechnet?

Ergebnis: 6 Ungarische Gulden 9 Groschen $7\frac{61}{80}$ Heller.

Mach's so. Sprich: 1 Pfund für 8 Schilling 5 Heller — wie teuer sind 100 Pfund?

Das macht mit dem Fuhrlohn 43 Rheinische Gulden 9 Schilling 8 Heller. So teuer sind 128 Breslauer Pfund. Rechne, wie teuer 1 Stein ist. Sprich: 128 Pfund für 43 Gulden 9 Schilling 8 Heller — wie teuer sind 24 Pfund?

Das macht 8 Gulden 3 Schilling $\frac{3}{4}$ Heller.

Daraus mache Ungarische Gulden. Sprich: 4 geben 3. Was geben 8 Gulden 3 Schilling $\frac{3}{4}$ Heller?

Wandle vorne und hinten in Heller um. Dann steht, wenn es als Bruch geschrieben wird:

$$3840 \qquad 3 \qquad 7827$$

127) Man kauft 75 Zobel, das Zimmer, das sind 40 Stück, für 75 Gulden $2\frac{1}{2}$ Ort, außerdem 789 Wieselfelle, 100 Stück für $5\frac{1}{2}$ Gulden, 389 Hermelinfelle, 100 Stück für 8 Gulden $2\frac{1}{2}$ Ort, und 2975 feine Lederarbeiten, 1000 Stück für 58 Gulden 1 Ort.

Das macht alles zusammen in Goldwährung 392 Gulden 0 Schilling $8\frac{17}{20}$ Heller.

Mach's so: Rechne eins nach dem anderen aus. Dann zähle zusammen. So kommt das Ergebnis heraus, wie oben angegeben.

128) Einer kauft 8 Zentner Wolle, den Zentner für 7 Gulden, außerdem 19 Zentner, den Zentner für $7\frac{1}{2}$ Gulden, 15 Zentner zu je 8 Gulden und 17 Zentner zu je $9\frac{1}{2}$ Gulden. Die verkauft er wieder, nachdem er sie gemischt hat, und gewinnt 3 Gulden an 100. Wie teuer hat er 1 Zentner verkauft?

Ergebnis: für 8 Gulden 7 Groschen $11\frac{199}{295}$ Pfennig, der Gulden für 21 Groschen und 1 Groschen für 12 Pfennig gerechnet.

Mach's so: Rechne zuerst, was ihn die Wolle insgesamt kostet, danach, wie teuer ein einzelner Zentner ist.

129) Einer kauft 43 Pfund Safran, das Pfund für 3 Gulden 10 Schilling, außerdem 58 Pfund Nelken, 1 Pfund für 16 Schilling, und 75 Pfund Ingwer, 1 Pfund für 25 Schilling. Die will er wiederverkaufen und 7 Gulden an 100 gewinnen. Wie soll er jeweils 1 Pfund verkaufen?

Ergebnis: 1 Pfund Safran für 3 Gulden 14 Schilling $10\frac{4}{5}$ Heller, 1 Pfund Nelken für 17 Schilling $1\frac{11}{25}$ Heller und 1 Pfund Ingwer für 1 Gulden 6 Schilling 9 Heller.

Und wieviel gewinnt er an allem?

Ergebnis: 20 Gulden 6 Schilling [10$\frac{4}{5}$ Heller].

Mach's so. Wenn du wissen willst, wie er jeweils 1 Pfund verkaufen soll, sprich: 100 Gulden geben 107 Gulden. Was gibt das Geld, das er für je 1 Pfund bezahlt hat, z. B. beim Safran 3 Gulden 10 Schilling, in gleicher Weise bei den anderen Waren?

Willst du aber wissen, wieviel er an allem gewinnt, so rechne zuerst, was es ihn gekostet hat. Danach sprich: Mit 100 Gulden gewinne ich 7 Gulden. Was gewinne ich mit dem Geld, das ich ausgegeben habe? Rechne es aus, so kommt das Ergebnis wie oben heraus.

130) 18 Pfund Pfeffer kosten 15 Gulden 13 Schilling, 75 Pfund Ingwer kosten 65 Gulden 10 Schilling, und 36 Pfund Safran kosten 93 Gulden 18 Schilling. Die verkauft man wieder und gewinnt 12 Gulden an 100. Wie hat man jeweils 1 Pfund verkauft?

Ergebnis: 1 Pfund Pfeffer für 19 Schilling 5$\frac{53}{75}$ Heller, 1 Pfund Ingwer für 19 Schilling 6$\frac{94}{125}$ Heller und 1 Pfund Safran für 2 Gulden 18 Schilling 5$\frac{3}{25}$ Heller. Und der Gewinn an allem ist 21 Gulden 0 Schilling 1$\frac{11}{25}$ Heller.

Mach's so: Rechne zuerst, wie teuer jeweils 1 Pfund kommt. Sodann setze fort, wie bisher beschrieben, so kommt das Ergebnis eines jeden wie angegeben heraus.

Und wenn du den Gewinn an allem haben willst, so sprich: 100 Gulden bringen einen Gewinn von 12 Gulden. Welchen Gewinn bringt das Geld, das er für den Pfeffer etc. bezahlt hat?

131) Einer kauft 25 Zentner 56 Pfund Messing. 1 Zentner kostet 13$\frac{4}{5}$ Gulden, der Gulden für 8 Pfund 11 Pfennig und 1 Pfund für 30 Pfennig gerechnet.

Mach's so: Löse 1 Gulden in Pfennige auf, es kommen 251 Pfennig heraus. Damit multipliziere die übrigen Gulden, teile und wandle in Pfunde um.

Es kommen 352 Gulden 6 Pfund 2$\frac{91}{125}$ Pfennig heraus.

132) 3 Zentner 28 Pfund Draht — 1 Zentner kostet 5$\frac{2}{3}$ Gulden, der Gulden für 8 Schilling minus 6 Pfennig und 1 Schilling für 30 Pfennig gerechnet.

Ergebnis: 18 Gulden 4 Schilling 17$\frac{7}{25}$ Pfennig.

Mach's, wie bisher beschrieben.

133) Einer kauft 18 Zentner 17 Pfund Unschlitt und gibt für den Zentner 3 Gulden 5 Pfund 27 Pfennig, der Gulden für 5 Pfund 28 Pfennig gerechnet.

Ergebnis: 72 Gulden 3 Pfund 12$\frac{87}{100}$ Pfennig.

Mach's so: Löse zuerst 1 Gulden in Pfennige auf; es kommen 178 Pfennig heraus. Nun wandle die 3 Gulden 5 Pfund 27 Pfennig in die kleinste Münzsorte um, d. h. in Pfennige. Dann steht:

100   711 Pfennig   1817

Die Pfennige, die beim Dividieren herauskommen, mache mit 178 zu Gulden und die restlichen mit 30 zu Pfunden.

134) 4 Scheiben mit Wachs wiegen in Krakau 12 Zentner 1 Stein 7 Pfund und 9 Zentner 2 Stein 9 Pfund. 1 Zentner kostet 11 Gulden $\frac{1}{2}$ Ort, der Gulden für 30 Groschen, 1 Groschen für 18 Heller, der Zentner für 130 Pfund und 1 Stein für 26 Pfund gerechnet.
Ergebnis: 241 Gulden 20 Groschen $1\frac{5}{13}$ Heller

135) 4 Scheiben mit Wachs wiegen in Breslau 3 Zentner 1 Stein 7 Pfund, 4 Zentner 4 Stein 11 Pfund, 6 Zentner 1 Stein 8 Pfund und 3 Zentner 4 Stein 16 Pfund. 1 Stein kostet 3 Gulden $1\frac{1}{2}$ Ort.
Ergebnis: 336 Gulden 39 Groschen und $4\frac{1}{2}$ Heller, der Zentner für 132 Pfund, der Stein für 24 Pfund, der Gulden für 60 Groschen und 1 Groschen für 12 Heller gerechnet

136) 4 Fäßchen mit Öl wiegen 22 Zentner 5 Stein 6 Pfund. 1 Zentner kostet 9 Mark 1 Ort, Tara 12 Pfund auf 1 Zentner — die Mark für 48 Groschen, der Groschen für 7 Pfennig, der Zentner für 132 Pfund und 1 Stein für 24 Pfund gerechnet.
Ergebnis: 194 Mark 30 Groschen und $3\frac{1}{2}$ Pfennig

137) Einer kauft für 324 Gulden Safran, Nelken und Ingwer. 1 Pfund Safran kostet 4 Gulden 5 Schilling, 1 Pfund Nelken 17 Schilling und 1 Pfund Ingwer 8 Schilling. Von allen Waren will er gleich viel haben.
Mach's so: Zähle zusammen, was jeweils 1 Pfund kostet. Es kommen 5 Gulden 10 Schilling heraus. Sprich: 5 Gulden 10 Schilling geben von allem 1 Pfund. Wieviel geben 324 Gulden?
Wandle in Schillinge um. Dann steht:

110   1 Pfund   6480

Rechne es aus, so kommen 58 Pfund $29\frac{1}{11}$ Lot heraus.

138) 1 Zentner Wolle kostet 7 Gulden und 1 Zentner Wachs 14 Gulden. Nun will einer 124 Gulden ausgeben und doppelt soviel Wolle wie Wachs

erhalten.

Ergebnis: 8$\frac{6}{7}$ Zentner Wolle und 4$\frac{3}{7}$ Zentner Wachs.

Mach's so: Verdopple die Gulden der Wolle, es werden 14. Addiere die Gulden des Wachses, es kommen 28 heraus. Sprich: 28 Gulden geben 1 Zentner Wachs. Was geben 124 Gulden?

Das Ergebnis siehe oben. Verdopple, dann kommt das Ergebnis für die Wolle heraus. Und ebenso bei ähnlichen Aufgaben.

139) Man kauft 4 Scheiben mit Wachs, die 3 Zentner 17 Pfund, 4 Zentner 9 Pfund, 5 Zentner 28 Pfund und 4 Zentner 19 Pfund wiegen. 1 Zentner kostet 16 Gulden $\frac{1}{2}$ Ort, der Gulden für 8 Pfund 12 Pfennig gerechnet.
Ergebnis: 269 Gulden 6 Pfund 14$\frac{71}{200}$ Pfennig

140) 3 Fässer mit Schweinefett wiegen 4 Zentner minus 13 Pfund, 3 Zentner 28 Pfund und 5 Zentner 11 Pfund. 1 Zentner kostet 3 Gulden 5 Pfund 27 Pfennig, der Gulden für 5 Pfund 28 Pfennig gerechnet.
Ergebnis: 48 Gulden 5 Pfund 22$\frac{43}{50}$ Pfennig

141) Man kauft 2 Fässer mit Seife, die 17 Zentner 3 Stein 16 Pfund wiegen. 1 Zentner kostet 4 Gulden 1$\frac{1}{2}$ Ort, der Zentner für 6 Stein, 1 Stein für 20 Pfund, der Gulden für 48 Groschen und 1 Groschen für 7 Pfennig gerechnet.
Ergebnis: 77 Gulden 7 Groschen

142) Wenn das Korn 14 Groschen kostet, bäckt man ein Pfennigbrot, das 34 Lot wiegt. Wie schwer soll man es backen, wenn das Korn teurer wird und 17 Groschen kostet?
Ergebnis: 28 Lot.
Mach's durch Umkehrung des Dreisatzes. Setze:

$$17 \qquad 34 \text{ Lot} \qquad 14$$

143) Einer kauft 7 Ellen Tuch, das $\frac{9}{4}$ Ellen breit ist. Wieviel Futtertuch soll er nehmen, das $\frac{6}{4}$ Ellen breit ist?
Ergebnis: 10$\frac{2}{4}$ Ellen. — Setze so:

$$6 \qquad 7 \text{ Ellen} \qquad 9$$

144) Einer kauft 613 Pfund Reis für 40 Gulden 12 Schilling 2$\frac{7}{10}$ Heller. 1 Zentner kostet 6 Gulden 12 Schilling 6 Heller. Wieviel Pfund hat 1 Zentner?
Ergebnis: 100 Pfund.
Mach's so. Sprich: 40 Gulden 12 Schilling 2$\frac{7}{10}$ Heller geben 613 Pfund.

Was geben 6 Gulden 12 Schilling und 6 Heller?
Wandle in Heller um und schreibe als Bruch. Dann steht:

$$97467 \qquad 613 \qquad 15900$$

145) 1 Zentner Schwefel für $8\frac{2}{3}$ Gulden — wie teuer kommen 643 Pfund?
Das macht 55 Gulden 19 Groschen $7\frac{11}{25}$ Pfennig. Nun wollte ich gern
wissen, wie der Gulden gerechnet wird, wenn 1 Groschen den Wert
von 12 Pfennig hat.
Ergebnis: für 27 Groschen.
Mach's so. Sprich: 100 Pfund für $8\frac{2}{3}$ Gulden — wie teuer kommen 643
Pfund?
Ergebnis: $55\frac{109}{150}$ Gulden. Der Bruchteil soll die restlichen Groschen und
Pfennige erbringen. Deshalb sprich: 109 geben 19 Groschen $7\frac{11}{25}$ Pfen-
nig. Was geben 150?
Das Ergebnis siehe oben. Und wenn es als Bruch geschrieben wird,
dann kommt es so heraus:

$$2725 \qquad 5886 \qquad 150$$

146) 7 Pfund von Padua geben 5 Pfund in Venedig, und 10 Pfund von Venedig geben 6 Pfund in Nürnberg, und 100 Pfund von Nürnberg geben
73 Pfund in Köln. Wieviel Pfund geben 1000 Pfund von Padua in Köln?
Ergebnis: $312\frac{6}{7}$ Pfund. — Setze:

7 Padua	5 Venedig	
10 Venedig	6 Nürnberg	1000 Padua
100 Nürnberg	73 Köln	

Multipliziere die Vorderen miteinander, ebenso auch die Mittleren. Dann
steht:

$$7000 \qquad 2190 \qquad 1000$$

147) Man gibt für 3 Zentner und 24 Meilen als Fuhrlohn 1 Ungarischen Gulden. Wieviel wird man für 11 Zentner und 120 Meilen geben?
Ergebnis: $18\frac{1}{3}$ Ungarische Gulden. — Setze so an:

3 Zentner	1 Ungarischer	11 Zentner
24 Meilen		120 Meilen

Multipliziere die Vorderen, ebenso auch die Hinteren miteinander, und dann steht:

| 72 | 1 Ungarischer | 1320 |

148) Für 4 Zentner und 7 Meilen gibt man 1 Gulden 2 Pfund 9 Pfennig als Fuhrlohn, der Gulden für 7 Pfund und 1 Pfund für 30 Pfennig gerechnet. Wieviel Meilen wird man eine Fuhre von 48 Zentnern für 20 Gulden fahren?
Ergebnis: $8\frac{218}{279}$ Meilen. — Setze:

| 4 Zentner | 7 Meilen | 48 Zentner |
| 1 Gulden 2 Pfund 9 Pfennig | | 20 Gulden |

Wandle vorne in Pfennige um, multipliziere mit 48. Danach wandle hinten in Pfennige um und multipliziere mit 4 Zentnern, die vorne stehen. Setze dies nach hinten und in die Mitte die 7 Meilen:

| 13392 | 7 | 16800 |

149) 12 Gulden erbringen in 3 Jahren einen Gewinn von 7 Gulden. In wieviel Jahren werden 20 Gulden einen Gewinn von 12 Gulden erbringen?
Ergebnis: $3\frac{3}{36}$ Jahre.
Mach's, wie das zuletzt aufgeschriebene Beispiel aufzeigt. Dann steht:

| 140 | 3 Jahre | 144 |

150) 80 Gulden erbringen in 5 Monaten 12 Gulden Gewinn. Welches Kapital erbringt 30 Gulden Gewinn in 1 Jahr?
Ergebnis. $83\frac{1}{3}$ Gulden.
Mach's wie bei den beiden vorigen Beispielen. Dann steht:

| 144 | 80 Gulden | 150 |

Vom Zins, der beim Verleih von Geld vorkommt, das eine Zeitlang ruhen bleibt, und den die Juden gewöhnlich alle Vierteljahre aufschlagen, sollst du dir folgendes Beispiel zu Herzen nehmen. Daran siehst du, was der Zins erbringen kann und ob er zu Recht zu verschmerzen ist.

151) Ein Jude leiht einem Mann 4 Jahre lang 20 Gulden, und jedes halbe Jahr rechnet er den Zins zum Kapital.
Nun frage ich, wieviel die 20 Gulden in den angegebenen 4 Jahren erbringen, wenn jede Woche 2 Pfennig für 1 Gulden gegeben werden.

Ergebnis: mit Zins und Zinseszins etc. 69 Gulden 14 Groschen und $9\frac{2126648028045}{3938980639167}$ Pfennig.

Mach's so: Rechne zuerst, wieviel die 20 Gulden im halben Jahr einbringen. Sprich: 1 Woche gibt 40 Pfennig, was geben 26 Wochen?
Ergebnis: 1040 Pfennig.
Nun mache die 20 Gulden zu Pfennigen, es kommt 5040 Pfennig Kapital
heraus. Addiere den Zins, es werden 6080. Sprich: 5040 Pfennig geben
6080 im ersten halben Jahr. Was geben 6080 Pfennig im zweiten
halben Jahr?
Die 0 lösche vorne und in der Mitte aus:

504   608   6080

Kürze die vordere und die mittlere Zahl gegeneinander, denn sonst würden beim Multiplizieren zu hohe Zahlen auftreten. Dann steht:

63   76   6080

Multipliziere, teile aber nicht, sondern schreibe den Teiler nur darunter. Es kommen Kapital und Zins nach dem zweiten halben Jahr heraus.
Danach sprich abermals:
63 geben 76. Was gibt Kapital und Zins zusammen aus dem dritten halben Jahr?
Fahre so fort bis zum achten halben Jahr. Danach dividiere durch den Teiler, den du erhalten wirst. So hast du lauter Pfennige. Die mache zu Groschen und dann die Groschen zu Gulden. So kommt das Ergebnis wie oben heraus.

152) Einer will dreierlei gefärbtes Tuch kaufen, nämlich rotes, schwarzes und grünes. 3 Ellen rotes, 4 Ellen schwarzes und 5 Ellen grünes Tuch kosten jeweils 1 Gulden. Für 1 Gulden will er von allen Sorten gleich viel haben. Ergebnis: von jeder $1\frac{13}{47}$ Ellen.
Mach's so: Rechne, wieviel von jeder Sorte im einzelnen 1 Elle kostet, und zähle zusammen. Es kommen 15 Schilling 8 Heller heraus. Sprich: 15 Schilling 8 Heller geben von jeder Sorte 1 Elle. Was geben 20 Schilling?
Wandle in Heller um. Dann steht:

188   1 Elle   240

153) In gleicher Weise sollst du auch vorgehen, wenn dir vorgegeben wird zu rechnen:
7 Groschen für 1 Gulden, 18 Groschen für 1 Gulden, 21 Groschen für 1 Gulden und 28 Groschen für 1 Gulden — von allen Sorten gleich viel.
Mach's so: Setze 7, 18, 21, 28. Multipliziere miteinander, es kommen 74088 heraus. Die teile durch 7, 18, 21, 28: es werden 10584, 4116, 3528 bzw. 2646. Addiere, so kommen 20874 heraus. Setze danach so an:

20874   1 Groschen   74088

Rechne es aus, so kommen $3\frac{39}{71}$ Groschen heraus. Soviel ist von jeder Sorte zu nehmen.

154) Einer kauft 3 Kübel mit Butter. Der erste wiegt $64\frac{1}{4}$ Pfund, der zweite 75 Pfund und der dritte 83 Pfund. Für das Holz gehen $29\frac{1}{3}$ Pfund ab.

1 Pfund kostet 7 Pfennig 1 Heller, und um 3 Pfennig wird der Kauf billiger. Der Gulden wird für 21 Groschen, 1 Groschen für 12 Pfennig gerechnet.

Ergebnis: 5 Gulden 15 Groschen 3 Pfennig $1\frac{3}{4}$ Heller.

Mach's so: Addiere und ziehe die Tara ab. Danach rechne es aus und ziehe vom Ergebnis die 3 Pfennig ab. So kommt es heraus, wie es oben steht.

Silber- und Goldrechnung

Als erstes gib auf das Gewicht acht, und du mußt wissen, daß 1 Mark 16 Lot, 1 Lot 4 Quent, 1 Quent 4 Pfenniggewicht und 1 Pfenniggewicht 2 Hellergewicht enthält.

Beim Gold hingegen machen 24 Karat 1 Mark, 4 Gran 1 Karat und 3 Grän 1 Gran.

155) 384 Mark 13 Lot 3 Quent Feinsilber — 1 Mark kostet 8 Gulden.

Ergebnis: 3078 Gulden 17 Schilling 6 Heller.

Mach's so. Sprich: 1 Mark für 8 Gulden — wie teuer kommen 384 Mark 13 Lot 3 Quent?

Wandle in Quente um. Dann steht:

$$64 \qquad 8 \qquad 24631$$

156) Einer kauft 125 Mark 3 Lot 1 Quent Silber. 1 Mark kostet 8 Gulden $\frac{1}{2}$ Ort.

Ergebnis: 1017 Gulden 5 Schilling $6\frac{3}{32}$ Heller — nach dem, was oben steht.

Mach's und schreibe als Bruch. Dann steht:

$$512 \qquad 65 \text{ Gulden} \qquad 8013$$

157) Man kauft 1256 Mark 12 Lot gekörntes Silber. 1 Mark hat ein Feingewicht von 9 Lot 3 Quent, und 1 Mark Feinsilber kostet 8 Gulden 3 Schilling.

Ergebnis: 6241 Gulden 10 Schilling $7\frac{29}{64}$ Heller.

Mach's so: Rechne zuerst, welches Feingewicht das angegebene Silber hat. Sprich: 1 Mark enthält 9 Lot 3 Quent Feinsilber. Was enthalten 1256 Mark 12 Lot?

Vorne und hinten wandle in Lote, danach in der Mitte in Quente um. Dann steht:

$$16 \qquad 39 \text{ Quent} \qquad 20108$$

Rechne es aus, so kommen Quente heraus. Wandle in Lote um, danach Lote in Mark. Es werden 765 Mark 13 Lot 1 Quent und 1 Pfenniggewicht.

Berechne, was das kostet. Sprich: 1 Mark für 8 Gulden 3 Schilling — wie teuer kommen 765 Mark 13 Lot 1 Quent 1 Pfenniggewicht?

Wandle vorne und hinten in Pfenniggewichte und in der Mitte in Schillinge um. Dann steht:

      256   163 Schilling   196053

158) 1 Stück Silber wiegt 384 Mark 13 Lot 3 Quent. 1 Mark hat ein Feingewicht von 7 Lot 3 Quent 1 Pfenniggewicht, und 1 Mark Feinsilber kostet 7 Gulden $3\frac{1}{2}$ Ort.

Ergebnis: 1479 Gulden 17 Schilling $4\frac{619}{8192}$ Heller.

Mach's, wie's das bis jetzt Erklärte erkennen läßt.

Oder auf andere Weise mach's so. Sprich: 1 Mark enthält 7 Lot 3 Quent 1 Pfenniggewicht Feinsilber. Was enthalten 384 Mark 13 Lot 3 Quent?

Wandle vorne und hinten in gleiche Benennung um, und zwar in die kleinste, danach wandle in der Mitte in Pfenniggewichte um. Dann steht:

      64   125 Pfenniggewicht   24631

Multipliziere und schreibe den Teiler darunter, also $\frac{3078875}{64}$ Pfenniggewicht Feinsilber. Nun sprich: 1 Mark Feinsilber kostet $7\frac{7}{8}$ Gulden. Was kosten $\frac{3078875}{64}$ Pfenniggewicht?

Wandle vorne in Pfenniggewichte um, gehe mit den Nennern beider Brüche dahinein, schreibe in der Mitte als Bruch, setze hinten den Zähler und lösche den Nenner aus. Dann steht:

    131072   63 Gulden   3078875

159) 1 Mark Gold enthält — wie das Streichen am Probierstein ergibt — 17 Karat. 1 Karat kostet 3 Gulden 9 Schilling.

Ergebnis: 58 Gulden 13 Schilling.

Mach's so. Sprich: 1 Karat kostet 3 Gulden 9 Schilling. Was kosten 17 Karat?

In der Mitte wandle in Schillinge um. Dann steht:

      1   69   17

160) Einer kauft ein Stück Gold, das 28 Mark 12 Lot wiegt, und 1 Mark enthält — wie das Streichen am Probierstein ergibt — 16 Karat. 1 Karat kostet 3 Gulden $1\frac{1}{2}$ Ort.

Ergebnis: 1552 Gulden und 10 Schilling.

Mach's so: Rechne zuerst, welches Feingewicht es hat, danach, wieviel das Feingold kostet. Dann kommt das Ergebnis wie oben heraus.

161) Man kauft ein Stück Gold, das 25 Mark 13 Lot 3 Quent wiegt. 1 Mark hat ein Feingewicht von 18 Karat 3 Gran, und 1 Karat kostet 3 Gulden 10 Schilling 9 Heller.

Ergebnis: 1715 Gulden 4 Schilling $\frac{237}{256}$ Heller.

Mach's so: Rechne, welches Feingewicht das Goldstück hat. Sprich: 1 Mark enthält 18 Karat 3 Gran. Was enthalten 25 Mark 13 Lot 3 Quent?

Wandle vorne und hinten in Quente und in der Mitte die Karate in Grane um. Dann steht:

64   75   1655

Multipliziere und dividiere, es werden Grane. Mache daraus Karate. Es kommen 484 Karat $3\frac{29}{64}$ Gran heraus.

Berechne, was dies kostet, 1 Karat für 3 Gulden 10 Schilling 9 Heller. Wandle in Grane um, schreibe als Bruch und in der Mitte Heller. Dann steht:

256   849   124125

162) 21 Mark 14 Lot 3 Quent und 3 Pfenniggewicht — 1 Mark enthält 22 Karat 3 Gran.

Das ergibt 20 Mark 12 Lot 2 Quent 2 Pfenniggewicht $1\frac{5}{48}$ Hellergewicht Feingold zu 24 Karat.

1 Lot Feingewicht kostet 5 Gulden 5 Schilling.

Ergebnis: 1746 Gulden 9 Schilling $2\frac{125}{128}$ Heller.

Berechne das Feingewicht durch Umstellen des Dreisatzes. Sprich: 24 Karat geben 21 Mark 14 Lot 3 Quent 3 Pfenniggewicht. Was geben 22 Karat 3 Gran?

Vorne und hinten wandle in Grane, in der Mitte in Pfenniggewichte um. Dann steht:

96   5615   91

Multipliziere und dividiere, es kommen Pfenniggewichte heraus. Daraus mache Quente, danach Quente zu Loten und die Lote zu Mark. Das Ergebnis kommt wie oben heraus.

Berechne, welchen Erlös er daraus hat. Sprich: 1 Lot kostet 5 Gulden 5 Schilling. Wieviel kosten 20 Mark 12 Lot etc.?
Führe gleiche Benennung ein, schreibe als Bruch und in der Mitte wandle in Schillinge um. Dann steht:

1536   105   510965

163) 9 Mark 8 Lot 3 Quent vergoldetes Silber — 1 Mark hat einen Gold- und Silberanteil von 11 Lot 2 Quent, davon 2 Quent 2 Pfenniggewicht Gold des Feingehalts 22 Karat 1 Gran.
1 Mark Feinsilber kostet 8 Gulden 10 Schilling und 1 Karat Feingold 3 Gulden 12 Schilling. Der Scheidelohn beträgt 6 Schilling pro Mark.
Ergebnis in einer Summe: 82 Gulden 7 Schilling $10\frac{17789}{32768}$ Heller.
Mach's so: Berechne zuerst, wieviel Feinsilber und Feingold zusammen 1 Mark enthält. Bestimme das Feingewicht der 2 Quent 2 Pfenniggewicht Gold, die eine Mark hat, durch Umstellen des Dreisatzes. Sprich: 24 Karat geben 2 Quent 2 Pfenniggewicht. Was geben 22 Karat 1 Gran?
Führe gleiche Benennung ein und wandle in der Mitte in Pfenniggewichte um. Dann steht:

96   10   89

Rechne es aus, so kommen 2 Quent $1\frac{13}{48}$ Pfenniggewicht Feingold heraus. Die ziehe von 11 Lot 2 Quent ab — soviel betragen der Silber- und Goldanteil zusammen —, und es bleiben dir 10 Lot 3 Quent $2\frac{35}{48}$ Pfenniggewicht Feinsilber übrig.
Nun berechne jedes getrennt, zuerst das Silber. Sprich: 1 Mark für 8 Gulden 10 Schilling — wie teuer sind 10 Lot 3 Quent $2\frac{35}{48}$ Pfenniggewicht? Schreibe als Bruch und gehe mit dem Nenner nach vorne. Dann steht:

12288   170   8387

Rechne es aus, so kommen 5 Gulden 16 Schilling $\frac{191}{512}$ Heller heraus.
Nun berechne auch das Gold und für 1 Karat setze $\frac{2}{3}$ Lot. Sprich:
$\frac{2}{3}$ Lot für 3 Gulden 12 Schilling — wie teuer kommen 2 Quent $1\frac{13}{48}$ Pfenniggewicht?
Schreibe vorne die 2 nieder, wandle in Pfenniggewichte um und gehe mit dem Nenner des hinteren Bruchs dahinein. Danach wandle in der Mitte in Schillinge und hinten in Pfenniggewichte um und gehe mit der vorderen 3 dahinein:

1536   72 Schilling   1335

Rechne es aus, so kommen 3 Gulden 2 Schilling $6\frac{15}{16}$ Heller heraus.

Nun addiere, wieviel das Gold und Silber zusammen macht, und es kommen 8 Gulden 18 Schilling $7\frac{159}{512}$ Heller heraus.

Ziehe davon 6 Schilling pro Mark Scheidelohn ab. Dann bleiben 8 Gulden 12 Schilling $7\frac{159}{512}$ Heller: Soviel kostet 1 Mark vergoldetes Silber.

Nun berechne, wieviel das vergoldete Silber insgesamt kostet. Sprich: 1 Mark für 8 Gulden 12 Schilling $7\frac{159}{512}$ Heller — was kosten 9 Mark 8 Lot 3 Quent?

Vorne wandle in Quente um und gehe mit dem Nenner des Bruchs dahinein. Danach wandle in der Mitte in Heller um, schreibe als Bruch und wandle hinten in Quente um. Dann steht:

$$32768 \qquad 1060511 \qquad 611$$

Rechne, so kommt das obengenannte Ergebnis heraus.

Beschickung des Schmelztiegels

164) Ein Münzmeister hat drei Posten gekörntes Silber. Der erste hat einen Feingehalt von 7 Lot 3 Quent und wiegt 25 Mark 8 Lot, der zweite einen Feingehalt von 8 Lot 2 Quent und wiegt 48 Mark 12 Lot und der dritte einen Feingehalt von 12 Lot 3 Quent und wiegt 42 Mark 4 Lot.

Nun frage ich, wenn er die obengenannten drei Posten im Tiegel zusammenschmilzt, welchen Feingehalt 1 Mark haben wird.

Mach's so: Berechne zuerst, welches Feingewicht jeder einzelne Posten hat. Setze:

1		7. 3		25. 8	
1	Mark	8. 2	Quent	48. 12	Lot
1		12. 3		42. 4	

Wandle vorne und hinten in Lote und in der Mitte in Quente um:

16		31		408	
16	Lot	34	Quent	780	Lot
16		51		676	

Multipliziere die hinteren mit den mittleren Zahlen, danach zähle zusammen; es kommen 73644 heraus. Die teile durch die Summe der hinteren Lote, d. h. durch 1864, und du erhältst Quente. Die wandle in Lote um, so hast du, welchen Feingehalt 1 Mark haben wird. In diesem Beispiel kommen 9 Lot 3 Quent $2\frac{8}{233}$ Pfenniggewicht heraus.

Oder berechne, welches Feingewicht jeder Posten für sich hat, addiere und teile durch die Summe der Rauhgewichte in Mark. So erhältst du es ebenfalls richtig.

165) Einer hat gekörntes Silber. 1 Mark hat einen Feingehalt von 9 Lot. Er will einen Feingehalt von 11 Lot haben. Wieviel Feinsilber soll er einer Mark zusetzen?

Mach's so und setze, wie hier steht: zuerst den Feingehalt des Silbers, danach gleich den Feingehalt des zuzusetzen-

5	2	den Silbers, und als drittes setze gleich darunter,
9	16	welchen Feingehalt man haben will, wie hier steht.
11		Danach ziehe die kleinere von der mittleren Zahl ab,
		d. h. 9 von 11: es bleiben 2. Die schreibe über 16.

Sodann ziehe 11 von 16 ab: es bleiben 5. Die setze über 9 und fahre mit dem Dreisatz fort. Sprich: 5 Lot erfordern 2 Lot Feinsilber. Wieviel erfordert 1 Mark?

Ergebnis: 6 Lot 1 Quent 2 Pfenniggewicht und $\frac{4}{5}$ Hellergewicht

166) Ein Münzmeister will 38 Mark 13 Lot 3 Quent mit einem Feingehalt von 6 Lot 3 Quent einschmelzen. Er will erreichen, daß das Silber einen Feingehalt von 9 Lot 1 Quent hat. Wieviel Feinsilber soll er den 38 Mark 13 Lot 3 Quent zusetzen?

Mach's so: Schaue zuerst, wie es jetzt steht. Wandle überall in Quente um und ziehe dann eins vom anderen ab, wie im

6. 3	16	vorigen Beispiel. So kommt heraus, daß 10 Quent
9. 1		Feinsilber auf 27 Quent zuzusetzen sind. Deshalb
		sprich: 27 Quent erfordern 10 Quent Feinsilber. Was

erfordern 38 Mark 13 Lot 3 Quent?

Rechne es aus, so kommen 14 Mark 6 Lot $1\frac{1}{9}$ Quent heraus.

167) Ein Münzmeister will den Feingehalt einer Mark im Schmelztiegel auf 6 Lot 3 Quent verringern. Er hat gekörntes Silber mit einem Feingehalt von 12 Lot 1 Quent. Wieviel Kupfer muß er 20 Mark 9 Lot zusetzen?

Mache 6 Lot 3 Quent und 12 Lot 1 Quent zu Quenten. Setze danach so und mach's wie oben:

		Sodann sprich: 27 Lot des gekörnten Silbers mit
27	22	dem Feingehalt 12 Lot 1 Quent erfordern 22 Lot
49	0	Zusatz, der nichts enthält außer Kupfer. Wieviel muß
27		man 20 Mark 9 Lot zusetzen?

Rechne es aus, so kommen 16 Mark $12\frac{2}{27}$ Lot heraus.

168) Ein Münzmeister will vier Stück Silber einschmelzen. Das erste wiegt 11 Mark und hat den Feingehalt 9 Lot, das zweite 15 Mark mit dem Feingehalt 7 Lot, das dritte 24 Mark mit dem Feingehalt 10 Lot und das vierte 136 Mark mit dem Feingehalt 14 Lot. Er will Münzen haben, von denen 1 Mark 15 Lot Feinsilber enthalten soll. Wieviel Feinsilber soll er zusetzen?

Ergebnis: 442 Mark — soviel Feinsilber soll er zusetzen.

Mach's so: Berechne, welches Feingewicht die erwähnten vier Stücke haben. Es kommen 2348 Lot heraus. Die ziehe von der Summe der Rauhgewichte in Mark ab. Es bleiben 628 Lot Kupfer. Sprich weiter: 1 Lot Kupfer erfordert 15 Lot Feinsilber. Wieviel erfordern 628 Lot?

Ergebnis: 9420 Lot.

Davon ziehe die 2348 Lot ab, die vorhin vorgekommen sind. Es bleiben 7072 Lot. Mache daraus Mark. Dann kommt, was er zusetzen muß, wie oben heraus.

Und ebenso ähnliche Beispiele. Obwohl mehr von diesen zu bringen wäre, habe ich dies um der Kürze willen und aus Zeitgründen unterlassen.

Vom Münzschlag

169) Für 1 Gulden sollen 21 Groschen geprägt werden, und zwar 6 Stück pro Lot. Die Mark hat ein Feingewicht von 9 Lot. Wie hoch wird 1 Mark Feinsilber veranschlagt?

Ergebnis: für 8 Gulden $2\frac{2}{3}$ Groschen.

Mach's so: Berechne, wieviel Groschen auf 1 Mark kommen. Sprich: 1 Lot gibt 6 Groschen. Was geben 16 Lot?

Ergebnis: 96 Groschen. — Die haben ein Feingewicht von 9 Lot. Deshalb sprich weiter: 9 Lot Feinsilber geben 96 Groschen. Was geben 16 Lot Feinsilber?

Multipliziere und dividiere, es kommen Groschen heraus. Die mache zu Gulden mit 21. Dann kommt das Ergebnis wie oben heraus.

170) Man prägt 7 Groschen für 1 Gulden, und zwar 7 Groschen aus 2 Lot. 1 Mark hat ein Feingewicht von 14 Lot. Wie hoch kommt der Preis für 1 Mark Feinsilber heraus?

Ergebnis: für $9\frac{1}{7}$ Gulden.

Mach's wie zuletzt. Berechne zuerst, wieviel Groschen auf 1 Mark kommen. Sprich: 2 Lot geben 7 — was 16?

Ergebnis: 56.

Danach sprich: 14 Lot Feinsilber geben 56 Groschen. Was geben 16 Lot? Das Ergebnis siehe oben.

171) Ein Münzmeister prägt pro Lot 6 Groschen, die einen Feingehalt von 10 Lot haben. Die Mark Feingewicht wird für 8 Gulden 1 Ort gerechnet. Wie viele Groschen soll man für 1 Gulden nehmen?

Ergebnis: $18\frac{34}{66}$.

Mach's so. Sprich: 1 Lot gibt 6 Groschen. Was geben 16 Lot?

Ergebnis: 96 Groschen.

Nun sprich: 10 Lot Feingewicht geben 96 Groschen — wieviel 16 Lot?

Ergebnis: $153\frac{3}{5}$ Groschen.

Die kosten 8 Gulden 1 Ort. Rechne, wieviel Groschen 1 Gulden ergibt.

Sprich: $8\frac{1}{4}$ Gulden geben $153\frac{3}{5}$ Groschen. Was gibt 1 Gulden?

Rechne es aus, so kommt das Ergebnis wie oben heraus.

172) Aus 1 Lot kommen 36 Pfennige. Die Mark hat ein Feingewicht von 4 Lot 2 Quent, und 1 Mark Feingewicht wird für $8\frac{8}{63}$ Gulden gerechnet. Wie viele Pfennige soll man für 1 Gulden nehmen?

Ergebnis: 252 Pfennige.

Mach's so. Sprich: 1 Lot gibt 36 Pfennige. Was geben 16 Lot?

Ergebnis: 576 Pfennige.

Sprich weiter: 4 Lot 2 Quent Feingewicht geben 576 Pfennige. Was geben 16 Lot?

Ergebnis: 2048 Pfennige.

Die machen $8\frac{8}{63}$ Gulden. Rechne, wie viele Pfennige 1 Gulden ergibt, wie im letzten Beispiel, so kommt das angegebene Resultat heraus: 252 Pfennige.

173) Man prägt 56 Groschen für 1 Gulden, und zwar 16 Stück pro Lot. Die Mark Feingewicht wird für $8\frac{1}{2}$ Gulden gerechnet. Wie groß ist das Feingewicht einer Mark Münzen?

Ergebnis: $8\frac{72}{119}$ Lot.

Mach's so. Sprich: 1 Lot gibt 16 Groschen. Was geben 16 Lot?

Ergebnis: 256 Groschen.

Und sprich weiter: $8\frac{1}{2}$ Gulden geben 16 Lot Feingewicht. Was geben 256 Groschen?

Schreibe vorne als Bruch, wandle in Groschen um und gehe mit dem Nenner nach hinten. Dann steht:

$$952 \qquad 16 \text{ Lot} \qquad 512$$

174) Man prägt 35 Groschen für 1 Gulden, und zwar 9 Stück pro Lot. Die Mark Feingewicht wird für 8 Gulden 1 Ort gerechnet. Wie hoch ist der Feingehalt der Münzen?

Ergebnis: 7 Lot 3 Quent 3 Pfenniggewicht $1\frac{129}{385}$ Hellergewicht.

Mach's wie zuletzt, so erhältst du das Ergebnis.

175) Ein Münzherr will Münzen prägen lassen, und zwar 20 Groschen für 1 Gulden und 8 Pfennige für 1 Groschen. 88 Groschen sollen 1 Mark wiegen, und 1 Mark Feingewicht wird für $7\frac{1}{2}$ Gulden gerechnet. Der Münzmeister und der Münzherr erhalten zusammen $\frac{1}{2}$ Gulden von 1 Mark Münzen. Welches Feingewicht soll 1 Mark haben?

Ergebnis: $8\frac{8}{25}$ Lot.

Mach's so: Ziehe $\frac{1}{2}$ Gulden, d. h. 10 Groschen, von den Groschen ab, die 1 Mark wiegen. Es bleiben 78 übrig. Sprich: $7\frac{1}{2}$ Gulden geben 16 Lot. Was geben 78 Groschen?

Schreibe als Bruch, gehe mit dem Nenner heraus und wandle vorne in Groschen um. Dann steht:

$$300 \qquad 16 \qquad 156$$

Von Handelsgesellschaften

176) Drei bilden eine Handelsgesellschaft: Der erste legt 123 Gulden ein, der zweite 536 und der dritte 141. Sie haben 130 Gulden gewonnen. Wieviel steht jedem zu?

Ergebnis: dem ersten vom Gewinn 19 Gulden 19 Schilling 9 Heller, dem zweiten 87 Gulden 2 Schilling und dem dritten 22 Gulden 18 Schilling 3 Heller.

Mach's so: Setze hinten, wieviel jeder für sich eingelegt hat, addiere, und was herauskommt, schreibe vorne — es ist dein Teiler. Den Gewinn schreibe in die Mitte:

		123
800	130 Gulden	536
		141

Rechne es für einen nach dem anderen aus, so kommt das Ergebnis für jeden wie oben heraus.

177) Drei bilden eine Handelsgesellschaft: Der erste legt 20 Gulden für 4 Monate ein, der zweite 24 Gulden für 3 Monate und der dritte 40 Gulden
für 1 Monat. Sie haben 101 Gulden gewonnen. Wieviel steht jedem zu?
Ergebnis: dem ersten 42 Gulden 1 Schilling 8 Heller, dem zweiten 37 Gulden 17 Schilling 6 Heller und dem dritten 21 Gulden 10 Heller.
Mach's so: Multipliziere das Geld eines jeden mit seiner Zeit und addiere —
es wird dein Teiler. Und setze danach so, wie du es oben getan hast.
Dann steht:

		80
192	101 Gulden	72
		40

178) Drei kaufen eine Tonne mit Hering, die 1300 Heringe enthält. Sie kostet
7 Gulden $3\frac{1}{2}$ Ort. Der erste will $\frac{1}{3}$, der zweite $\frac{1}{4}$ und der dritte $\frac{1}{7}$ neh-
men. Wieviel Heringe stehen jedem zu?
Ergebnis: dem ersten $596\frac{44}{61}$, dem zweiten $447\frac{33}{61}$ und dem dritten
$255\frac{45}{61}$ Heringe.
Und wieviel muß jeder für seine Heringe bezahlen?
Ergebnis: der erste 3 Gulden 12 Schilling $3\frac{33}{61}$ Heller, der zweite 2 Gul-
den 14 Schilling $2\frac{40}{61}$ Heller und der dritte 1 Gulden 10 Schil-
ling $11\frac{49}{61}$ Heller.
Mach's so. Suche eine Zahl, die die Anteile, d. h. $\frac{1}{3}$, $\frac{1}{4}$ und $\frac{1}{7}$, enthält:
Multipliziere die Nenner miteinander, es kommt 84 heraus. Teile durch 3,
4 und 7. Das setze hinten und die Heringe in die Mitte:

		28
61	1300 Heringe	21
		12

Willst du nun haben, wieviel jeder für seine Heringe bezahlen soll, so
lösche die Heringe in der Mitte aus, schreibe dafür, was sie kosten —
das sind $7\frac{7}{8}$ Gulden —, schreibe als Bruch und gehe mit dem Nenner
nach vorne:

		28
488	63 Gulden	21
		12

179) Drei wandernde Kleinhändler lassen einen Sack mit Pfeffer einkaufen.
Er wiegt in Nürnberg 204 Pfund, davon $2\frac{1}{2}$ Pfund Tara. 1 Pfund kostet
6 Schilling 9 Heller. Der Fuhrlohn bis nach Leipzig beträgt 2 Gulden

10 Schilling, und 10 Pfund von Nürnberg ergeben 11 Pfund in Leipzig. Dort teilen sie den Pfeffer und bezahlen ihn in Silberwährung, 21 Groschen für 20 Schilling gerechnet. Der erste will $\frac{1}{3}$, der zweite $\frac{1}{5}$ und der dritte $\frac{1}{9}$ nehmen. Wieviel steht jedem vom Pfeffer zu?

Ergebnis: dem ersten 114 Pfund $20\frac{20}{29}$ Lot, dem zweiten 68 Pfund $25\frac{31}{145}$ Lot und dem dritten 38 Pfund $6\frac{26}{29}$ Lot.

Und wieviel muß jeder bezahlen?

Ergebnis: der erste 36 Gulden 9 Groschen 10 Pfennig und $\frac{1}{4}$ Heller, der zweite 21 Gulden 18 Groschen 6 Pfennig und $\frac{3}{20}$ Heller und der dritte 12 Gulden 3 Groschen 3 Pfennig und $\frac{3}{4}$ Heller.

Mach's so: Rechne zuerst, wieviel der Pfeffer kostet, und addiere dazu den Fuhrlohn. Es kommen 70 Gulden 10 Schilling $1\frac{1}{2}$ Heller heraus — in Silberwährung umgewandelt werden es 70 Gulden 10 Groschen $7\frac{23}{40}$ Pfennig. Danach mache das Nürnberger Gewicht zu Leipziger Gewicht, es werden $221\frac{13}{20}$ Pfund. Suche eine Zahl, die die Anteile, d. h. $\frac{1}{3}$, $\frac{1}{5}$ und $\frac{1}{9}$, enthält: Multipliziere 5 mit 9, denn 9 enthält bereits die 3; es kommt 45 heraus. Teile durch 3, 5 und 9; dann ergibt sich 15, 9 und 5. Setze diese Zahlen hinten, die Leipziger Pfunde in die Mitte, schreibe als Bruch und gehe mit dem Nenner heraus. Dann steht:

$$\begin{array}{ccc} & & 15 \\ 580 & 4433 \text{ Pfund} & 9 \\ & & 5 \end{array}$$

Wenn du nun gerechnet und gefunden hast, wieviel Pfund jeder bekommen hat, und die Kosten für jeden wissen willst, so schreibe in die Mitte den Preis, wandle in Pfennige um, schreibe als Bruch und gehe mit dem Nenner heraus. Dann steht:

$$\begin{array}{ccc} & & 15 \\ 1160 & 710703 \text{ Pfennig} & 9 \\ & & 5 \end{array}$$

180) An einem Tanz nehmen 546 Personen teil, und zwar $\frac{1}{3}$ Junggesellen, $\frac{1}{4}$ Bürger, $\frac{1}{6}$ Edelleute, $\frac{1}{8}$ Bauern und $\frac{3}{4}$ Jungfrauen. Wie viele sind von jeder Gruppe anwesend? Und wie viele von jeder Gruppe müssen ständig untätig sein? Es sind nämlich nicht so viele Jungfrauen wie von den anderen Personen zusammen anwesend.

Mach's so: Setze $\frac{1}{3}$, $\frac{1}{4}$, $\frac{1}{6}$, $\frac{1}{8}$, $\frac{3}{4}$. Suche eine Zahl, die diese Anteile enthält: Multipliziere 6 mit 8, denn 6 enthält bereits die 3 und 8 die 4; es werden 48. Nimm davon den jeweiligen Anteil und setze die Zahlen nach hinten wie im vorigen Beispiel. Dann steht:

```
                                              16
                                              12
        78            546 Personen             8
                                               6
                                              36
```

Rechne es aus, so kommen 112 Junggesellen, 84 Bürger, 56 Edelleute, 42 Bauern und 252 Jungfrauen heraus.

Willst du aber haben, wie viele von jeder Gruppe ständig untätig sein müssen, so addiere die Gesellen, Bürger, Bauern und Edelleute und ziehe die Jungfrauen ab; es bleiben 42 übrig. Sodann setze wie hier:

```
                                              16
                                              12
        42             42 Personen             8
                                               6
                                               0
```

Ergebnis: 16 Junggesellen, 12 Bürger, 8 Edelleute und 6 Bauern.
Und ebenso ähnliche Beispiele.

181) Drei kaufen ein Gut für 360 Gulden. Der erste zahlt $\frac{2}{3}$, der zweite $\frac{3}{5}$ und der dritte $\frac{2}{7}$. Wieviel hat jeder zu zahlen?
Ergebnis: der erste $154\frac{98}{163}$ Gulden, der zweite $139\frac{23}{163}$ Gulden und der dritte $66\frac{42}{163}$ Gulden.
Mach's so: Suche eine Zahl, die die Anteile enthält, das ist 105. Multipliziere mit 2 und teile durch 3; es werden 70 — ebenso mit den anderen Brüchen. Danach steht:

```
                                              70
        163           360 Gulden             63
                                              30
```

182) Ein Vater liegt auf dem Sterbebett und hinterläßt seine Ehefrau mit einem Sohn und zwei Töchtern. Es ist sein letzter Wille, daß der Sohn doppelt soviel wie die Mutter und die Mutter doppelt soviel wie jede Tochter erhält, und das Erbe beträgt zusammen 3600 Gulden.
Ergebnis: Der Sohn erhält 1800, die Mutter 900 und jede Tochter 450 Gulden.
Setze so:

$$
\begin{array}{ccc}
& & 4 \\
& & 2 \\
8 & 3600 \text{ Gulden} & 1 \\
& & 1
\end{array}
$$

183) Drei bilden eine Handelsgesellschaft auf folgende Weise: Der erste legt 80 Gulden für 9 Monate, der zweite einen Haufen Geld für 12 Monate und der dritte auch einen Haufen Geld für 7 Monate ein. Sie haben mit Kapital und Gewinn 1280 Gulden gewonnen. Dem ersten stehen 120 Gulden, dem zweiten 570 Gulden und dem dritten 590 Gulden zu. Die Frage ist, wieviel der zweite und der dritte eingelegt haben.
Mach's so: Ziehe 80 Gulden, das Kapital des ersten, von 120 Gulden, dem Kapital mitsamt Gewinn, ab. Es bleiben 40 Gulden Gewinn übrig. Sprich: 9 Monate geben 40 Gulden Gewinn. Was geben 12 Monate? Ergebnis: $53\frac{1}{3}$ Gulden.
Dazu addiere das Kapital des ersten, es werden $133\frac{1}{3}$ Gulden. Sprich:

$133\frac{1}{3}$ Gulden Kapital und Gewinn geben 80 Gulden Kapital. Was geben 570 Gulden des zweiten?

Ergebnis: 342 Gulden.

Ebenso suche auch das Kapital des dritten. Du erhältst $424\frac{4}{5}$ Gulden.

184) Drei bilden eine Handelsgesellschaft. Der erste legt 90 Gulden für 7 Monate, der zweite 30 Mark Silber für 5 Monate und der dritte 17 Fuder Wein für 9 Monate ein. Sie haben 680 Gulden gewonnen. Davon stehen dem ersten 120 Gulden, dem zweiten 230 Gulden und dem dritten 330 Gulden zu.

Nun frage ich, wieviel das Silber wert gewesen ist.

Ergebnis: $241\frac{1}{2}$ Gulden.

Ebenso frage ich nach dem Wein.

Ergebnis: $192\frac{1}{2}$ Gulden.

Mach's so: Multipliziere das Kapital des ersten mit seinen Monaten, d. h. 90 mit 7, es kommt 630 heraus. Sprich deshalb: 120 Gulden Gewinn geben 630 Gulden Kapital mal Monate. Was geben 230 Gulden?

Ergebnis: $1207\frac{1}{2}$ Gulden Kapital mal Monate.

Die teile durch die Monate des zweiten, d. h. durch 5. Es kommen $241\frac{1}{2}$ Gulden wie oben heraus. Ebenso verfahre mit dem Wein, der dem dritten gehört.

185) Drei bilden eine Handelsgesellschaft. Der erste legt 43 Gulden, der zweite einen Geldbetrag und der dritte 1 Fuder Wein ein. Sie gewinnen 60 Gulden. Dem ersten steht $\frac{1}{3}$, dem zweiten $\frac{1}{4}$ und dem dritten $\frac{1}{5}$ zu.

Ergebnis: Dem ersten stehen vom Gewinn $25\frac{25}{47}$ Gulden, dem zweiten $19\frac{7}{47}$ Gulden und dem dritten $15\frac{15}{47}$ Gulden zu.

Außerdem: Wieviel hat der zweite eingelegt?

Ergebnis: $32\frac{1}{4}$ Gulden.

Und wieviel ist das Fuder Wein wert gewesen?

Ergebnis: $25\frac{4}{5}$ Gulden.

Mach's so: Suche zuerst eine Zahl, in der die Anteile enthalten sind. Nimm sie und setze den Gewinn in die Mitte:

		20
47	60 Gulden	15
		12

Rechne es aus, so kommt für jeden der Gewinn heraus.

Willst du danach das Kapital des zweiten wissen, so sprich: Der Gewinn des ersten gibt 43 Gulden Kapital. Was gibt der Gewinn des zweiten? Ebenso geht es auch mit dem Wein.

Ich bitte dich darum, mit den beschriebenen Gesellschaftsrechnungen vorlieb-
zunehmen. Ich will mich verpflichten, dir im Laufe der Zeit noch andere vor-
zuführen.

Vom Warentausch

186) Einer hat Wachs, das er gegen Ingwer eintauschen will. 1 Stein Wachs
kostet 2 Gulden abzüglich $\frac{1}{2}$ Ort. Den setzt der erste beim Tausch für
2 Gulden 1 Ort an. Der andere gibt 1 Stein Ingwer für 8 Gulden 1 Ort
in bar ab. Wie hoch soll er den beim Tausch ansetzen?
Mach's so. Sprich: $1\frac{7}{8}$ Gulden Bargeld geben beim Tausch $2\frac{1}{4}$ Gulden.
Was geben $8\frac{1}{4}$ Gulden Bargeld — der Preis für 1 Stein Ingwer?
Rechne es aus, so kommen 9 Gulden 18 Schilling heraus.
Nun hat der erste $258\frac{2}{3}$ Stein Wachs einzutauschen. Wieviel Ingwer
muß ihm der andere übergeben?
Mach's so: Berechne zuerst, wieviel das Wachs in bar kostet. Sprich:
1 Stein für $1\frac{7}{8}$ Gulden — wie teuer kommen $258\frac{2}{3}$ Stein?
Rechne es aus, es werden 485 Gulden: Für soviel Gulden muß der andere
Ingwer haben. Sprich: 8 Gulden 1 Ort geben 1 Stein Ingwer. Was geben
485 Gulden?
Ergebnis: 58 Stein $17\frac{1}{3}$ Pfund

187) Zwei wollen miteinander tauschen. Einer hat Seide, von der 1 Pfund 2 Gulden 8 Groschen kostet. Der andere hat Samt — davon kostet 1 Stück 18 Gulden 11 Groschen. Wieviel Pfund Seide muß der erste dem zweiten für $23\frac{1}{2}$ Stück Samt geben?

Ergebnis: 182 Pfund 26 Lot $2\frac{6}{25}$ Quent — der Gulden für 21 Groschen gerechnet.

Mach's so: Berechne zuerst, wieviel der Samt kostet. Sprich: 1 Stück für 18 Gulden 11 Groschen — wie teuer kommen $23\frac{1}{2}$ Stück?

Ergebnis: 435 Gulden $6\frac{1}{2}$ Groschen.

Nun sprich weiter: 2 Gulden 8 Groschen geben 1 Pfund Seide. Was geben 435 Gulden $6\frac{1}{2}$ Groschen?

Rechne es aus, so kommt das Ergebnis heraus, wie oben angeführt.

188) Zwei wollen miteinander tauschen. Die Ware des ersten kostet in bar 8 Gulden. Die setzt er beim Tausch für 11 Gulden an. Der andere setzt seine Ware beim Tausch um 4 Gulden höher an, als er sie gegen Bargeld abgibt. Dabei ist sie im gleichen Verhältnis überhöht wie die Ware des ersten. Wie hat der zweite seine Ware in bar verkauft?

Ergebnis: für $10\frac{2}{3}$ Gulden.

Mach's so: Ziehe 8 Gulden, den Barpreis des ersten, von 11 Gulden beim Tausch ab. Es bleiben 3 Gulden. Sprich: 3 Gulden geben 8 Gulden Bargeld. Was geben 4 Gulden, die der andere höher angesetzt hat?

Rechne es aus, so kommt das angegebene Ergebnis heraus.

189) Einer hat Zinn, das er gegen Blei eintauschen will. 1 Zentner Zinn kostet in bar 17 Gulden. Den setzt der erste für 20 Gulden an. Der zweite gibt 1 Zentner Blei für 3 Gulden und beim Tausch für 4 Gulden ab.

Nun ist die Frage: Wenn jeder für 100 Gulden Ware beim Tausch hatte, wie hoch hat einer den anderen übervorteilt?

Ergebnis: der mit dem Blei den anderen mit dem Zinn um 10 pro 100 Gulden.

Mach's so. Sprich: 20 Gulden beim Tausch geben 17 Gulden in bar. Was geben 4 Gulden?

Ergebnis: $3\frac{2}{5}$ Gulden.

Es sollten aber 3 Gulden sein. Also wird der mit dem Zinn beim Tausch um $\frac{2}{5}$ pro 4 Gulden übervorteilt.

Willst du wissen, wieviel das pro 100 Gulden beim Tausch ausmacht, so sprich: 4 Gulden geben $\frac{2}{5}$ Gulden. Was geben 100 Gulden?

Das Ergebnis siehe oben.

Mache folgende Probe: Berechne, wieviel beim Tausch jeweils 100 Gulden Ware in bar erbringen. Für den ersten kommen 85 und für den zweiten 75 Gulden heraus. Das sind 10 Gulden weniger an Bargeld.

Und ebenso ähnliche Beispiele.

190) Zwei wollen miteinander tauschen. Einer hat Tuch, der andere Wolle. 3 Ellen Tuch kosten 1 Gulden in bar. Die setzt der erste beim Tausch für 1 Gulden 1 Ort an. Davon will er ein Drittel in bar haben. Der zweite hat 1 Zentner Wolle, der 7 Gulden in bar kostet. Wie hoch soll er den Zentner ansetzen?

Ergebnis: für 10 Gulden.

Mach's so: Betrachte, wieviel $\frac{1}{3}$ vom Tauschpreis ist, d. h. von $1\frac{1}{4}$ Gulden. Das macht $\frac{5}{12}$ Gulden. Die ziehe von 1 Gulden in bar und von $1\frac{1}{4}$ Gulden beim Tausch ab. Es bleiben $\frac{7}{12}$ Gulden in bar bzw. $\frac{5}{6}$ Gulden beim Tausch. Sprich: $\frac{7}{12}$ Gulden Bargeld geben $\frac{5}{6}$ Gulden beim Tausch. Was geben 7 Gulden?

Ergebnis: 10 Gulden beim Tausch, wie oben angesprochen.

Nun hat der erste 126 Ellen einzutauschen. Wieviel Wolle muß der zweite haben?

Mach's so: Rechne aus, wieviel die 126 Ellen beim Tausch ergeben. Sprich: 3 Ellen für 1 Gulden 1 Ort — wie teuer kommen 126 Ellen?

Ergebnis: $52\frac{1}{2}$ Gulden.

Davon ziehe den dritten Teil ab, den der zweite mit genügend Geld bezahlt, das sind $17\frac{1}{2}$ Gulden. Es bleiben 35 Gulden: Für soviel Gulden beim Tausch soll ihm der zweite Wolle geben, das sind $3\frac{1}{2}$ Zentner.

Mache folgende Probe: Berechne, wieviel die 126 Ellen in bar ausmachen. Es kommen 42 Gulden heraus. Soviel werden auch $3\frac{1}{2}$ Zentner Wolle mitsamt den $17\frac{1}{2}$ Gulden ergeben, die der mit der Wolle in bar bezahlt. Und ebenso führe alle anderen ähnlichen Beispiele durch.

Obwohl es noch etliche Aufgaben mehr zum Warentausch gegeben hat, die man hätte aufschreiben und erklären können, hat es aber die Zeit nicht erlauben wollen. Deshalb magst du hiermit vorliebnehmen und dir zum Abschluß dieses Büchleins folgende Methode mit Fleiß merken.

Die Regel der falschen Zahlen oder der Falsche Ansatz

wird angesetzt mit zwei falschen Zahlen, die der Aufgabe entsprechend gründlich überprüft werden sollen in dem Maße, wie es die gesuchte Zahl erfordert. Führen sie zu einem höheren Ergebnis, als es in Wahrheit richtig ist, so bezeichne sie mit dem Zeichen + plus, bei einem zu kleinem Ergebnis aber beschreibe sie mit dem Zeichen —, minus genannt. Sodann ziehe einen Fehlbetrag vom anderen ab. Was dabei als Rest bleibt, behalte für deinen Teiler. Danach multipliziere über Kreuz jeweils eine falsche Zahl mit dem Fehl-

86

betrag der anderen. Ziehe eins vom anderen ab, und was da als Rest bleibt, teile durch den vorher berechneten Teiler. So kommt die Lösung der Aufgabe heraus.

Führt aber eine falsche Zahl zu einem zu großen und die andere zu einem zu kleinen Ergebnis, so addiere die zwei Fehlbeträge. Was dabei herauskommt, ist dein Teiler. Danach multipliziere über Kreuz, addiere und dividiere. So kommt die Lösung der Aufgabe heraus, wie folgende Beispiele gründlich erläutern werden.

1) Einer spricht: Gott grüße euch, ihr 30 Gesellen. Einer antwortet: Wenn wir noch einmal so viele und halb so viele wären, so wären wir 30. Die Frage: Wie viele sind es gewesen?
Mach's so: Nimm dir eine Zahl vor, die durch 2 geteilt werden kann, z. B. 16. Überprüfe die und sprich: 16 und 16 und die Hälfte von 16 — das sind 8 — macht in einer Summe 40. Es sollten aber 30 sein, also "lügt" 16 um 10 zuviel.
Setze deshalb an, es seien 14 Gesellen gewesen. Sprich: 14 und 14 und 7 macht zusammen 35, also "lügt" 14 um 5 zuviel. Dann steht:

16	plus	10
		5
14	plus	5

Ziehe 5 von 10 ab, es bleiben 5, der Teiler. Danach multipliziere über Kreuz, ziehe eins vom anderen ab und teile. So kommt 12 heraus, und so viele Gesellen sind es gewesen.

2) Ein Sohn fragt seinen Vater, wie alt er sei. Der Vater antwortet ihm und spricht: Wenn du noch einmal so alt, halb so alt, ein Viertel so alt und noch ein Jahr älter wärest, so wärest du gerade 100 Jahre alt.
Die Frage: Wie alt ist der Sohn?
Mach's so: Nimm dir zwei Zahlen vor, die Halbe und Viertel enthalten, wie z. B. 40 und 48. Überprüfe diese der Aufgabe nach, etwa die 40 folgendermaßen. Sprich: 40 und 40 und die Hälfte, das ist 20, und das Viertel, das ist 10, und 1 Jahr mehr machen zusammen 111 Jahre. Ziehe davon die 100 Jahre ab: Es bleiben 11 Jahre plus.
Ebenso überprüfe auch die 48. Dann steht:

40	plus	11
		22
48	plus	33

Rechne es aus. Dann kommen 36 Jahre heraus. So alt ist der Sohn.

3) Einer findet in seines Vaters Buch eine Rechnung über einen, der ihm noch Geld schuldet. Sie lautet so: 4 Ellen Tuch für 5 Gulden — wie teuer kommen 21 Ellen? Das macht 26 Gulden 6 Groschen und 9 Pfennig.
Nun wollte ich gern wissen, wie der Gulden gerechnet ist, wobei 1 Groschen einen Wert von 12 Pfennig hat.
Mach's so. Sprich: 4 Ellen für 5 Gulden — wie teuer sind 21 Ellen?
Rechne den Gulden für 30 Groschen. Das macht 26 Gulden 7 Groschen 6 Pfennig. Es sollten aber 26 Gulden 6 Groschen 9 Pfennig sein. Das sind 9 Pfennig zuviel.
Rechne den Gulden für 40 Groschen und prüfe nach. Dann kommen 3 Groschen 3 Pfennig, d. h. 39 Pfennig, zuviel heraus, und dann steht:

30	plus	9
		30
40	plus	39

Führe die Rechnung durch. Dann kommen 27 Groschen heraus. So wird der Gulden gerechnet. Und ebenso ähnliche Beispiele.

4) Einer hat einiges Geld. Das legt er an, gewinnt ebensoviel dazu und verbraucht 1 Gulden. Den Rest legt er abermals an, gewinnt ebensoviel dazu und verbraucht 2 Gulden. Was er behält, legt er zum dritten Mal an, gewinnt ebensoviel dazu, verbraucht 3 Gulden und behält 10 Gulden. Wieviel hat er zuerst gehabt?
Mach's so: Setze an, er habe 3 Gulden gehabt. Überprüfe die so. Sprich: Zweimal 3 macht 6, davon 1 abgezogen — bleiben 5. Verdopple, so kommen 10 heraus. Davon 2 Gulden abgezogen — bleiben 8. Verdopple die auch, so werden es 16. Davon ziehe 3 ab, es bleiben 13. Es sollten aber 10 sein. Also sind es 3 zuviel.
Setze deshalb 4 an und überprüfe die wie eben. Dann steht:

3	plus	3
		8
4	plus	11

Rechne es aus. Dann kommen $2\frac{5}{8}$ Gulden heraus. Soviel Geld hat er zuerst gehabt oder dazubekommen.

5) Einer hat Geld, verspielt davon $\frac{1}{3}$, verbraucht vom übrigen 4 Gulden, handelt mit dem Rest, verliert $\frac{1}{4}$ und behält 20 Gulden. Wieviel hat er

zu Anfang mit sich geführt?

Mach's so: Setze an, er habe 12 Gulden ausgegeben. Ziehe $\frac{1}{3}$, das sind 4 Gulden, und die 4 Gulden, die er verbraucht, davon ab: Es bleiben 4 Gulden. $\frac{1}{4}$ davon ziehe ab. Dann bleiben 3, es sollten aber 20 Gulden sein. Das sind 17 Gulden zuwenig.

Setze deshalb 24 an und überprüfe die wie eben. Dann steht:

12	minus	17	
			6
24	minus	11	

Führe die Rechnung durch. Dann kommen 46 Gulden heraus. Soviel hat er gehabt.

6) Einer hat Geld, gewinnt $\frac{1}{3}$ dazu, legt alles an, gewinnt aus Kapital und Zins $\frac{1}{4}$ dazu und bringt 30 Gulden zustande. Wieviel hat er zuerst gehabt?

Mach's so: Nimm dir eine Zahl vor, die durch 3 geteilt werden kann, z. B. 6. Sprich: $\frac{1}{3}$ von 6 sind 2. Die addiere zu 6, es kommen 8 heraus. Ziehe $\frac{1}{4}$ davon ab, also 2, und gib die zu 8. Es werden 10, sollten aber 30 sein. Das sind 20 zuwenig.

Setze deshalb an, er habe 12 gehabt, und überprüfe auch die. Das ergibt 10 zuwenig. Dann steht:

6	minus	20	
			10
12	minus	10	

Mach's wie zuvor, so kommen 18 Gulden heraus.

7) Ein Kaufmann zieht mit Geld los. Er gewinnt $\frac{1}{3}$ seines Kapitals und 4 Gulden dazu, legt Kapital und Zins an, gewinnt davon $\frac{1}{4}$ und bringt 40 Gulden zusammen. Wieviel Geld hat er am Anfang mitgenommen?

Setze 6 Gulden an. Dazu addiere den dritten Teil und 4 Gulden, also 6; es werden 12. Davon sind 3 der vierte Teil. Die addiere zu 12. Dann kommen 15 heraus, es sollten aber 40 sein. Das sind 25 Gulden zuwenig.

Setze deshalb an, er habe 12 Gulden mitgenommen. Prüfe wie eben. Dann steht:

6	minus	25	
			10

12   minus   15

Rechne es aus, so kommen 21 Gulden heraus. Soviel hat er mitgenommen.

8) Einer zieht nach Naumburg und kauft Fisch. $\frac{1}{3}$ davon werden ihm gestohlen, $\frac{1}{4}$ des Geldes verliert er an den Fischen, und der Erlös beträgt 8 Gulden. Wieviel Geld hat er zuerst gehabt?

Setze 12 Gulden an. Sprich: $\frac{1}{3}$ von 12 sind 4. Nun nimm auch $\frac{1}{4}$ von 12, das sind 3. Die addiere zu 4, es werden 7. Ziehe 7 von 12 ab. Es bleiben 5, sollten aber 8 sein. Also "lügt" 12: minus 3.

Setze deshalb an, er habe 24 Gulden gehabt. Prüfe nach, und dann steht:

12   minus   3

5

24   plus   2

Rechne es aus, so kommen $19\frac{1}{5}$ Gulden heraus. Soviel hat er für den Fisch ausgegeben.

9) Einer fragt, wie alt er sei. Man antwortet ihm: Wenn er noch einmal so alt und halb so alt wie die Summe und noch ein Viertel all dieser Jahre alt wäre, so wäre er 100 Jahre alt.

Die Frage: Wie alt ist er?

Mach's so: Setze an, er sei 16 Jahre alt. Noch einmal so alt wäre auch 16, die Hälfte der Summe wäre auch 16, und ein Viertel all dieser Jahre wäre 12. Diese Jahre alle zusammen machen 60. Das sind 40 zuwenig.

Setze deshalb 20 Jahre an und überprüfe sie. Dann steht:

16   minus   40

15

20   minus   25

Rechne es aus, so kommen $26\frac{2}{3}$ Jahre heraus.

10) Einer nimmt einen Arbeiter 30 Tage unter Vertrag. Wenn er arbeitet, gibt er ihm 7 Pfennig pro Tag. Wenn er aber faulenzt, rechnet er ihm 5 Pfennig pro Tag ab. Und als die 30 Tage vorbei sind, ist keiner dem anderen etwas schuldig geblieben.

Die Frage: Wieviel Tage hat er gearbeitet und wieviel Tage hat er gefaulenzt?

Mach's so: Setze an, er habe 15 Tage gearbeitet und 15 Tage gefaulenzt.

Multipliziere 15 mit 7 und 15 mit 5: Es kommen 105 und 75 heraus. Ziehe eins vom anderen ab, es bleiben 30. Soviel sind es zuwenig.

Setze deshalb an, er habe 10 Tage gearbeitet und 20 gefaulenzt, und prüfe wie eben nach. Dann steht:

15	minus	30	
			60
10	plus	30	

Rechne es aus. Dann kommen $12\frac{1}{2}$ Tage heraus: Soviel hat er gearbeitet. Die ziehe von 30 Tagen ab. Es bleiben $17\frac{1}{2}$ Tage: Soviel hat er gefaulenzt.

11) Einer hat Geld, legt es an und gewinnt 4 Gulden. Er legt alles zum zweiten Mal an und gewinnt die Hälfte des verzinsten Kapitals und 5 Gulden dazu. Zum dritten Mal legt er alles an und gewinnt ein Viertel der ganzen Summe. Er bringt 70 Gulden zustande.

Die Frage: Wieviel hat er zuerst gehabt?

Mach's so: Setze an, er habe 6 Gulden gehabt. Addiere 4, das gibt 10. Addiere die Hälfte und 5 dazu, es werden 20. Davon $\frac{1}{4}$ sind 5. Die gib zu 20. Es kommen 25 heraus, sollten aber 70 sein. Das sind 45 zuwenig.

Setze deshalb 12 an und überprüfe die ebenfalls. Dann steht:

6	minus	45
12	minus	$33\frac{3}{4}$

Verwandle die Fehlbeträge in ganze Zahlen. Dann steht wie hier:

6	minus	180	
			45
12	minus	135	

Rechne es aus. Dann kommen 30 Gulden heraus. Soviel hat er gehabt.

12) Nenne mir eine Zahl: Wenn ich $\frac{5}{6}$ dieser Zahl abziehe und zum Rest $\frac{1}{4}$ der ersten Zahl addiere, dann kommt 7 heraus.

Setze an, die Zahl sei 24. Ziehe davon $\frac{5}{6}$, also 20, ab; es bleiben 4. Addiere dazu $\frac{1}{4}$ der ersten Zahl, also 6. Das werden 10, sollten aber 7 sein. Es sind 3 zuviel.

Setze deshalb an, die Zahl sei 12. Überprüfe sie wie eben. Dann steht:

24	plus	3
12	minus	2

mit 5 rechts daneben.

Rechne es aus, so kommt $16\frac{4}{5}$ heraus.

13) Zwei, etwa A und B, wollen ein Pferd für 15 Gulden kaufen. A spricht zu B: Gib mir $\frac{1}{3}$ von deinem Geld, so will ich meines dazutun und das Pferd bezahlen. B spricht zu A: Gib mir von deinem Geld $\frac{1}{4}$, so will ich mit meinem Geld zusammen das Pferd bezahlen.

Nun frage ich, wieviel Geld jeder einzelne hat.

Setze für A 12 Gulden an. Dann fehlen ihm an der Bezahlung 3 Gulden, die $\frac{1}{3}$ des Geldes von B ausmachen. Also muß B 9 Gulden haben. — Überprüfe das so. Sprich: $\frac{1}{3}$ des Geldes von B sind 3 Gulden, zu den 12 von A addiert, kommen 15 Gulden heraus, der Preis des Pferdes.

Nun will B von A $\frac{1}{4}$ haben, das sind 3 Gulden. Addiere 3 zu 9; es werden 12, das sind 3 zuwenig.

Setze deshalb an, A habe 8 Gulden. Dann muß B 21 Gulden haben. Überprüfe das ebenfalls: Es sind 8 zuviel. Und dann steht:

A	B		
12	9	minus	3
8	21	plus	8

mit 11 rechts daneben.

Rechne das Geld von A zuerst aus: Es kommen $10\frac{10}{11}$ Gulden heraus. Danach das Geld von B: Es werden $12\frac{3}{11}$ Gulden.

14) Zwei wollen ein Haus für 39 Gulden kaufen. A will von B $\frac{2}{3}$ von dessen Geld und B von A $\frac{3}{4}$ von dessen Geld haben.

Die Frage: Wieviel Geld hat jeder einzelne gehabt?

Setze an, A habe 36 Gulden gehabt. Also fehlen ihm 3 an der Bezahlung, welche $\frac{2}{3}$ des Geldes von B ausmachen. Suche deshalb den gesamten Betrag von B. Sprich: 2 gibt 3. Was geben 3? Das macht $4\frac{1}{2}$. Überprüfe das so. Sprich: $\frac{2}{3}$ des Geldes von B sind 3 Gulden. Gib sie zum Geld von A: es werden 39 Gulden.

Nun sprich: $\frac{3}{4}$ des Geldes von A sind 27 Gulden. Die gib zum Geld von B: Es werden $31\frac{1}{2}$ Gulden. Das sind $7\frac{1}{2}$ Gulden zuwenig.

Setze deshalb an, A habe 32 Gulden. Dann muß B $10\frac{1}{2}$ Gulden haben. Prüfe wie eben nach. Dann steht:

A	B		
36	$4\frac{1}{2}$	minus	$7\frac{1}{2}$
32	$10\frac{1}{2}$	minus	$4\frac{1}{2}$

3

Berechne zuerst das Geld von A. Verwandle die Fehlbeträge in ganze Zahlen. Dann steht:

36	minus	15
32	minus	9

6

Führe die Rechnung durch. Dann kommen für A 26 Gulden heraus.
Wenn diese von 39 abgezogen werden, bleiben 13 Gulden, die $\frac{2}{3}$ des Geldes von B ausmachen. Deshalb sprich: 2 geben 13 — was geben 3?

Ergebnis: $19\frac{1}{2}$ Gulden.

Oder mach's ebenfalls nach der Regel: Setze die zu B gehörenden falschen Zahlen, schreibe sie als Brüche und gehe mit dem Nenner heraus.
Dann steht:

9	minus	15	
			12
21	minus	9	

Rechne es aus. Dann kommt das Ergebnis ebenfalls heraus, wie oben
aufgeschrieben.

15) A spricht zu B: Gib mir 1 Pfennig, dann habe ich soviel, wie du behältst. B antwortet: Gib mir 1 Pfennig, dann habe ich dreimal soviel, wie
du behältst.

Nun frage ich, wieviel ein jeder hat.

Setze an, A habe 5 Pfennig. Dann muß B 7 Pfennig haben, denn wenn
A 1 Pfennig erhält, so hat jeder 6 Pfennig.

Erhält aber B von A 1 Pfennig, so bekommt B 8 Pfennig, und A behält
4 Pfennig. Nun soll aber B dreimal soviel haben wie A, das sind 12 Pfennig. Also sind es 4 Pfennig zuwenig.

Setze deshalb an, A habe 4 Pfennig. Dann muß B 6 Pfennig haben.
Prüfe wie eben nach. Dann steht:

A	B			
5	7	minus	4	
				2
4	6	minus	2	

Rechne es für einen nach dem anderen aus. Dann kommen für A 3 Pfennig und für B 5 Pfennig heraus.

16) Drei Gesellen wollen ein Haus für 200 Gulden kaufen. Der erste gibt
dreimal mehr als der zweite und der zweite viermal mehr als der dritte.
Die Frage: Wieviel soll jeder bezahlen?

Setze an, der dritte gebe 10 Gulden. Dann muß der zweite 40 und der
erste 120 geben. Zähle zusammen, es werden 170 Gulden. Das sind
30 zuwenig.

Setze deshalb für den dritten 15 Gulden an und überprüfe es: Es sind
55 Gulden zuviel. Dann steht:

$$
\begin{array}{llll}
10 & \text{minus} & 30 & \\
& & & 85 \\
15 & \text{plus} & 55 &
\end{array}
$$

Rechne es aus. Dann kommen für den dritten $11\frac{13}{17}$ Gulden heraus. Multipliziere mit 4, dann ergeben sich $47\frac{1}{17}$ Gulden für den zweiten. Die multipliziere mit 3, dann kommt heraus, daß der erste $141\frac{3}{17}$ Gulden zu geben hat.

17) Einer hat Arbeiter. Wenn er jedem 7 Pfennig gibt, behält er 30 Pfennig. Gibt er aber jedem 9 Pfennig, so fehlen ihm 30 Pfennig. Wieviel Arbeiter hat er gehabt?

Setze an, es seien 20 Arbeiter gewesen: Multipliziere mit 7 und addiere 30, es werden 170 Pfennig. Multipliziere 20 mit 9 und subtrahiere 30. Es bleiben 150, sollten aber 170 sein. Also sind es 20 zuwenig.

Setze deshalb 40 an und prüfe. Dann steht:

$$
\begin{array}{llll}
20 & \text{minus} & 20 & \\
& & & 40 \\
40 & \text{plus} & 20 &
\end{array}
$$

Führe die Rechnung durch. Dann kommen 30 Arbeiter heraus.

18) Drei, nämlich A, B und C, wollen einen Weiher für 100 Gulden kaufen. A will von B die Hälfte des Geldes haben, B von C ein Drittel und C von A ein Viertel.

Wieviel hat jeder gehabt?

Setze an, A habe 60 Gulden. Dann muß B 80 Gulden haben, denn A fehlen 40 Gulden, die die Hälfte des Geldes von B ausmachen. Nun fehlen B an der Bezahlung 20 Gulden, die $\frac{1}{3}$ des Geldes von C sind. Deshalb muß C auch 60 Gulden haben. Überprüfe diese: Es fehlen C an der Bezahlung 25 Gulden.

Ebenso setze eine andere falsche Zahl an, etwa: A habe 68 Gulden gehabt. Dann muß B 64 Gulden und C 108 Gulden haben. Prüfe nach, so kommt heraus, daß C für die Bezahlung des Weihers 25 Gulden zuviel hat. Dann steht:

$$
\begin{array}{lllll}
A & B & C & & \\
60 & 80 & 60 & \text{minus} & 25 \\
& & & & & 50 \\
68 & 64 & 108 & \text{plus} & 25
\end{array}
$$

Rechne es für einen nach dem anderen aus.

Es ergibt sich für A 64 Gulden, für B 72 Gulden und für C 84 Gulden. Soviel hat jeder einzelne gehabt.

19) Einer spricht zum anderen: Wenn ich noch einmal soviel und ein Drittel und ein Viertel soviel hätte, so hätte ich so viel Geld mehr als 100 Gulden, wie ich jetzt weniger als 100 Gulden habe. Wieviel hat er gehabt?

Mach's so: Setze 48 an. Das ist 52 weniger als 100. Überprüfe folgendermaßen. Sprich: 48, 48, 16 und 12 macht in einer Summe 124. Ziehe 100 ab. Dann bleiben 24, es sollten aber 52 sein. Das sind 28 zuwenig. Deshalb setze an, er habe 60 Gulden gehabt. Überprüfe das ebenfalls: Es kommen 15 zuviel heraus. Dann steht:

48	minus	28	
			43
60	plus	15	

Rechne es aus. Dann kommen $55\frac{35}{43}$ Gulden heraus.

20) Einer kauft 7 Eier minus 2 Pfennig für 5 Pfennig und ein Ei. Wie teuer kommt 1 Ei?

Setze 1 Ei für 5 Pfennig an und sprich: 5 mal 7 sind 35. Ziehe 2 Pfennig ab, es bleiben 33. Soviel sollen auch 5 Pfennig und 1 Ei ergeben, also 10 Pfennig. Es kommen 23 Pfennig zuviel heraus.

Setze weiter an, 1 Ei habe 4 Pfennig gekostet, und überprüfe es wie eben. Dann steht:

5	plus	23	
			6
4	plus	17	

Führe die Rechnung durch. Dann kommt $1\frac{1}{6}$ Pfennig heraus. So teuer ist 1 Ei.

21) Einer hat zusammen 20 Pfund Safran und Ingwer. 1 Pfund Safran kostet 3 Gulden, und 2 Pfund Ingwer kosten 1 Gulden. Beim Verkauf erzielt er daraus 45 Gulden.

Nun frage ich, wieviel Pfund es von jeder einzelnen Ware gewesen sind.

Setze 10 Pfund Safran und 10 Pfund Ingwer an. Berechne jedes für sich und addiere. Es kommen 10 Gulden zuwenig heraus.

Setze beim zweiten Mal 12 Pfund Safran und 8 Pfund Ingwer an und überprüfe diese. Dann steht:

10	minus	10
		5
12	minus	5

Rechne es aus. Dann kommen 14 Pfund Safran heraus. Die ziehe von 20 Pfund ab, es bleiben 6 Pfund. Soviel Ingwer ist es gewesen bzw. soviel Ingwer hat er gehabt.

22) Einer hat 2 silberne Becher und 1 Deckel. Wenn dieser auf den ersten Becher gesetzt wird, hat er das vierfache Gewicht des anderen. Wird der Deckel aber auf den zweiten Becher gesetzt, so ist der zweite Becher dreimal schwerer als der erste. Dabei wiegt der Deckel 16 Lot. Wieviel wiegt jeder Becher für sich?
Mach's so: Setze an, der erste habe 12 Lot gewogen. Addiere den Deckel, d. h. 16 Lot, es werden 28. Das wäre viermal mehr als der zweite Becher. Also muß der zweite 7 Lot an Gewicht haben. Addiere 16 zu 7, es kommen 23 heraus, die 3 mal 12 ergeben sollten. Daran fehlen aber 13.
Setze eine andere zu überprüfende Zahl, etwa 8, an und gehe der Auf-

gabenstellung gemäß vor. Es kommt 2 zuwenig heraus. Dann steht:

12	minus	13
		11
8	minus	2

Rechne es aus. Dann kommen $7\frac{3}{11}$ Lot heraus. Soviel wiegt der erste Becher. Suche den zweiten, wie beschrieben: Es werden $5\frac{9}{11}$ Lot. Oder berechne ihn durch Ansatz der falschen Zahlen mitsamt den dazugehörenden Fehlbeträgen.

23) Einer kauft etliche Ellen Tuch, je 3 Ellen für 2 Gulden, und verkauft wieder 4 Ellen für 3 Gulden. Nach Kauf und Verkauf hat er 10 Gulden gewonnen.

Die Frage: Wieviel Ellen waren es?

Setze 60 Ellen an und berechne, was die kosten. Sprich: 60 Ellen — je 3 Ellen für 2 Gulden — machen 40 Gulden. Schaue, welchen Erlös er daraus hat. Sprich: 4 Ellen für 3 Gulden — wie teuer kommen 60 Ellen? Das macht 45 Gulden. Davon ziehe 40 ab. Es bleiben 5, sollten aber 10 sein. Das sind 5 zuwenig.

Setze eine andere falsche Zahl an, etwa 90. Überprüfe sie: Es kommen $2\frac{1}{2}$ zuwenig heraus. Verwandle die Fehlbeträge in ganze Zahlen. Dann steht:

60	minus	10
		5
90	minus	5

Verfahre nach Vorschrift. Dann kommen 120 Ellen heraus.

24) Einer transportiert von Wien nach Regensburg 60 Fuder Wein. Eines davon gibt er dem Zöllner, von dem er 30 Gulden zurückerhält. Nun kommt ein anderer, bringt 200 Fuder und gibt dem Zöllner 1 Fuder und 20 Gulden.

Die Frage: Wieviel ist 1 Fuder wert gewesen?

Setze 40 Gulden an. Sprich: 30 weniger — bleiben 10, die er dem Zöllner gegeben hat. Sprich: 60 geben 10 Gulden. Was geben 200? Das macht $33\frac{1}{3}$ Gulden, es sollten aber 60 Gulden sein. Also sind es $26\frac{2}{3}$ Gulden zuwenig.

Setze weiter an, 1 Fuder koste 50 Gulden, und überprüfe dies ebenfalls. Dann kommen $3\frac{1}{3}$ Gulden zuwenig heraus.

Verwandle die Fehlbeträge in ganze Zahlen. Dann steht:

40	minus	80
		70
50	minus	10

Führe die Rechnung durch. Dann kommen $51\frac{3}{7}$ Gulden heraus. Soviel hat 1 Fuder Wein gekostet.

25) Einer erzielt aus dem Verkauf von einigen Waren 160 Gulden. Die eine Sorte Gulden ist 4 Dickpfennig, die andere 3 Dickpfennig wert. In einer Summe ergeben sie 560 Dickpfennig.

Die Frage: Wie viele von den Gulden waren 4 Dickpfennig und wie viele 3 Dickpfennig wert?

Setze 50 Gulden zu 4 und 110 Gulden zu 3 Dickpfennig an. Multipliziere 50 mit 4 und 110 mit 3 und addiere. Es kommen 30 zuwenig heraus.

Setze deshalb 60 Gulden zu 4 und 100 Gulden zu 3 Dickpfennig· an und überprüfe wie eben. Es kommen 20 zuwenig heraus. Dann steht:

50	minus	30
60	minus	20

10

Führe die Rechnung durch. Es kommen 80 Gulden zu je 4 Dickpfennig heraus. Ziehe die von 160 Gulden ab. Dann bleiben 80: So viele Gulden sind es von der anderen Sorte gewesen.

26) Drei bilden eine Handelsgesellschaft. Der erste nimmt die Hälfte des Gewinns, der zweite $\frac{1}{3}$ und der dritte $\frac{1}{4}$. Zusammen haben sie dann 50 Gulden.

Die Frage: Wieviel haben sie gewonnen?

Setze eine Zahl an, in der die Anteile enthalten sind, etwa 36. Sprich: Die Hälfte von 36 macht 18, ein Drittel macht 12, und ein Viertel macht 9. Addiere: es werden 39. Das sind 11 zuwenig.

Deshalb setze an, sie hätten 48 Gulden gewonnen, und überprüfe wie eben. Dann steht:

36	minus	11
48	plus	2

13

Führe die Rechnung durch. Dann kommen $46\frac{2}{13}$ Gulden heraus: Soviel haben sie gewonnen.

27) Einer kauft 3 Mark Silber für 30 Dukaten 7 Groschen, der Dukaten für 30 Groschen gerechnet, und zwar so: Die zweite Mark ist um 5 Groschen mehr als doppelt so teuer wie die erste, für die dritte Mark bezahlt er 11 Groschen mehr als den dreifachen Preis der ersten beiden zusammen.

Die Frage: Was hat er jeweils für eine Mark bezahlt?

Setze für die erste 5 Dukaten an. Dann muß die zweite 10 Dukaten 5 Groschen und die dritte 45 Dukaten 26 Groschen kosten. Zähle zusammen: Es kommen 61 Dukaten 1 Groschen heraus, es sollten aber 30 Dukaten 7 Groschen sein. Das sind 30 Dukaten 24 Groschen oder $30\frac{4}{5}$ Dukaten zuviel.

Setze deshalb an, die erste Mark sei 2 Dukaten wert gewesen, und überprüfe wie eben. Dann kommen $5\frac{1}{5}$ Dukaten zuwenig heraus.

Verwandle die Fehlbeträge in ganze Zahlen. Dann steht, wie hier folgt:

5	plus	154
		180
2	minus	26

Rechne es aus. Dann kommen 2 Dukaten und 13 Groschen heraus. Soviel war die erste Mark wert. Verdopple, dann ergeben sich — mit den 5 Groschen dazu — 5 Dukaten 1 Groschen. Jetzt kostet die dritte Mark dreimal soviel wie die ersten beiden zusammen (und noch 11 Groschen mehr): Das sind 22 Dukaten und 23 Groschen.

28) Einer hat zweierlei Sorten gekörntes Silber: Von der ersten hat 1 Mark einen Feingehalt von 10 Lot, von der zweiten hat 1 Mark einen Feingehalt von 15 Lot. Von diesen beiden will er eine Sorte haben, bei der 1 Mark einen Feingehalt von $13\frac{1}{2}$ Lot besitzt.
Die Frage: Wieviel soll er von jeder Sorte nehmen?
Mach's so: Setze an, er nehme von der ersten Sorte 8 Lot und von der zweiten auch 8 Lot. Berechne den Feingehalt folgendermaßen:

16	10 Lot	8
16	15 Lot	8

Multipliziere, addiere und dividiere: Es kommen $12\frac{1}{2}$ Lot Feingehalt heraus, es sollten aber $13\frac{1}{2}$ Lot sein. Das ist 1 Lot zuwenig.
Setze deshalb an, er nehme von der ersten Sorte 6 Lot und von der zweiten 10 Lot, und überprüfe dies wie eben. Es kommen $\frac{3}{8}$ Lot zuwenig heraus.
Schreibe die Fehlbeträge als ganze Zahlen. Dann steht:

8	minus	8
		5
6	minus	3

Rechne es aus. Es kommt heraus, daß von der ersten Sorte Silber $4\frac{4}{5}$ Lot zu nehmen sind. Die ziehe von 1 Mark ab. Es bleiben $11\frac{1}{5}$ Lot: Soviel muß er von der anderen Sorte nehmen.

29) Einer hat zwei Sorten Groschen: Von der einen haben 20, von der anderen haben 30 den Wert von 1 Gulden. Nun kommt einer und will insgesamt 27 Groschen für 1 Gulden haben. Wieviel soll er ihm von jeder Sorte geben?
Setze von der ersten Sorte die Hälfte und von der zweiten auch die Hälfte an und prüfe so. Sprich: $\frac{1}{2}$ von 20 sind 10, und $\frac{1}{2}$ von 30 sind

15. Addiere 10 und 15. Es kommen 25 heraus, sollten aber 27 sein. Das sind 2 zuwenig.

Setze deshalb $\frac{1}{4}$ vom Gulden zu 20 und $\frac{3}{4}$ vom Gulden zu 30 Groschen an und prüfe auch wie eben. Dann steht:

$\frac{1}{2}$	$\frac{1}{2}$	minus	2
$\frac{1}{4}$	$\frac{3}{4}$	plus	$\frac{1}{2}$

Verwandle die Fehlbeträge hinten in ganze Zahlen, verwandle vorne in Viertel und gehe mit 4 in den Teiler hinein:

2	2	minus	4
			20
1	3	plus	1

Führe die Rechnung nach der Regel durch. Dann kommen von der ersten Sorte zu 20 Groschen $\frac{3}{10}$ Gulden und von der zweiten Sorte zu 30 Groschen $\frac{7}{10}$ Gulden heraus.

30) Nenne mir eine Zahl: Wenn ich dazu $\frac{2}{3}$ dieser Zahl addiere, die Summe mit 4 multipliziere, zum Produkt 8 addiere, diese Zahl halbiere, diese Hälfte durch 4 dividiere und 4 subtrahiere, dann verbleiben 20.

Es stellt sich die Frage nach der Zahl.

Mach's so: Setze an, die Zahl sei 12. Sprich: $\frac{2}{3}$ von 12 machen 8. Addiere zu 12; dann kommt 20 heraus. Multipliziere mit 4 — es werden 80. 8 dazu ergeben 88. Halbiere — es werden 44. Teile durch 4 — es werden 11. Ziehe 4 ab. Es bleiben 7, sollten aber 20 sein. Das sind 13 zuwenig.

Setze deshalb an, 24 sei die Zahl, und überprüfe sie. Es kommen 3 zuwenig heraus. Dann steht:

12	minus	13	
			10
24	minus	3	

Führe es nach der Regel durch. Dann kommt $27\frac{3}{5}$ heraus.

31) Ein Fuhrmann fährt von Leipzig nach Nürnberg in 6 Tagen. Ein anderer Fuhrmann fährt am selben Tag von Nürnberg ab und kommt in 8 Tagen nach Leipzig. In wieviel Tagen treffen sie zusammen?

Mach's so: Setze an, sie träfen in 3 Tagen zusammen, und überprüfe es: Dann hat der erste die Hälfte, der zweite $\frac{3}{8}$ des Weges zurückgelegt. Addiere, es kommen $\frac{7}{8}$ des Weges heraus. Das ist $\frac{1}{8}$ zuwenig.

Setze deshalb an, sie träfen in 6 Tagen zusammen, und prüfe wie eben nach. Es kommen $\frac{6}{8}$ zuviel heraus. Dann steht:

3	minus	1	
			7
6	plus	6	

Rechne es aus, es kommen $3\frac{3}{7}$ Tage heraus. Nach so langer Zeit treffen sie zusammen.

32) Etliche Personen, und zwar Landsknechte und Bauern, haben sich unterstanden, eine Beute zu holen. Zusammen waren es 400 Leute.

Die Frage: Wie viele sind es jeweils von beiden Gruppen gewesen? Denn wenn ein Viertel der Bauern zur Hälfte der Landsknechte addiert wird, dann kommt die Zahl der Landsknechte heraus.

Mach's so: Setze an, es seien 200 Landsknechte und ebenso viele Bauern gewesen. Prüfe es nach: Dann kommen 150 heraus. Das sind 50 zuwenig.

Deshalb setze 100 Landsknechte und 300 Bauern an und prüfe wie eben nach. Dann steht:

200	minus	50	
			75
100	plus	25	

Führe die Rechnung durch. Dann kommen $133\frac{1}{3}$ Landsknechte heraus. Die ziehe von 400 ab. Dann bleiben $266\frac{2}{3}$ Bauern übrig.

33) 8 Pfund Feigen kosten 1 Gulden, und 5 Pfund Rosinen kosten auch 1 Gulden. Wieviel habe ich für 2 Gulden zu bekommen, wenn die beiden Warenmengen gleich sein sollen?

Mach's so: Setze von jeder Ware 8 Pfund an und überprüfe es. Dann kommen $\frac{3}{5}$ Gulden zuviel heraus.

Setze deshalb von jeder Ware 16 Pfund an und prüfe nach: Es sind $3\frac{1}{5}$ Gulden zuviel.

Verwandle die Fehlbeträge in ganze Zahlen. Dann steht:

8	plus	3	
			13
16	plus	16	

Führe die Rechnung durch. Dann kommen $6\frac{2}{13}$ Pfund heraus. Soviel soll er für die 2 Gulden von jeder Ware nehmen.

34) Einer fragt, welche Stunde es geschlagen hat. Man antwortet ihm: Du weißt, daß der Tag 15 Stunden lang ist. Wenn du die Stunden wissen willst, nimm $\frac{2}{3}$ von den vergangenen und $\frac{1}{7}$ von den noch kommenden. Dann hast du, welche Stunde es geschlagen hat.
Mach's wie bei den bisher beschriebenen Beispielen: Dann kommen $4\frac{1}{2}$ Stunden heraus.

Hiermit will ich die Regel der falschen Zahlen für dieses Mal abgeschlossen haben. Obwohl noch andere Fragen mehr vorhanden waren, die zu erklären gewesen wären, habe ich diese wegen der Schwierigkeit für die Anfänger ausgelassen.

Zech- oder Jungfrauenrechnung

Über vieles und verschiedenes wird unter den Laien und des Rechnens Unkundigen geredet, z. B. über folgendes Problem:
Männer, Frauen und Jungfrauen sind in einem Wirtshaus versammelt, vertrinken einen Geldbetrag und zahlen unterschiedlich.
Um eine solche Aufgabe zu lösen, sollst du dir diese hübsche Rechnung gewissenhaft merken, die Zechrechnung genannt wird.
Mach's so: Schreibe dir linker Hand die Anzahl der Personen auf, rechter Hand, wieviel sie vertrunken haben, und in die Mitte schreibe, wieviel jeweils eine Person von jeder Gruppe im einzelnen bezahlt. Danach wandle das Geld überall in die kleinste Benennung um. Sodann multipliziere die kleinste Zeche mit den Personen und ziehe das Ergebnis von dem ab, was sie vertrunken haben. Was dann bleibt, ist die Zahl, die geteilt werden soll.
Und du sollst im besonderen wissen, daß es stets einen Teiler weniger gibt, als Personengruppen vorhanden sind. Diese Teiler berechne so: Du erhältst sie, wenn du die kleinste Zeche jeweils von den anderen abziehst.
Ist 1 Teiler vorhanden, so teile. Dann kommt die Personengruppe heraus, die am meisten Zeche zahlt. Ziehe diese Gruppe von den Personen ab, so hast du die Gruppe, die am wenigsten bezahlt.
Gibt es aber 2 Teiler, so zerlege die Zahl, die geteilt werden soll, als Summe in zwei Teile, und zwar so, daß zugleich der eine Teil mit dem größeren Teiler und der andere mit dem kleineren Teiler gekürzt werden kann. Danach addiere und ziehe die Summe von den Personen ab. So erhältst du aus dem Rest die Anzahl der dritten Personengruppe.
Ebenso geht es auch, wenn mehr Teiler vorhanden sind, wie folgende Beispiele deutlich aufzeigen werden.

1) 21 Personen — Männer und Frauen — haben 81 Pfennig vertrunken. Jeder Mann soll 5 Pfennig und jede Frau 3 Pfennig geben.

Nun frage ich, wie viele Personen beiderlei Geschlechts es im einzelnen gewesen sind.

Setze:

	Mann	5	
21 Personen		Pfennig	81 Pfennig
	Frau	3	

Ziehe 3 Pfennig von 5 Pfennig ab; es bleiben 2, der Teiler. Nun multipliziere 3 mit 21, es kommen 63 heraus. Die ziehe von 81 Pfennig ab; es bleiben 18. Die teile durch 2. Es kommen 9 Männer heraus. Ziehe 9 von 21 Personen ab. Dann bleiben 12: So viele Frauen sind es gewesen. Und ebenso ähnliche Beispiele.

2) 20 Personen — Männer, Frauen und Jungfrauen — haben 20 Pfennig vertrunken. Jeder Mann gibt 3 Pfennig, jede Frau 2 Pfennig und jede Jungfrau 1 Heller.

Wie viele Personen von jeder Gruppe sind es gewesen?

Mach's nach der Rechenvorschrift. Setze:

	Mann	3 Pfennig	
20 Personen	Frau	2 Pfennig	20 Pfennig vertrunken
	Jungfrau	1 Heller	

Wandle überall in Heller um und setze:

	6.	5	
20	4.	3	40
	1		

Berechne deine Teiler: Ziehe 1 von 6 (und von 4) ab, es bleiben 5, der Teiler für die Männer, bzw. 3, der Teiler für die Frauen.

Nun multipliziere 1 Heller, den jede Jungfrau bezahlt, mit 20 Personen; es kommen 20 heraus. Die ziehe von 40 ab; dann bleiben 20. Zerlege 20 als Summe in zwei Teile, so daß zugleich der eine mit 5 und der andere mit 3 gekürzt werden kann: Das sind 5 und 15. Teile jeden Teil durch seinen Teiler: Es kommen 1 Mann und 5 Frauen heraus. Ziehe diese von 20 Personen ab. Es bleiben 14: So viele Jungfrauen sollst du errechnet haben.

Und ebenso rechne ähnliche Beispiele.

3) Einer hat 100 Gulden. Dafür will er 100 Stück Vieh kaufen, nämlich Ochsen, Schweine, Kälber und Ziegen. 1 Ochse kostet 4 Gulden, 1 Schwein
$1\frac{1}{2}$ Gulden, ein Kalb $\frac{1}{2}$ Gulden und 1 Ziege 1 Ort von 1 Gulden. Wieviel Vieh
soll er von jeder Art für die 100 Gulden haben?

Mach's nach den vorigen Beispielen. Wandle die Preise für jede Art in
Örter um, ebenso die 100 Gulden, und setze danach:

	16.	15		
	6.	5		
100				400
	2.	1		
	1			

Multipliziere 1 mit 100, es kommen 100 heraus. Ziehe diese von 400
ab, es bleiben 300. Zerlege 300 als Summe in 3 Teile, so daß zugleich
jeder mit seinem Teiler gekürzt werden kann, etwa 180, 100 und 20.
Teile jede Zahl durch ihren Teiler: Dann kommen 12 Ochsen, 20 Schweine und 20 Kälber heraus. Zähle Ochsen, Schweine und Kälber zusammen, es werden 52. Ziehe die von 100 ab. Dann bleiben 48: So viele
Ziegen sind es gewesen.

Willst du nun prüfen, ob du es richtig gemacht hast, so rechne aus,
wieviel jede Art Vieh im einzelnen kostet, und zähle zusammen. Dann
kommen gerade 100 Gulden heraus.

Und ebenso mach's bei ähnlichen Beispielen.

Nach dieser Regel folgen nun andere Probleme.

4) Einer stellt die Aufgabe, aufeinanderfolgende Zahlen zu schreiben wie
hier, so daß überall 15 herauskommt.

1	2	3	
4	5	6	
7	8	9	

Willst du solches und ähnliches lösen, so sprich jedesmal:
15 gibt 5 in der Mitte. Was gibt dann die Zahl, die du
überall haben willst — in diesem Fall 15?

Es kommt wieder 5 heraus. Die setze in die Mitte und setze danach so
fort:

6	7	8	Danach wechsle 8 und 2 so aus.	6	7	2
1	5	9	Dann hast du überall 15:	1	5	9
2	3	4		8	3	4

5) Du sollst mir Zahlen setzen, die aufeinanderfolgen, so daß überall 24
herauskommt — auch in drei Zeilen.
Mach's so: Suche die Zahl, die in die Mitte kommt. Sprich: 15 gibt 5.
Was gibt 24? Das macht 8. Setze daher so:

9	10	11	Wechsle die beiden Ecken mit	9	10	5
4	8	12	5 und 11 aus, wie folgt:	4	8	12
5	6	7		11	6	7

6) Nach oben beschriebener Weise seien Zahlen in drei Zeilen zu setzen,
so daß überall 7 herauskommt.
Mach's so. Suche die Zahl, die in die Mitte kommt. Sprich: 15 gibt 5.
Was gibt 7? Das macht $2\frac{5}{15}$. Setze daher so:

$2\frac{6}{15}$	$2\frac{7}{15}$	$2\frac{8}{15}$	Wechsle aus.	$2\frac{6}{15}$	$2\frac{7}{15}$	$2\frac{2}{15}$
$2\frac{1}{15}$	$2\frac{5}{15}$	$2\frac{9}{15}$	Dann steht es wie hier:	$2\frac{1}{15}$	$2\frac{5}{15}$	$2\frac{9}{15}$
$2\frac{2}{15}$	$2\frac{3}{15}$	$2\frac{4}{15}$		$2\frac{8}{15}$	$2\frac{3}{15}$	$2\frac{4}{15}$

Und ebenso verfahre bei ähnlichen Beispielen.

7) Es seien die Zahlen 1. 2. 3. 4. 5. 6. 7. 8. 9. 10. 11. 12. 13. 14. 15.
16 in vier Zeilen zu setzen, so daß überall 34 herauskommt.

Mach's so. Setze sie nacheinander wie hier:

1	2	3	4	Vertausche die Diagonalzahlen	16	2	3	13
5	6	7	8	spiegelbildlich. Dann steht:	5	11	10	8
9	10	11	12		9	7	6	12
13	14	15	16		4	14	15	1

Und ebenso führe nach diesem Beispiel andere gleicher Art durch.

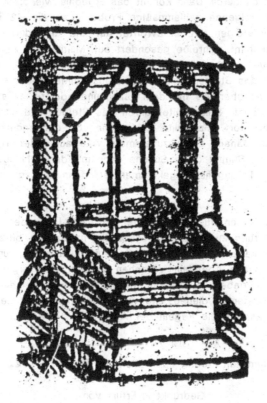

8) Eine Schnecke befindet sich 32 Ellen tief in einem Brunnen. Jeden Tag kriecht sie $4\frac{2}{3}$ Ellen herauf und fällt jede Nacht $3\frac{3}{4}$ Ellen zurück. In wieviel Tagen kommt sie heraus?

Mach's so: Löse beide Brüche in ihre Teile auf, setze also $\frac{14}{3}$ und $\frac{15}{4}$. Multipliziere über Kreuz: Dann kommt mit 56 das Steigen und mit 45 das Fallen heraus. Ziehe eins vom anderen ab, dann bleibt 11, der Teiler. Nun multipliziere die Nenner miteinander: es werden 12. Damit multipliziere die 32 Ellen, es kommen 384 heraus. Davon ziehe das Fallen, d. h. 45, ab, es bleiben 339. Die teile durch 11. Dann werden es $30\frac{9}{11}$ Tage. Nach so langer Zeit kommt die Schnecke heraus.

Das ist die richtige Lösung! Sie wurde von Hans Conrad, Erzprüfer in Eisleben, als erstem gefunden.

Dazu kannst du die Probe machen, wenn du ihm keinen Glauben schenken willst, und zwar mit dem Zirkel: Nimm dir eine lange Linie vor, teile sie in 32 Teile und jeden dieser Teile wiederum in 12 Teile. Danach nimm zwei Zirkel: den einen für das Steigen und den anderen für das Fallen. Führe es durch: Dann kommt das Ergebnis wie oben heraus.

Oder mache folgende zahlenmäßige Probe: Löse die 32 Ellen, die die Schnecke zu steigen hat, in Zwölftel auf und teile durch das Steigen. Was herauskommt, schreibe gesondert auf. Multipliziere es mit dem Fallen und addiere dazu den Rest aus dem ersten Steigen. Teile nun wiederum durch das Steigen, und was herauskommt, schreibe zum vorigen. Multipliziere es abermals mit dem Fallen und addiere, was vom Steigen übriggeblieben ist. Teile weiter durch das Steigen und schreibe es zum vorigen. Fahre fort, bis keine Zahl mehr von der anderen abgezogen werden kann. Danach zähle zusammen, was aus jeder Teilung herausgekommen ist. Stimmt diese Summe dann mit der Zahl überein, die zuerst bei der Teilung herausgekommen ist, dann hast du es richtig gemacht.

Mit diesem kurzgefaßten Büchlein möchte ich allen Liebhabern der Rechenkunst meine Verehrung zum Ausdruck gebracht haben. Ich bitte diese recht freundlich, das vorliegende Büchlein wohlwollend anzunehmen und bereitwillig zu entschuldigen, wenn irgendein Versehen vorliegt oder irgendetwas nicht ganz gründlich beschrieben ist. Ich möchte danach bestrebt sein, einem jeden nach meinem Vermögen zu dienen, und will zu einer anderen Zeit die Inhaltsbestimmung von Fässern, die Regeln der Algebra und die Buchhaltung gewissenhaft darstellen.

Datum: am Freitag nach Michaelis im Jahre 1522

Gedruckt in Erfurt von
Mathes Maler

Der formale und inhaltliche Aufbau
des Rechenbuchs

Das Buch beginnt nach dem Titelblatt mit einer **Vorrede**.

Das 1. Kapitel, **Numerieren**, behandelt in aller Kürze das Lesen und Schreiben von Zahlen mit arabischen Ziffern im indischen Positionssystem.

Die insgesamt sehr knappe Darstellung des Linienrechnens wird mit einer Erklärung des Linienschemas im Abschnitt **Von den Linien** eingeleitet.

Es folgen die Rechenoperationen auf den Linien: das **Addieren oder Summieren** mit zwei Beispielen, das **Subtrahieren** mit einem Beispiel, das **Duplieren** (Verdoppeln) mit drei Beispielen, das **Medieren** (Halbieren) mit ebenfalls drei Beispielen, das **Multiplizieren** mit einer Einmaleinstafel und 19 Beispielen und schließlich das **Dividieren** mit ebenfalls 19 Beispielen. Keines der Beispiele wird jedoch konkret auf den Linien ausgeführt. Zu jeder der sechs Rechenoperationen wird die jeweilige Umkehroperation als Probe empfohlen.

Daran schließen sich die schriftlichen Rechenverfahren an: das **Addieren**, das **Subtrahieren**, das **Duplieren** und das **Medieren** mit jeweils drei Beispielen, das **Multiplizieren** mit zwei Regeln für einstellige Faktoren (dazu vier bzw. fünf Beispiele) und mit insgesamt acht Beispielen für höherstellige Multiplikanden bzw. für Zehnerzahlen als Multiplikatoren und schließlich das **Dividieren** mit insgesamt sechs Beispielen für ein- bis dreistellige Divisoren bzw. solche mit Endziffer 0. Zu allen Rechenarten wird neben der jeweiligen Umkehroperation als Rechenprobe stets auch die Neunerprobe erläutert.

Es folgt der Abschnitt **Progression** mit der Berechnung der Summen von je zwei arithmetischen und geometrischen Reihen.

Das Kapitel **Dreisatz** leitet eine Sammlung von 190 Sachaufgaben ein, bei denen der Dreisatz als Lösungsmethode eine mehr oder weniger zentrale Rolle spielt. Die Nummern 4-46, 67, 72-76, 87, 97, 137, 138 und 187 sind allerdings Anwendungsaufgaben zur Multiplikation oder Division, die nur formal als Dreisatzaufgaben behandelt werden: als erstes Stück bzw. als zweites oder drittes Stück steht jeweils die Einheit. Im ersten und 3. Rechenbuch [15, 19] hat Ries solche Aufgaben als Beispiele zur Multiplikation und Division deklariert und direkt nach der Erläuterung der entsprechenden Rechenoperationen vorgestellt.

1-3:   einfache Dreisatzaufgaben

4-12:   einfache Anwendungen der Multiplikation

110

Es folgt eine Erläuterung des Euklidischen Algorithmus zum Kürzen von
Brüchen.

Daran schließt sich ein Lehrgang im Bruchrechnen an: Im 1. Abschnitt **Von
gebrochenen Zahlen** wird die Bruchschreibweise erläutert und der Wert einer
gebrochenen Größe durch Umwandlung in kleinere Einheiten bestimmt. Das
Addieren von gebrochenen Zahlen erklärt Ries anhand dreier Beispiele mit
gleichnamigen und ungleichnamigen Brüchen. Im Abschnitt **Subtrahieren**
geht es wiederum um gleichnamige und ungleichnamige Brüche, aber auch
um Subtraktionen mit dem Minuenden 1 und von gemischten Zahlen (insgesamt fünf Beispiele). Es folgen **Duplieren von Brüchen** und **Medieren von
Brüchen** (jeweils zwei Beispiele), **Multiplizieren von Brüchen** (drei Beispiele,
wobei auch die Multiplikation mit ganzen Zahlen und von gemischten Zahlen berücksichtigt wird), **Dividieren von Brüchen** (sieben Beispiele, wiederum
unter Berücksichtigung ganzer und gemischter Zahlen) und schließlich
Bruchteile von Bruchteilen berechnen (drei Beispiele, das letzte mit einer
gemischten Zahl).

Es folgen etliche Aufgabenbeispiele in Goldwährung, nämlich Nr. 79-108:
Bislang wurde in Silberwährung (Gulden, Groschen, Pfennig, Heller) gerech-
net; in diesem Kapitel geht es um Aufgaben mit Preisen in Goldwährung
(Gulden, Schilling, Heller).

86: eine gekünstelte Schachtelaufgabe zum Dreisatz, bei der die verschiedenen Rechenoperationen mit Brüchen eingeübt werden sollen
87: eine Anwendung der Multiplikation
88-89: weitere Dreisatzaufgaben
90-91: Dreisatzaufgaben mit Taren
92: weitere Dreisatzaufgabe (ohne Tara)
93-94: Dreisatzaufgaben mit Taren
95: Dreisatzaufgabe ohne Tara
96: Dreisatzaufgabe mit Tara
97: Anwendung der Division auf eine Aufgabe mit Tara
98-102: Dreisatzaufgaben mit Taren
103-107: Aufgaben zur Prozentrechnung
108: Aufgabe mit zweimaliger Dreisatzrechnung

Das anschließende Kapitel **Vom Geldwechsel** enthält 11 Aufgaben (Nr. 109-
119) mit wachsendem Schwierigkeitsgrad.

120-126: Aufgaben zum Warentransport mit Fuhrlohn und verschiedenen
Währungs- und / oder Gewichtssystemen der jeweiligen Handelsplätze. Die Nummern 120, 121 und 122 sind mit **Gewand, Minderwertige Ware** bzw. **Safran** überschrieben.
127: Aufgabe mit mehrfacher Dreisatzrechnung
128-130: weitere Aufgaben zur Prozentrechnung; das Ergebnis von Nr. 129
ist ungenau.
131-135: weitere Dreisatzaufgaben
136: eine Aufgabe mit Tara
137-141: weitere Dreisatzaufgaben
142-143: Aufgaben zum umgekehrten Dreisatz
144-145: Dreisatzaufgaben mit Fragen nach dem Gewichts- bzw. Münzsystem
146: eine Aufgabe zum Siebensatz
147-148: Aufgaben zum zusammengesetzten Dreisatz
149-150: Zinsrechnungen
151: Zinseszinsrechnung
152-153: weitere Dreisatzaufgaben mit höherem Schwierigkeitsgrad
154: eine Dreisatzaufgabe mit Tara und Rabatt

Es folgt das Kapitel **Silber- und Goldrechnung** (Nr. 155-163): Hierin geht
es um Preisberechnungen von Gold und Silber, wobei das Feingewicht eine
Rolle spielt.

Im anschließenden Kapitel **Beschickung des Schmelztiegels** (Nr. 164-168)
werden Aufgaben zur Legierung von Edelmetallen mit Hilfe der Mischungsrechnung gelöst.

Der Abschnitt **Vom Münzschlag** (Nr. 169-175) beinhaltet zum Teil recht
verwickelte Aufgaben zur Münzprägung. Die zugrundeliegende Lösungs-

methode ist wieder der Dreisatz.

Um Gesellschaftsrechnung (Verhältnisrechnung) geht es im Kapitel **Von Handelsgesellschaften** (Nr. 176-185). Dabei fällt Nr. 180 als Aufgabe zur Unterhaltungsmathematik thematisch, nicht aber methodisch aus dem Rahmen.

Im anschließenden Kapitel **Vom Warentausch** (Nr. 186-190) geht es letztmalig um Aufgaben, die mit Hilfe des Dreisatzes gelöst werden können. In Nr. 187 kommt man allerdings auch ohne Dreisatz aus.

Die zweite zentrale Methode des Buches ist der doppelte falsche Ansatz. Im Kapitel **Die Regel der falschen Zahlen oder der Falsche Ansatz** findet man 34 Aufgaben, die mit Hilfe dieses Verfahrens der vorsymbolischen Algebra gelöst werden. Neben einigen Aufgaben aus der Praxis behandelt Ries überwiegend traditionelle Probleme der Unterhaltungsmathematik, die wir heute als Denksportaufgaben bezeichnen würden (z. B. Nr. 1, 2, 4-20, 34). Oft sind die Grenzen zwischen den beiden Aufgabentypen nicht klar zu ziehen.

Die drei Aufgaben der **Zech- oder Jungfrauenrechnung** führen auf Systeme Diophantischer Gleichungen, d. h. solcher Gleichungen, die ganzzahlige Lösungen verlangen. Treten dabei mehr Variablen auf, als Gleichungen gegeben sind, so kann es mehrere Lösungen geben (vgl. Nr. 3).

Ohne eigene Kapitelüberschrift schließen sich vier Aufgaben zur Konstruktion magischer Quadrate an (Nr. 4-7).

4-6:   magische Quadrate mit 9 Feldern

7:       ein magisches Quadrat mit 16 Feldern

Als letzte Aufgabe des Buchs (Nr. 8) behandelt Ries das bekannte Problem der Schnecke, die zum Rand eines Brunnens hochkriecht und dabei Vorwärts- und Rückwärtsbewegungen ausführt. Die Lösung (mittels geometrischer oder arithmetischer Überlegungen) ist nicht ganz korrekt.

Nach einem Abschlußtext, in dem Ries auf eine geplante Veröffentlichung zur Inhaltsbestimmung von Fässern, zur Algebra und zur Buchhaltung hinweist, findet man noch ein Kolophon mit Datum (Freitag nach Michaelis im Jahre 1522) und Angaben über Druckort (Erfurt) und Drucker (Mathes Maler).

Es sei noch einmal bemerkt, daß der Originaltext keine Aufgabennummern enthält. Zur besseren Übersicht und zur Erleichterung beim Zitieren für die weitere Ries-Forschung, insbesondere für Quellenstudien, habe ich eine Numerierung eingeführt, wie sie Ries selbst in seinem 3. Rechenbuch vorgenommen hat. Gerade auch im Hinblick auf das 1. Rechenbuch ist eine solche Numerierung vorteilhaft (vgl. die Aufgabenkonkordanz zum ersten und 2. Rechenbuch in der Neuedition [15b]).

Kommentar

Vorrede (S. 14):

Dieser Einleitungstext beginnt in der Erstausgabe von 1522 ohne Über-
schrift; erst in späten Drucken wird er mit *Vorrede in diß Rechenbuch* o. ä.
überschrieben.

Für ein Werk der Renaissancezeit ist es typisch, daß der Autor zunächst
die Bedeutung des behandelten Themas anhand von Quellen der klassischen
Antike nachzuweisen versucht. Darüber hinaus greift Ries auf eine bibli-
sche und eine frühchristliche Quelle zurück.

Die Aussage, daß alles aus gewissen Zahlen und Maßen zusammengesetzt
ist, geht auf das alttestamentliche Buch der Weisheit zurück: "Du aber
hast alles nach Maß, Zahl und Gewicht geordnet" (11, 20).

Die berühmte Formel μηδεὶς ἀγεωμέτρητος εἰσίτω (Niemand trete ein, der
nichts von Geometrie versteht!), die Platon über die Tür seiner Akademie
geschrieben haben soll, ist erst seit dem 4. Jh. n. Chr. durch Kaiser Julian
belegt und galt seither als authentisches Verbot Platons. Heute muß sie
als legendarische Ausschmückung der hohen Wertschätzung angesehen werden, die Platon der Geometrie gegenüber zum Ausdruck brachte (vgl. "Der
Staat", 6. Buch in [14, Band V, S. 266 f.], 7. Buch in [14, Band V, S. 287
ff.]).

Häufig kommt Platon in seinen Werken auf die (angebliche) Weisheit des
Menschen zu sprechen; die von Ries genannte Aussage, daß niemand ohne
Kenntnis der Arithmetik, Musik und Geometrie als klug bezeichnet werden
kann, findet man allerdings höchstens sinngemäß bei Platon. Vielleicht bezieht sich Ries auf eine Stelle im 7. Buch der "Gesetze": "Und nun gar ein
Mensch — wie kann er sich auch nur entfernt zur Gottähnlichkeit erheben,
wenn er nicht weiß, was Eins und Zwei und Drei und überhaupt was Gerade und Ungerade ist, und jeder Kenntnis der Zahlenlehre bar ist und von
einer Berechnung von Nacht und Tag nichts versteht und jeder Bekannt-
schaft mit dem Umlauf des Mondes, der Sonne und der übrigen Gestirne
entbehrt. Daß nun alles dies keine notwendigen Lehrgebiete seien für den,
der von den allerherrlichsten Wissenschaften sich auch nur die geringsten
Kenntnisse verschaffen will, das auch nur zu denken wäre schon eine starke Torheit." ("Gesetze" in [14, Band VII, S. 307 f.])

Ohne Zweifel hingegen ist nach Platon die Rechenkunst Grundlage für alle
anderen Wissenschaften: "... es gibt kein einziges Lehrfach für die Jugend, das für Haus- und Staatsordnung sowie für alle Künste so wichtig
wäre wie die Übung im Rechnen. Der wesentlichste Nutzen dabei aber ist
der, daß es die schlummernde und unwissende Seele weckt und sie geleh-

rig, gedächtnisstark und scharfsinnig macht, dergestalt, daß sie auch trotz widerstrebender Naturanlage dank dieser vom Himmel stammenden Kunst vorwärts schreitet". ("Gesetze", 5. Buch in [14, Band VII, S. 172])

Die letzte Passage dieser Platon-Stelle ähnelt verblüffend dem Wort, das Ries dem bekannten jüdischen Geschichtsschreiber in römischen Diensten, Flavius Josephus (37—95 n. Chr.), in den Mund legt. In den Werken des Josephus selbst läßt sich ein solches Zitat nicht nachweisen. Andererseits wird auch Josephus aufgrund der (historisch nicht belegbaren) Umstände, die er im Zusammenhang mit seiner Gefangennahme durch die Römer in seinem Werk *De Bello Judaico* schildert, nach einer jüngeren Überlieferung mit der Rechenkunst in Verbindung gebracht (vgl. Buch III, S. 340—391 in [8, Band II, S. 671—687]):

Bei der Eroberung der galiläischen Festung Jotapata durch den späteren Kaiser Vespasian hielt sich eine Gruppe von Juden, deren Kommandant Josephus war, in einer Höhle versteckt. Nach Verrat entdeckt, beschloß man, sich gegenseitig mit dem Schwert zu töten, um nicht dem Feind in die Hände zu fallen. Josephus machte den Vorschlag, das Los solle entscheiden, wer wen zu töten habe. Durch einen glücklichen Zufall blieb er verschont und konnte sich den Römern ergeben.

Einer Legende zufolge, die sich explizit wohl erst in der *Practica arithmeticae generalis* von Cardano (1539) [5, S. 13—216] nachweisen läßt, soll sich Josephus eines planvollen Abzählverfahrens bedient haben, das ihn und den Schwächsten aus der Gruppe überleben ließ, den er gegebenenfalls hätte überwältigen können. Dieser Abzählmodus ist als "Josephsspiel" in die Geschichte der Mathematik eingegangen und findet sich in verschiedenen Variationen in arabischen, hebräischen und abendländischen Handschriften und Rechenbüchern (vgl. [43, S. 200 f.]).

Das weitere angebliche Zitat von Platon über die Überlegenheit des Menschen gegenüber dem Tier läßt sich nicht einmal sinngemäß verifizieren. Auch das "griechische Sprichwort" ist unbekannt. Hingegen ist das Wort des Bischofs Isidor von Sevilla (560?—636) authentisch. Im 3. Buch seines umfangreichen Werks über Theologie und Naturwissenschaften, *Etymologiarum sive originum libri XX* [9, Kap. IV, ohne Seitenzählung] schreibt er: *Tolle numerum in rebus omnibus, et omnia pereunt. ... nec differi potest a ceteris animalibus, qui calculi nesciunt rationem.* ("Hebe die Zahl in allen Dingen auf, und alles vergeht. ... Und es kann nicht unterschieden werden von den übrigen Lebewesen, die die Rechenkunst nicht kennen".)

In der Vorrede erwähnt Ries zweimal die "freien Künste": Die Einteilung der theoretischen Wissenschaften in sieben *artes liberales* geht letztlich auf die Pythagoreer zurück und wurde von Nikomachos von Gerasa (2. Jh. n. Chr.) und Boëtius (480—524/25) nachhaltig propagiert. Das "Quadrivium" enthielt die vier Zweige Arithmetik, Musik, Geometrie und Astronomie, die Ries namentlich aufführt; das "Trivium" bestand aus den Teilgebieten Grammatik, Rhetorik und Dialektik. Dieses Wissenschaftssystem ist in den Lehrplan der mittelalterlichen Schulen und Universitäten eingegangen und blieb bis zum Beginn der Neuzeit vorherrschend.

Numerieren (S. 14):

Noch zu Riesens Zeiten gab es Widerstände gegen die positionelle Zahlenschreibweise. Vielen einfachen Menschen, die nur die römischen Zahlen kannten, war vor allem die Null zunächst unverständlich, ja geradezu unheimlich: Ohne eine eigenen Wert zu besitzen, erhöht sie den Wert der vor ihr stehenden Ziffern. Der "heidnische" Ursprung des ungewohnten Zahlensystems verstärkte das Mißtrauen noch zusätzlich. Auch amtlicherseits hatte man mancherorts starke Bedenken gegen die Verwendung der neuen Zahlen, da sie angeblich nicht fälschungssicher seien [55, S. 40].
Zur besseren Lesbarkeit werden große Zahlen durch Punkte auf den Tausenderpotenzen gegliedert; wir schreiben heute die Punkte rechts neben die Tausenderpotenzen oder lassen einen kleinen Abstand. Die Anzahl der Punkte stimmt mit dem Exponenten der auszusprechenden Tausenderpotenz überein. Dabei fällt auf, daß Ries die Zahlwörter "Million" und "Milliarde" noch unbekannt waren: "Million" ist italienischen Ursprungs und seit 1250 im italienischen Sprachraum verschiedentlich belegt. In Deutschland finden wir den Ausdruck zuerst bei Christoff Rudolff [21, a 3^r] im Jahre 1526 [46, S. 16]. Merkwürdig erscheint uns heute auch die separate Aussprache der Hunderter vor Zehnern und Einern: "dreihunderttausend fünfundzwanzigtausend" statt "dreihundertfünfundzwanzigtausend".

Von den Linien (S. 15):

Das Linienrechnen ist die mittelalterliche Version des Abakusrechnens. Es war in Deutschland bis weit in das 16. Jahrhundert hinein verbreitet. Gerechnet wurde entweder auf einem Rechentisch, auf dem entsprechende Linien eingekerbt waren, oder auf einem (transportablen) Rechentuch, und zwar mit sog. Rechenpfennigen.
Das Linienschema ist mit dem altrömischen Zahlensystem kompatibel: So läßt sich z. B. die Zahl MDCCCCLXXXXII (= 1992) sofort auflegen:

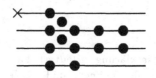

Der besseren Übersicht diente das Kreuz auf der Tausenderlinie, das bei jeder weiteren Tausenderpotenz wiederholt wurde, wenn das Linienschema
überhaupt so weit nach oben markiert war.

Historische Rechenpfennige

Addieren oder Summieren (S. 16):
Bei der Addition von natürlichen Zahlen werden die Summanden zunächst
nacheinander aufgelegt, danach wird die Summe nach den angegebenen beiden Vorschriften zum Fünfer- und Zehnerübergang "höhergebündelt".
Für das Rechnen mit Geldbeträgen, Gewichten und anderen Größen gliederte
man das Linienschema durch vertikale Unterteilungen in Felder (Cambien)
für je eine Einheit. Bei der Addition von Größen sind im allgemeinen noch
Umwandlungen von kleineren Einheiten in größere durchzuführen. Ries
führt hierzu zwei Beispiele an, ohne sie allerdings konkret durchzuführen.
Das Vorgehen ist jedoch unmittelbar verständlich. Die Probe erfolgt mit
Hilfe der inversen Operation, der Subtraktion auf den Linien, die im nächsten Kapitel erklärt wird.

Subtrahieren (S. 17):
Nach einer kurzen Begriffserklärung erläutert Ries das allgemeine Verfahren, wobei er auf die Fälle der Zehner- und Fünferunterschreitung eingeht,

in denen entbündelt werden muß. Entsprechende Entbündelungen sind im allgemeinen auch bei der Subtraktion von Geldwerten und anderen Größen erforderlich, wenn verschiedene Einheiten auftreten.

Das angegebene Beispiel (396 Gulden 8 Groschen 7 Pfennig — 279 Gulden 16 Groschen 9 Pfennig) würde auf den Linien wie folgt gerechnet:

a) 396 Gulden 8 Groschen 7 Pfennig — 270 Gulden = 126 Gulden 8 Groschen 7 Pfennig

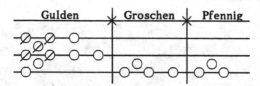

b) 10 Gulden werden entbündelt (⊘), danach wird subtrahiert:
126 Gulden 8 Groschen 7 Pfennig — 9 Gulden = 117 Gulden 8 Groschen 7 Pfennig

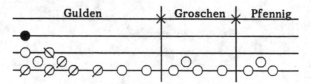

c) 1 Gulden wird in 21 Groschen umgewechselt (⊘), danach wird subtrahiert: 117 Gulden 8 Groschen 7 Pfennig — 16 Groschen = 116 Gulden 13 Groschen 7 Pfennig

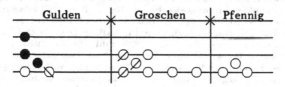

d) 1 Groschen wird in 12 Pfennig umgewechselt (⊘), danach wird subtrahiert:
116 Gulden 13 Groschen 7 Pfennig — 9 Pfennig = 116 Gulden 12 Groschen 10 Pfennig

118

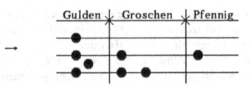

Die Probe erfolgt durch Addition von Subtrahend und Differenz: Die Summe muß wieder den Minuenden ergeben.

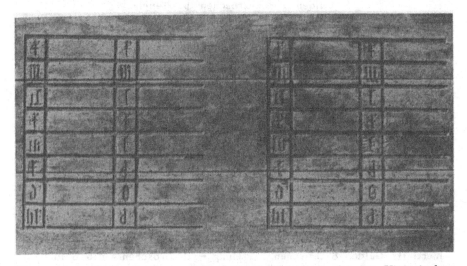

Platte eines Rechentischs aus dem 16. Jahrhundert, der im Historischen Museum in Dinkelsbühl aufbewahrt wird: Hier sind jeweils zwei verschiedene Münzreihen senkrecht eingekerbt — links für die Pfundrechnung (*hl* Heller, *d'* Pfennig, *X* 10 Pfennig, *lb* Pfund (*libra*) und 10, 100, 1000, 10000 Pfund), rechts für die Guldenrechnung (*d* halber Ort, *O* Ort, *d* halber Gulden, *f* Gulden (*florin*) und 10, 100, 1000 und 10000 Gulden). Die Anordnung der Münzwerte ist gegenüber der von Ries beschriebenen um 90 Grad gedreht; darüber hinaus findet sich bei Ries keine selbständige Pfundrechnung: bei ihm ist die Münzeinheit "Pfund" stets Untereinheit von Gulden.

Duplieren (S. 17):

Das Duplieren galt im Mittelalter als eigenständige Rechenoperation. Tatsächlich ist das Verdoppeln die "psychologisch elementarste" Form des Multiplizierens und wird auch im heutigen Mathematikunterricht der Grundschule vor der allgemeinen Multiplikation behandelt. Die Ägypter benutzten zur Multiplikation ein Verfahren, bei dem nach wiederholter Verdoppelung des Multiplikanden geeignete Teilprodukte addiert werden; es beruhte — modern gesprochen — auf der Darstellung des Multiplikators im Zweiersystem, z. B.: $19 \cdot 14 = 19 \cdot (2 + 4 + 8) = 38 + 76 + 152 = 266$

Ries spricht klar aus, daß das Duplieren nur einen Sonderfall der allgemeinen Multiplikation darstellt. Die Erläuterungen zum Wert der jeweils betrachteten (mit den Fingern berührten) Linie lassen erkennen, daß die Zahl auf den Linien "stellenwertmäßig" behandelt wird. Ries begnügt sich hier mit einer allgemeinen Erklärung des Verfahrens, das von oben nach unten abläuft; in seinem 1. Rechenbuch [15] hingegen hat er ein Beispiel näher ausgeführt.

In Ziffern geschrieben, rechnet man im Fall $2 \cdot 8967$ wie folgt:
Der Darstellung der Zahl 8967 auf den Linien entspricht die Zerlegung

$$\frac{1}{2} \cdot 10000 + 3 \cdot 1000 + \frac{1}{2} \cdot 1000 + 4 \cdot 100 + \frac{1}{2} \cdot 100 + 1 \cdot 10 + \frac{1}{2} \cdot 10 + 2 \cdot 1.$$

Schrittweises Verdoppeln ergibt:

$2 \cdot \frac{1}{2} = 1$	→	1 ZT	→	1 ZT	
$2 \cdot 3 = 6$	→	1 FT, 1 T	→	1 FT	
$2 \cdot \frac{1}{2} = 1$	→	1 T	→	2 T	
$2 \cdot 4 = 8$	→	1 FH, 3 H	→	1 FH	
$2 \cdot \frac{1}{2} = 1$	→	1 H	→	4 H	
$2 \cdot 1 = 2$	→	2 Z	→	3 Z	
$2 \cdot \frac{1}{2} = 1$	→	1 Z			
$2 \cdot 2 = 4$	→	4 E	→	4 E	(17934)

Als Probe empfiehlt Ries die inverse Operation, das Medieren, das im folgenden Kapitel erklärt wird.

Medieren (S. 18):
Das Medieren (Halbieren) — traditionell ebenfalls eine eigenständige Rechenoperation — wird von Ries als Spezialfall der Division herausgestellt. Diese elementarste Form des Dividierens beginnt auf den Linien unten und schreitet nach oben fort, und zwar so, daß jeweils eine Linie mit dem darüberliegenden Zwischenraum (Spacium) betrachtet wird. Dies entspricht wieder einem stellenwertgemäßen Vorgehen bei der in Ziffern geschriebenen Zahl. Ries beschreibt wieder nur das allgemeine Verfahren und führt die Beispiele nicht aus.

Analog zu einem Beispiel aus dem 1. Rechenbuch ist im Fall $7982:2$, in Ziffern geschrieben, so vorzugehen:

$$7892:2 = \frac{1}{2} \cdot 2 \cdot 1 + \frac{1}{2} \cdot 9 \cdot 10 + \frac{1}{2} \cdot 8 \cdot 100 + \frac{1}{2} \cdot 7 \cdot 1000$$

$$\frac{1}{2} \cdot 2 = 1 \qquad \longrightarrow \quad 1 \ E$$
$$\frac{1}{2} \cdot 9 = 4\frac{1}{2} \qquad \longrightarrow \quad 1 \ F, \ 4 \ Z$$
$$\frac{1}{2} \cdot 8 = 4 \qquad \longrightarrow \quad 4 \ H$$
$$\frac{1}{2} \cdot 7 = 3\frac{1}{2} \qquad \longrightarrow \quad 1 \ FH, \ 3 \ T \qquad (3946)$$

Ist die unterste Linie nicht besetzt, z. B. bei 70, so geht man zur nächsthöheren Linie über. Liegt ein Rechenpfennig im Spacium über einer unbesetzten Linie, die bei geraden Zahlen nicht die unterste sein kann, z. B. bei 50, so ist das Spacium allein zu halbieren ($\frac{1}{2} \cdot 5 = 2\frac{1}{2} \longrightarrow 25$). Ries geht auf diese beiden Fälle nicht ein.

Die Probe zum Medieren besteht wieder darin, die Umkehroperation (Duplieren) auf den Quotienten anzuwenden.

Anzumerken ist noch, daß die beiden Rechenoperationen "Duplieren" und "Medieren" auf den Linien in gerade umgekehrter Weise ablaufen, wie es bei unserem schriftlichen Rechnen üblich ist: Die Multiplikation mit 2 (Multiplikator) beginnt bei den Einern des Multiplikanden, wenn dieser als erster Faktor geschrieben wird. Unsere schriftliche Division beginnt stets mit den höchsten Stellenwerten des Dividenden.

Multiplizieren (S. 18):

Ries gibt eine Tabelle des kleinen Einmaleins in der sog. Listenform. Aufgrund des Kommutativgesetzes genügt es, $9 + 8 + \cdots + 2 + 1 = 45$ Einzelmultiplikationen auswendig zu lernen.

Als alternative Darstellungsformen für das kleine Einmaleins waren auch die Dreiecksform, der ebenfalls das Kommutativgesetz zugrunde liegt, oder die quadratische Form mit vollständiger Vertafelung üblich.

Die Multiplikation der niedergelegten Zahl verläuft von oben nach unten.

Ries unterscheidet zwei Hauptfälle:

a) Ein Rechenpfennig liegt in einem Spacium.

b) Rechenpfennige liegen auf einer Linie.

Das weitere Vorgehen hängt nun jeweils von der Ziffernzahl des Multiplikators ab:

Fall a): Ist der Multiplikator einstellig, so ist die Hälfte auf die Linie über dem Spacium zu legen. Anschließend wird der Rechenpfennig im Spacium weggenommen.

Hat der Multiplikator hingegen n Ziffern (n > 1), so muß man auf die n-te Linie über dem Spacium die Hälfte der 1. Ziffer, auf die darunterliegende Linie die Hälfte der 2. Ziffer legen usw.; schließlich legt man die Hälfte der letzten Ziffer des Multiplikators auf

die Linie über dem Spacium. Anschließend wird der im Spacium lie-
gende Rechenpfennig weggenommen.

Fall b): Ist der Multiplikator einstellig, so multipliziert man ihn mit der
Anzahl der Rechenpfennige der besetzten Linie. Das Produkt ist auf
dieser Linie niederzulegen.

Hat der Multiplikator hingegen n Ziffern (n > 1), so multipliziert
man die 1. Ziffer mit der Anzahl der Rechenpfennige auf der besetzten Linie, legt aber das Produkt auf die n-1-te Linie darüber.
Entsprechend multipliziert man mit der 2. Ziffer und legt das
Produkt auf die n-2-te Linie usw.; schließlich multipliziert man die
letzte Ziffer des Multiplikators mit der Anzahl der Rechenpfennige
auf der besetzten Linie und legt das Produkt dort nieder.

Unter Anwendung dieser Regeln operiert man mit dem Multiplikanden
schrittweise von oben nach unten.

Die Begründung für das Verfahren ist evident:

— Der Wert des Multiplikanden verdoppelt sich, wenn man ihn um "eine
halbe Linie", d. h. um ein Spacium, nach oben verschiebt.

— Der Wert des Multiplikanden verzehnfacht sich, wenn man ihn um eine
Linie nach oben verschiebt. Entsprechend erhöht sich sein Wert um den
Faktor 10^n, wenn man ihn um n Linien nach oben verschiebt.

Ries begnügt sich wieder damit, einige Multiplikationsergebnisse vorzustellen, und führt die Rechnung auf den Linien nicht vor.

Das Beispiel 6789 · 3 ist — analog zur näheren Beschreibung einer ganz
ähnlichen Rechnung im 1. Rechenbuch — so durchzuführen:

6789

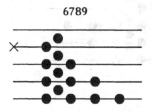

122

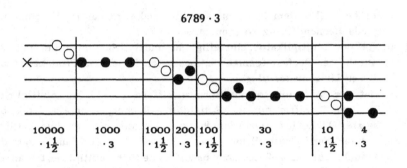

$6789 \cdot 3$

10000 $\cdot 1\frac{1}{2}$	1000 $\cdot 3$	1000 $\cdot 1\frac{1}{2}$	200 $\cdot 3$	100 $\cdot 1\frac{1}{2}$	30 $\cdot 3$	10 $\cdot 1\frac{1}{2}$	4 $\cdot 3$

Höherbündeln:　　　　　　　　　**20367**

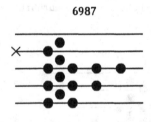

Das Produkt 6987·345 aus der Gruppe der Beispiele mit dreistelligem Multiplikator ergibt sich auf den Linien wie folgt:

6987

6987 · 345

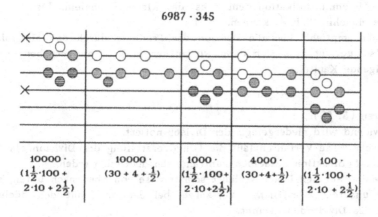

10000 ·	10000 ·	1000 ·	4000 ·	100 ·
$(1\frac{1}{2} \cdot 100 +$	$(30 + 4 + \frac{1}{2})$	$(1\frac{1}{2} \cdot 100 +$	$(30 + 4 + \frac{1}{2})$	$(1\frac{1}{2} \cdot 100 +$
$2 \cdot 10 + 2\frac{1}{2})$		$2 \cdot 10 + 2\frac{1}{2})$		$2 \cdot 10 + 2\frac{1}{2})$

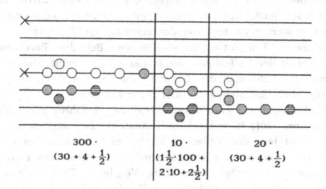

300 ·	10 ·	20 ·
$(30 + 4 + \frac{1}{2})$	$(1\frac{1}{2} \cdot 100 +$	$(30 + 4 + \frac{1}{2})$
	$2 \cdot 10 + 2\frac{1}{2})$	

Erläuterung:
Die verschieden gemusterten Rechenpfennige entsprechen den jeweils aufzu-
legenden Teilprodukten.

Höherbündeln: 2410515

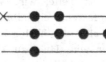
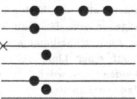

Für die Linienmultiplikation genügt es, das kleine Einmaleins bis zur Viererreihe einschließlich zu kennen.

Als Probe empfiehlt Ries die Division des Produkts durch den Multiplikator. Als Quotient muß sich dann wieder der Multiplikand ergeben — vgl. das folgende Kapitel.

Dividieren (S. 20):

Der Dividend wird niedergelegt, der Divisor notiert.

Das beschriebene Verfahren läßt die Grundvorstellung der Division als wiederholter Subtraktion desselben Subtrahenden deutlich werden.

Die Division auf den Linien verläuft schrittweise von oben nach unten, analog zu unserem schriftlichen Verfahren, bei dem man mit den höchsten Stellen des Dividenden beginnt.

Im Fall eines zweistelligen Teilers ist bei der Subtraktion der Ziffer des höchsten Stellenwerts zu berücksichtigen, daß die zweite Ziffer ebensooft abgezogen werden muß; Entsprechendes gilt für drei- oder mehrstellige Teiler. Dieses Phänomen ist uns von der schriftlichen Division her vertraut, wenn wir einzelne Teilquotienten abschätzen. Bei der Berechnung von 940 : 19 etwa lautet der 1. Teilquotient 4, denn $5 \cdot 19$ ergibt bereits 95.

Anders formuliert: Zieht man die Ziffer 1 fünfmal von 9 ab, so bleibt der Rest 44; davon aber läßt sich $5 \cdot 9$ nicht mehr abziehen.

Zur Liniendivision sind uns zwei unterschiedliche Verfahren überliefert.

Das eine Verfahren läuft in weitgehender Analogie zu unserem schriftlichen Verfahren ab: Man legt den Teiler zu Beginn rechts neben den Dividenden, und zwar so hoch, daß er mindestens einmal und höchstens neunmal vom Dividenden abgezogen werden kann. Zum Vergleich: Bei der schriftlichen Division 4942 : 7 beginnt man nicht mit 4 : 7 oder 494 : 7, sondern mit 49 : 7 (= 7 Rest 0). Nach der Berechnung des 1. Teilquotienten legt man den Teiler jeweils schrittweise eine Linie tiefer, wobei sich auch der Teilquotient 0 ergeben kann — analog zur schriftlichen Rechnung, bei der wir die einzelnen Stellen des Dividenden nacheinander von links nach rechts miteinbeziehen ("herunterholen"); vgl. unser Beispiel: 4 : 7 = 0 Rest 4 usw.

Ries bevorzugt aber ein anderes Verfahren, das sich für einstellige Divisoren wie folgt beschreiben läßt: Der Teiler wird anfangs so hoch neben den Dividenden gelegt, daß er mindestens einhalbmal und höchstens viermal abgezogen werden kann. (Ließe sich der Teiler mehr als viermal vom Dividenden subtrahieren, so läge er eine Linie zu tief, denn man könnte ihn dann auf der Linie darüber noch einhalbmal abziehen.) Im weiteren Verlauf wird der Teiler so lange auf einer Linie belassen, bis auch seine Hälfte größer als der restliche Dividend geworden ist; erst dann wird er eine Linie tiefer gelegt. Es kann also vorkommen, daß mit dem Teiler auf seiner

jeweiligen Grundlinie zwei Operationen durchzuführen sind: zunächst die
Bestimmung des ganzzahligen Teilquotienten q ($0 \leq q \leq 4$) und des restlichen Dividenden, sodann die Ermittlung der Differenz, die sich nach Abzug
der Hälfte des Teilers von diesem Restdividenden ergibt. In diesem Fall
sind q Rechenpfennige auf die Grundlinie des Teilers und ein Rechenpfennig
ins Spacium darunter zu legen. (Diese zwei Operationen mit einem Teiler in
unveränderter Linienposition sind genau dann erforderlich, wenn im Quotienten auf eine Ziffer, die größer als 0 ist, eine Ziffer folgt, die mindestens 5 beträgt.)

Bei mehrstelligen Divisoren ist, wie oben dargestellt, die Bestimmung der
Teilquotienten schwieriger. Außerdem wird der restliche Dividend jeweils
erst nach mehreren Schritten ermittelt: Man greift zunächst auf die oberste
Linie, die vom Divisor besetzt ist, schätzt den Teilquotienten ab und bestimmt den Rest, danach greift man auf die Linie darunter, bestimmt mit
Hilfe desselben Teilquotienten den neuen Rest usw., bis man zur Grundlinie
des Teilers gekommen ist. (Dieses schrittweise "Heruntergreifen" entspricht
der stellenwertmäßigen Behandlung des Teilers bei der Division.) Schließlich
erhält man den restlichen Dividenden und hat dann zu prüfen, ob der Teiler
davon noch einhalbmal abgezogen werden kann oder insgesamt eine Linie
tiefer gelegt werden muß.

Bei dieser Divisionsmethode ist die Kenntnis des kleinen Einmaleins wiederum nur bis zur Viererreihe einschließlich erforderlich.

Die Beschreibung des Verfahrens bei Ries kann nicht zufriedenstellen: Sie
ist unvollständig und ohne Vorkenntnisse kaum verständlich. Zu kritisieren
ist wieder insbesondere, daß Ries hier, anders als in seinem 1. Rechenbuch,
keines seiner Beispiele vorgerechnet hat. Es handelt sich dabei ausnahmslos
um die Umkehrungen seiner vorherigen Multiplikationsaufgaben.

Zum besseren Verständnis der nachfolgenden Linienoperationen für die Beispiele 40734 : 6 und 2410515 : 345 sollen die Verfahren zunächst jeweils
schriftlich simuliert werden.

a) 40734 : 6

$$40734 : 6 = \tfrac{1}{2}, \ 1; \ \tfrac{1}{2}, \ 2; \ \tfrac{1}{2}, \ 3; \ \tfrac{1}{2}, \ 4$$

$$
\begin{array}{l}
\underline{-3}\\
10 \qquad\qquad 6 \quad\; 7 \quad\; 8 \quad\; 9\\
\underline{-6}\\
4\\
\underline{-3}\\
17\\
\underline{-12}\\
5\\
\underline{-3}\\
23\\
\underline{-18}\\
5\\
\underline{-3}\\
24\\
\underline{-24}\\
0
\end{array}
$$

Erläuterung:

$$\tfrac{1}{2}\cdot 10 + 1 = \underline{6}, \ \tfrac{1}{2}\cdot 10 + 2 = \underline{7}, \ \tfrac{1}{2}\cdot 10 + 3 = \underline{8}, \ \tfrac{1}{2}\cdot 10 + 4 = \underline{9}$$

Division auf den Linien:

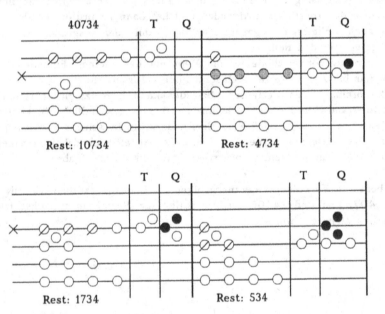

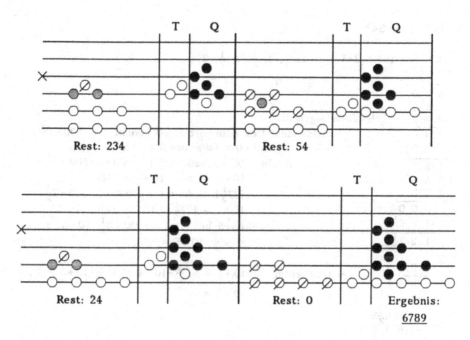

Erläuterungen:

— Dividend: Um die Subtraktionen durchführen zu können, müssen des öf-
teren Rechenpfennige entbündelt werden. Es sind hier stets nur
diejenigen notiert, die nach der Subtraktion übrigbleiben.
Ursprünglich aufgelegte Rechenpfennige des Dividenden: ○
Rechenpfennige in neuer Position nach der Subtraktion: ◐, ⊜

— T: Teiler

— Q: (Teil-)Quotient
Rechenpfennige aus der jeweiligen Teildivision: ○
Rechenpfennige aus den vorherigen Teildivisionen: ●

b) 2410515 : 345

2 4 1 0 5 1 5 : 345 = $\frac{1}{2}$, 1; $\frac{1}{2}$, 4; $\frac{1}{2}$, 3; $\frac{1}{2}$, 2

-1 7 2$\frac{1}{2}$

6 8$\frac{1}{2}$0   6   9   8   7

→ 6 8 5

-3 4 5

3 4 0   Erläuterungen zum

-1 7 2$\frac{1}{2}$ — Dividenden: Das Zahlwort 68$\frac{1}{2}$0 bedeutet $6 \cdot 100 + 8\frac{1}{2} \cdot$

1 6 7$\frac{1}{2}$5 $10 + 0 = 68\frac{1}{2} \cdot 10 + 0 = 685$.

→ 1 6 8 0   Analog: 167$\frac{1}{2}$5 bedeutet $1 \cdot 1000 + 6 \cdot 100 + 7\frac{1}{2} \cdot$

-1 3 8 0 $10 + 5 = 167\frac{1}{2} \cdot 10 + 5 = 1680$,

3 0 0   127$\frac{1}{2}$1 bedeutet $1 \cdot 1000 + 2 \cdot 100 + 7\frac{1}{2} \cdot$

-1 7 2$\frac{1}{2}$ $10 + 1 = 127\frac{1}{2} \cdot 10 + 1 = 1276$,

1 2 7$\frac{1}{2}$1   68$\frac{1}{2}$5 bedeutet $6 \cdot 100 + 8\frac{1}{2} \cdot 10 + 5$

→ 1 2 7 6 $= 68\frac{1}{2} \cdot 10 + 5 = 690$.

-1 0 3 5

2 4 1   — Quotienten: $\frac{1}{2} \cdot 10 + 1 = \underline{6}$, $\frac{1}{2} \cdot 10 + 4 = \underline{9}$, $\frac{1}{2} \cdot 10 + 3 = \underline{8}$,

-1 7 2$\frac{1}{2}$ $\frac{1}{2} \cdot 10 + 2 = \underline{7}$

6 8$\frac{1}{2}$5

→ 6 9 0

-6 9 0

0

Division auf den Linien:

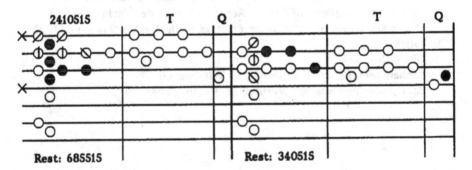

2410515   T   Q   T   Q

Rest: 685515   Rest: 340515

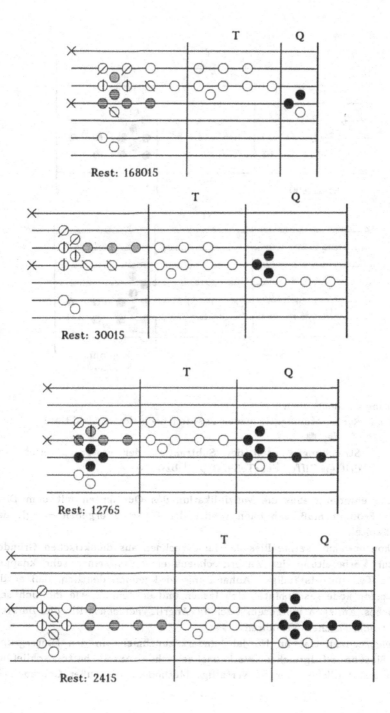

Rest: 168015

Rest: 30015

Rest: 12765

Rest: 2415

130

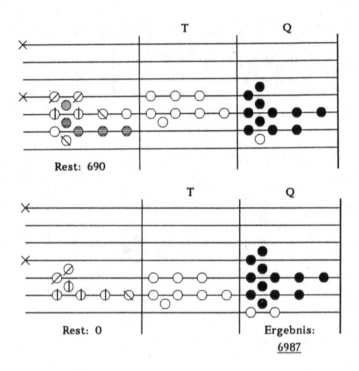

Rest: 690

T   Q

Rest: 0   Ergebnis:
6987

Erläuterungen: siehe oben
— Dividend: Rechenpfennige in neuer Position nach der Subtraktion:
⊕, ⊖, ●
Streichungen nach der Subtraktion der ersten, zweiten und
dritten Ziffer des Teilers: ╱, │ bzw. ╲

Als Probe empfiehlt Ries die Multiplikation des Quotienten mit dem Divisor. Als Produkt muß sich dann wieder der Dividend ergeben — vgl. das vorige Kapitel.
Wie schon erwähnt, setzte Ries das Linienrechnen aus didaktischen Gründen stets zur Vorbereitung des Ziffernrechnens ein. Aus seiner sehr knappen und zum Teil unvollständigen Abhandlung wird jedoch deutlich, daß er die veraltete Methode rasch hinter sich lassen und so schnell wie möglich sein eigentliches Anliegen in diesem Buch in Angriff nehmen will: die Darstellung der schriftlichen Verfahren.
Das Linienrechnen trat im 16. Jahrhundert zunehmend in den Hintergrund, woran Riesens erfolgreiches Werk maßgeblichen Anteil hatte; schließlich kam die anschauliche, aber schwerfällige Methode völlig außer Gebrauch. In

verschiedenen Redewendungen und Wörtern haben sich aber Begriffe aus dem Linienrechnen bis auf den heutigen Tag erhalten (vgl. auch [41, S. 538–541]).

— Der "grüne Tisch", an dem (praxisferne) Entscheidungen getroffen werden, war ursprünglich der Tisch, über den ein grünes Rechentuch mit aufgenähten oder eingestickten Linien gebreitet war.
— Der Rechentisch hieß in Frankreich *bureau*.
— Auch heute spricht man noch von "Rechnungslegung" und — in übertragener Bedeutung — davon, daß jemand "Rechenschaft ablegen" muß.
— Die Ausdrucksweise "Das hebt sich auf" erinnert noch an die Subtraktion auf den Linien.
— Ein Redner, der den Kern der Sache verfehlt und kein Ende findet, kommt "vom Hundertsten ins Tausendste".
— Einem betrügerischen Händler oder Geldwechsler wurde die Rechenbank zerbrochen. Falls er Italiener war, hatte er nun eine *banca rotta* (zerbrochene Bank), wovon der Begriff "Bankrott" herrührt.

Die schriftlichen Rechenarten

Addieren (S. 22):
Das Verfahren stimmt mit dem heutigen überein, mit Ausnahme der Überträge, die in der Rechnung nicht notiert werden.
Ries gibt zwei Rechenproben an:
Die erste besteht in der Subtraktion der Summanden von der Summe, woraus sich 0 ergeben muß.
Die zweite besteht in der Neunerprobe, die uns bei Ries noch öfter begegnen wird. Die Neunerprobe bezüglich der Addition beruht auf folgendem Sachverhalt: Der Neunerrest der Summe $a + b$ zweier natürlicher Zahlen ist gleich dem Neunerrest der Summe der Neunerreste von a und b.
Der zahlentheoretische Hintergrund hierzu ist die Additivität der Kongruenzrelation: Aus $a \equiv a' \bmod m$ und $b \equiv b' \bmod m$ folgt $a + b \equiv a' + b' \bmod m$.
Bei der Neunerprobe werden also $m = 9$ und a', b' als kleinste nichtnegative Reste von a bzw. b mod 9 gewählt. Der Vorteil der Wahl von $m = 9$ liegt darin, daß der Neunerrest einer natürlichen Zahl im Dezimalsystem stets mit dem Neunerrest ihrer Quersumme übereinstimmt. (Ein Sonderfall davon ist die sog. Quersummenregel: Eine natürliche Zahl ist im Dezimalsystem genau dann durch 9 teilbar, wenn ihre Quersumme durch 9 teilbar ist.) Zur Durchführung der Neunerprobe braucht man daher — im Unterschied etwa zur Siebenerprobe, die daneben auch eine gewisse Rolle spielte, — nicht zu dividieren, sondern erhält die gesuchten Reste viel schneller mit Hilfe der

Quersummen; dabei muß man allerdings gegebenenfalls die Quersummenbildung mehrfach wiederholen, um die Reste unter 9 zu drücken.

Ries hingegen ist die vorteilhafte Verwendung der Quersumme bei der Neunerprobe offenbar nicht bekannt, obwohl entsprechende arabische Quellen
spätestens seit dem 12. Jahrhundert in Form von lateinischen Übersetzungen zugänglich waren (vgl. [46, S. 166]). Auch schätzt er hier die Zuverlässigkeit der Neunerprobe falsch ein, deren Richtigkeit ja nur eine notwendige, nicht aber eine hinreichende Bedingung für das korrekte Ergebnis
der Rechenoperation ist. (Man denke nur an die Vertauschung zweier Ziffern, die auf die Quersumme keinen Einfluß hat.) In seinem Coß-Manuskript [17] hingegen drückt er sich bei einer Additionsaufgabe mathematisch
einwandfrei aus: Er schreibt lediglich, daß die Summe falsch berechnet
worden wäre, falls die Neunerprobe nicht stimme. Jedoch fehlt auch hier
der Hinweis darauf, daß die Neunerprobe kein hinreichendes Kriterium
darstellt.

Bei dieser Additionsaufgabe in der Coß benutzt er für die Neunerprobe ein
Schema: In die horizontalen Winkelfelder eines Andreaskreuzes trägt er die
Neunerreste der Summanden, in das obere Feld die Summe dieser Reste
(bzw. den Neunerrest dieser Summe) und in das untere Feld den Neunerrest der Summe ein. Die Zahlen in den beiden vertikalen Feldern müssen
nun übereinstimmen.

Ries hat dieses Schema als Handsiegel benutzt, das zu seiner Zeit einem
eigenhändigen Namenszug gleichkam; man kann es wohl auch als Zunftzeichen des Rechenmeisters deuten. Ein solches Schema wurde vor allem
durch das Titelblatt seines 3. Rechenbuchs bekannt, wo er es — ohne arithmetischen Bezug — seinem Brustporträt beifügte. (Vgl. die Abbildung S. 8.)
Dennoch hat Ries der Neunerprobe keine vorrangige Bedeutung zuerkannt.
Im Einleitungstext zur Coß schreibt er, daß ihm unter den Rechenproben
*die ... am besten behagt, auch die gewiße ist, das eyne species die andere
probirrt ...,* also die Proberechnung mit Hilfe der Umkehroperation (vgl.
[32, S. 481—485]). Ihm war also doch vertraut, daß die Neunerprobe keine
hinreichende Gewähr für ein korrektes Ergebnis bietet.

Subtrahieren (S. 22):

Im Fall einer Subtraktion mit Zehnerunterschreitung verfährt Ries nicht
nach unserer Übertragsmethode, sondern nach der Methode der Zehnerergänzung des Subtrahenden.

Ein passendes Beispiel hierzu ist bei Ries $79864 - 67876 = 11988$. Das
Verfahren läßt sich schrittweise so erklären:

$$
\begin{array}{l}
79864 \\
-67876
\end{array}
\rightarrow
\begin{array}{cccccc}
7 & 9 & 8 & 6 & & 4 \\
-6 & -7 & -8 & -8 & & +(10-6) \\
\hline
 & & & & & 8
\end{array}
\rightarrow
\begin{array}{cccccc}
7 & 9 & 8 & & 6 & 4 \\
-6 & -7 & -9 & & +(10-8) & +4 \\
\hline
 & & & & 8 & 8
\end{array}
$$

$$
\rightarrow
\begin{array}{ccccc}
7 & 9 & 8 & 6 & 4 \\
-6 & -8 & +(10-9) & +2 & +4 \\
\hline
1 & 1 & 9 & 8 & 8
\end{array}
$$

Im Grunde unterscheidet sich die Methode nur geringfügig von der unseren; die Differenz zweier beliebiger zweistelliger Zahlen $(10a+b)-(10c+d)$ mit Zehnerunterschreitung $(0<c<a<10,\ 0<b<d<10)$ berechnet Ries gemäß der Formel

$$10(a-(c+1))+(b+(10-d)),$$

unsere Ergänzungsmethode führt dagegen zu dem Term

$$10(a-(c+1))+((10+b)-d).$$

Die erste Rechenprobe erfolgt durch die Umkehroperation: Die Summe von Subtrahend und Differenz ergibt wieder den Minuenden.
Die zweite, etwas ungenau formulierte Probe ist die Neunerprobe zu dieser Addition.

Duplieren (S. 23):
Das Duplieren (Verdoppeln) entspricht unserer schriftlichen Multiplikation mit 2. Die Schreibfigur ist anders, insbesondere wird der Faktor 2 nicht notiert.
Als erste Probe wird das Medieren (vgl. das nächste Kapitel), also die Durchführung der Umkehroperation, empfohlen.
An zweiter Stelle steht wieder die Neunerprobe — vgl. die Neunerprobe zur Multiplikation.

Medieren (S. 23):
Das Medieren (Halbieren) entspricht unserer schriftlichen Division durch 2, nur ist die Schreibfigur wieder anders, insbesondere wird der Divisor 2 nicht notiert.
Im 1. Beispiel hat der Dividend nur gerade Ziffern, so daß bei jedem Schritt restlos halbiert werden kann. Die beiden anderen Beispiele enthalten auch ungerade Ziffern und illustrieren den geschilderten Umgang mit den Resten. In seiner Erläuterung geht Ries auch auf den Sonderfall ein, daß

die Ziffer 1 allein zu halbieren ist — vgl. das 3. Beispiel: 1:2 = 0 Rest 1. Offenbar will er dem auch heute noch bei Schülern immer wieder auftretenden "Zwischennullfehler" vorbeugen: Wenn die vorhergehende Teildivision aufgeht und die "heruntergeholte" Ziffer kleiner ist als der Divisor, wird die Null oft nicht notiert; statt dessen wird sofort die nächste Ziffer heruntergeholt [37, S. 205 f.].

Die erstgenannte Rechenprobe erfolgt mit Hilfe der Umkehroperation "Duplieren". Die anschließend erwähnte Neunerprobe bezieht sich auf diese Verdoppelung.

Multiplizieren (S. 24):

Die Multiplikation beginnt mit den Einern der Faktoren. Die Kenntnis des kleinen Einmaleins wird vorausgesetzt.

Als Alternative bietet Ries zwei kurios anmutende Regeln an, die die Beherrschung des kleinen Einmaleins teilweise entbehrlich machen.

Die erste Regel erklärt sich aus der Formel
$$a \cdot b = 10(a+b-10) + (10-a) \cdot (10-b).$$
Die Anwendung dieser Formel ist nur sinnvoll für $a > b \geq 5$ oder $b > a \geq 5$, da man in diesem Fall nur die Produkte $m \cdot n$ einstelliger Faktoren $m, n \leq 5$ kennen muß.

Unter der genannten Bedingung für a und b erhält man dann
— $a+b-10$ Zehner und $(10-a) \cdot (10-b)$ Einer, falls $a+b \geq 14$ ist.
  (kein Übertrag)
— $a+b-9$ Zehner und $(10-a) \cdot (10-b) - 10$ Einer, falls $12 \leq a+b \leq 13$ ist.
  (Übertrag = 1)
— $a+b-8$ Zehner und $(10-a) \cdot (10-b) - 20$ Einer, falls $a+b = 11$ ist.
  (Übertrag = 2)

Die ersten drei Beispiele bei Ries, $8 \cdot 9 = 72$, $7 \cdot 8 = 56$ und $6 \cdot 8 = 48$, repräsentieren den ersten, das 4. Beispiel $6 \cdot 7 = 42$ den 2. Fall. Die einzige Möglichkeit für den 3. Fall, $6 \cdot 5 = 30$ oder $5 \cdot 6 = 30$, kommt hier nicht vor.

$6 \cdot 8 = 48$: $10-6 = 4$, $10-8 = 2$, $6+8 = 1\underline{4}$, $4 \cdot 2 = \underline{8}$. Resultat: $\underline{48}$

$6 \cdot 7 = 42$: $10-6 = 4$, $10-7 = 3$, $6+7 = 1\underline{3}$, $4 \cdot 3 = 1\underline{2}$, $\underline{3}+1 = \underline{4}$. Resultat: $\underline{42}$

($6 \cdot 5 = 30$: $10-6 = 4$, $10-5 = 5$, $6+5 = 1\underline{1}$, $4 \cdot 5 = 2\underline{0}$, $\underline{1}+2 = \underline{3}$. Resultat: $\underline{30}$)

Die zweite Regel beruht auf der Formel
$$a \cdot b = 10a - a \cdot (10-b).$$
Die Anwendung dieser Formel ist nur sinnvoll für $b \geq 5$, denn andernfalls würde man ja ein kleineres Produkt mit Hilfe eines größeren berechnen. Darüber hinaus ergibt sich ein besonderer Vorteil für $a \leq 5 < b$, da man in diesem Fall wieder nur die Produkte $m \cdot n$ einstelliger Faktoren $m, n \leq 5$

kennen muß. Allerdings weisen nur Riesens letzten beiden Beispiele diese zusätzliche vorteilhafte Bedingung auf.

Ries gibt 5 Beispiele an; das erste rechnet er vor, die vier übrigen stellt er in Diagrammen dar:

$7 \cdot 8 = 56$: $7 \rightarrow 70$, $10 - 8 = 2$, $7 \cdot 2 = 14$, $70 - 14 = \underline{56}$

In einem Diagramm — analog zu den folgenden Beispielen — sähe dieses erste Beispiel so aus:

$$
\begin{array}{r}
7\ 0 \\
\underline{8\ 2} \\
5\ 6
\end{array}
$$

Auch in zahlreichen anderen arithmetischen Handschriften und Büchern des Mittelalters bzw. der Renaissancezeit werden diese oder ähnliche Verfahren beschrieben. Offenbar wollten die Autoren aufzeigen, daß das moderne Ziffernrechnen, um dessen Verbreitung sie sich bemühten, keine höheren Fertigkeiten im Kopfrechnen erfordert als das herkömmliche Linienrechnen. Die Durchführung der Rechenoperationen auf den Linien setzt ja, wie wir gesehen haben, nur die Kenntnis des kleinen Einmaleins bis zur Viererreihe einschließlich voraus (vgl. [29, S. 22—26]).

In heutiger didaktischer Hinsicht ist das zweite Verfahren von Ries hochaktuell: Im Sinne des operativen Prinzips sollen die Einmaleinsreihen im Unterricht der Grundschule nicht voneinander isoliert, sondern in wechselseitigem Zusammenhang erarbeitet werden. So läßt sich beispielsweise die Siebenerreihe über das Distributivgesetz aus der Dreierreihe herleiten. Die entsprechende Identität $a \cdot 7 = a \cdot 10 - a \cdot 3$ ergibt sich aus der allgemeinen Formel für $b = 7$.

Im folgenden erklärt Ries die schriftliche Multiplikation an Beispielen, die bereits im Abschnitt über die Linienmultiplikation aufgetreten sind. Der Leser soll offenbar dazu veranlaßt werden, die beiden Methoden direkt miteinander zu vergleichen und sich vom Vorteil der schriftlichen Methode zu überzeugen.

Ein jeweils vierstelliger Multiplikand wird mit drei einstelligen, zwei zweistelligen und zwei dreistelligen Multiplikatoren multipliziert. Das Verfahren beginnt — im Unterschied zu unserer Methode — stets mit der Multiplikation der Einerziffern beider Faktoren. Auch die Schreibfigur unterscheidet sich von der unseren. Ansonsten stimmen die Verfahren überein.

Beispiel 6987 · 234:

Ries:	6987	heute:	
	234		6987 · 234
	27948		13974
	20961		20961
	13974		27948
	1634958		1634958

Das Rechenschema zu dieser Multiplikation ist leicht verständlich:
In der 1. Zeile unter dem Strich steht das Produkt von 4 · 6987, in der 2.
Zeile eingerückt das Produkt von 3 · 6987 und in der 3. Zeile, um eine
weitere Stelle eingerückt, das Produkt von 2 · 6987.
Zum Vergleich nebenstehend unsere heutige Schreibfigur.
Auch die Multiplikation mit Zehnerzahlen führt Ries in dieser Weise durch;
dabei werden die Endnullen des Multiplikators dem Multiplikanden zuge-
wiesen. *Wir* multiplizieren zunächst die Faktoren ohne Endnullen und hän-
gen diese erst an das Produkt an. Ries berechnet also 6789 · 4500 mit Hilfe von 678900 · 45 und nicht mittels (6789 · 45) · 100.

Als erste Rechenprobe wählt er wieder die Umkehroperation: Das Produkt,
durch den Multiplikator geteilt, muß wieder den Multiplikanden ergeben.
Die zweite Probe ist wieder die Neunerprobe. Bezüglich der Multiplikation
beruht sie auf folgendem Sachverhalt: Der Neunerrest des Produkts a · b
zweier natürlicher Zahlen ist gleich dem Neunerrest des Produkts der
Neunerreste von a und b.
Der zahlentheoretische Hintergrund hierzu ist die Multiplikativität der Kon-
gruenzrelation: Aus $a \equiv a' \bmod m$ und $b \equiv b' \bmod m$ folgt $a \cdot b \equiv a' \cdot b' \bmod m$.
Wie bei der Addition (vgl. dort den Kommentar) schätzt Ries auch hier die
Zuverlässigkeit der Neunerprobe falsch ein.
Die Neunerprobe zur Multiplikation wurde noch in den sechziger Jahren im
Rechenunterricht der damaligen Volksschuloberstufe (Klassen 5—8) behan-
delt.

Dividieren (S. 26):
Ries unterscheidet drei Fälle hinsichtlich der Stellenzahl der Divisoren und
zusätzlich den Fall, daß der Divisor eine reine Zehnerzahl ist. Von den insgesamt sechs Beispielen (40734 : 6, 54312 : 8, 95472 : 12, 572832 : 72,
859401 : 123 und 30550500 : 4500) stellen die ersten beiden, das vierte
und das letzte die Umkehroperationen zu vorher betrachteten Multiplikati-
onsbeispielen dar. Zu diesen Aufgaben aus dem vorigen Abschnitt führt er

also hiermit die von ihm bevorzugte Rechenprobe durch. Andererseits stammen alle sechs Beispiele aus dem Kapitel über die Liniendivision. Deshalb darf man annehmen, daß Ries auch hier den Leser zu einem Methodenvergleich animieren will.

1) Einstellige Divisoren:

Unter die 1. Ziffer des Dividenden schreibt man den Teiler, falls er nicht größer ist, andernfalls unter die zweite. Der Teilquotient wird rechts neben dem Dividenden notiert, das Teilprodukt subtrahiert und der Rest stellengerecht über den Dividenden geschrieben. Nun rückt man den Teiler eine Stelle nach rechts, und der nächste Dividend setzt sich aus dem obigen Rest und der nächsten Ziffer zusammen. Der neue Teilquotient wird als 2. Ziffer rechts notiert und so fort. Das Verfahren endet, nachdem der Teiler unter die Einerziffer des Dividenden gerückt und dividiert worden ist.

Im allgemeinen wurden, wie Ries auch nach Abschluß aller seiner Beispiele verlangt, verbrauchte Teildividenden und Divisoren gestrichen, was aber im Druck unterblieben ist, vielleicht um die Lesbarkeit nicht zu beeinträchtigen. Allerdings finden sich im Originaltext entsprechende Streichungen von fremder Hand. Im einzelnen läuft die Division 54312 : 8 im 2. Beispiel so ab:

$$
\begin{array}{lll}
\text{a)}\ \ \begin{matrix}6\\ \cancel{5}\cancel{4}3\,1\,2\ (6\\ \cancel{8}\end{matrix}
& \text{b)}\ \ \begin{matrix}\cancel{6}7\\ \cancel{5}\cancel{4}\cancel{3}1\,2\ (6\,7\\ \cancel{8}\cancel{8}\end{matrix}
& \text{c)}\ \ \begin{matrix}\cancel{6}\cancel{7}7\\ \cancel{5}\cancel{4}\cancel{3}\cancel{1}2\ (6\,7\,8\\ \cancel{8}\cancel{8}\cancel{8}\end{matrix}
\end{array}
$$

$$
\text{d)}\ \ \begin{matrix}\cancel{6}\cancel{7}\cancel{7}\\ \cancel{5}\cancel{4}\cancel{3}\cancel{1}\cancel{2}\ (6\,7\,8\,9\\ \cancel{8}\cancel{8}\cancel{8}\cancel{8}\end{matrix}
$$

a) $\underline{6} \cdot 8 = 48$; $54 - 48$ ist eine Subtraktion mit Zehnerunterschreitung ("Die 8 kannst du von 4 nicht abziehen. ..."). Deshalb wird die geschilderte Methode der Zehnerergänzung im Kopf durchgeführt: $54 - 48 = 56 - 50 = 6$.

(Im 1. Beispiel kommentiert Ries in entsprechender Weise sogar die noch einfachere Subtraktion $40 - 36$, da die Endziffern nicht voneinander abzuziehen sind.)

b) Der Teiler wird um eine Stelle eingerückt: $\underline{7} \cdot 8 = 56$, $63 - 56 = 7$

c) Der Teiler wird um eine weitere Stelle eingerückt: $\underline{8} \cdot 8 = 64$, $71 - 64 = 7$

d) Der Teiler rückt unter die Endziffer des Dividenden: $\underline{9} \cdot 8 = 72$, $72 - 72 = 0$; die Division ist aufgegangen.

138

2) Zweistellige Divisoren:

Nach Ries ist darauf zu achten, daß die beiden Ziffern des Teilers bei jedem Schritt jeweils gleich oft abgezogen werden. Eine ähnliche Bemerkung fanden wir schon bei der Liniendivision: Wie bei unserer schriftlichen Division auch geht man im allgemeinen fehl, wenn man sich nur an den stellenhöchsten Ziffern von Dividend und Divisor orientiert. Man muß den Teilquotienten erst schätzen und seine Richtigkeit mit Hilfe des Teilprodukts kontrollieren. Die Schwierigkeit des Schätzens erhöht sich mit der Ziffernzahl des Teilers, so daß man sich im heutigen Mathematikunterricht der Grundschule in der Regel auf ein- und zweistellige Teiler beschränkt.

Der Hinweis, daß der Teiler wenigstens einmal, höchstens aber neunmal vom Dividenden subtrahiert werden muß, bezieht sich nur auf den ersten Schritt: Der Teiler ist entsprechend einzurücken. (Vgl. die obige Vorschrift zur Positionierung des einstelligen Teilers.) Bei den weiteren Schritten kann sich natürlich auch der Teilquotient 0 ergeben. Der Hinweis grenzt aber auch das schriftliche Divisionsverfahren vom Verfahren auf den Linien ab, wo der Teiler mindestens einhalbmal und höchstens viermal abzuziehen ist.

Das 4. Beispiel bei Ries, 572832 : 72, ist in folgenden Schritten durchzuführen:

a) 572832 (7

b) 572832 (79

c) 572832 (795

d) 572832 (7956

a) 57 - 8 · 7 = 1, aber 12 - 8 · 2 geht nicht, also: 57 - 7 · 7 = 8, 82 - 7 · 2 = 68
b) Der Teiler wird um eine Stelle eingerückt; es folgen die Rechnungen:
68 - 9 · 7 = 5, 58 - 9 · 2 = 40
Die 0 von 40 schreibt Ries nicht hin.

c) Der Teiler wird erneut eingerückt; es folgen die Rechnungen:
40 − 5 · 7 = 5, 53 − 5 · 2 = 43
Die 3 von 53 kann weiterverwendet werden.

d) Der Teiler wird noch einmal eingerückt; es folgen die Rechnungen:
43 − 6 · 7 = 1, 12 − 6 · 2 = 0.
Die Berechnung der Teilprodukte beginnt also, anders als bei unserer schriftlichen Division, mit der höchsten Stelle des Teilers.
Die Division ist aufgegangen.

3) Drei- und mehrstellige Divisoren:
Das Verfahren (Beispiel 859401 : 123 = 6987) verläuft ganz analog.

4) Zehnerzahlen als Divisoren:
Statt 30550500 : 4500 berechnet Ries so wie wir auch nur 305505 : 45, er schreibt aber den ungekürzten Dividenden formal hin. Damit nun nicht der gekürzte Teiler 45 unter die Endnullen des Dividenden gerückt wird, stehen statt dessen darunter — gleichsam als Begrenzung — zwei weitere Nullen.

Das vorliegende Divisionsverfahren, "Überwärtsdividieren" genannt, stammt von den Indern, die die Rechnung auf einem Staubbrett durchführten: Mit einem Griffel wurden die Ziffern in den Staub oder in den Sand geschrieben; das Löschen von entbehrlich gewordenen Ziffern geschah dadurch, daß man den Staub im Bereich der Ziffern wieder glättete (vgl. [46, S. 235 f., S. 238 f., S. 240 f.]). Das Überwärtsdividieren hat sich in Deutschland vereinzelt bis ins 19. Jahrhundert hinein erhalten (vgl. [41, S. 64 f.]).

Als erste Probe wird wieder die Umkehroperation empfohlen, wobei ein möglicher Divisionsrest miteinkalkuliert wird: Der Quotient, multipliziert mit dem Divisor, ergibt, wenn noch der Rest dazu addiert wird, den Dividenden. In Formeln: a : b = q Rest r ist äquivalent zu a = q · b + r.
Bei der an zweiter Stelle genannten Neunerprobe sollen die Neunerreste von q und von b multipliziert und dazu der Neunerrest von r addiert werden. Das Ergebnis (oder der Neunerrest davon — was Ries aber nicht so genau formuliert) ist mit dem Neunerrest des Dividenden zu vergleichen.

Progression (S. 28):
In vielen anderen Rechenbüchern der damaligen Zeit folgen nun Anleitungen zu höheren Rechenoperationen, insbesondere zum "Progredieren" und Radizieren (Bestimmung von Quadrat- und Kubikwurzeln); das Logarithmieren hingegen, mit dem man sich numerische Rechnungen erleichtern konnte,

indem man z. B. aufwendige Multiplikationen und Divisionen größerer Zahlen durch Additionen bzw. Subtraktionen ersetzte, wurde erst ca. 100 Jahre später durch den Schotten Napier und den Schweizer Bürgi allgemein bekannt.

Beim Progredieren geht es um die bereits in der Antike geläufige Berechnung der Summen endlicher arithmetischer und geometrischer Reihen. Die traditionellen Kenntnisse über arithmetische Reihen dürften auf die Beschäftigung der Pythagoreer mit den sog. figurierten Zahlen zurückgehen. Über Boëtius (480–524/25) und seinen Zeitgenossen Cassiodorus gelangte dieser Stoff in den Lehrplan der mittelalterlichen Klosterschulen und Universitäten (vgl. [46, S. 344–354]).

Eine arithmetische Reihe ist die Summe $s = a_1 + a_2 + \cdots + a_n$ mit konstanter Differenz $d = a_{k+1} - a_k$ $(1 \leq k \leq n-1)$ der Folgenglieder. Der Rechenvorschrift bei Ries liegt die Formel $s = \frac{1}{2} n \cdot (a_1 + a_n)$ zugrunde, doch trifft er — in symbolische Notation übertragen — folgende Fallunterscheidung:

a) $a_1 + a_n$ ist gerade: Dann ist dieser Wert zu halbieren und mit n zu multiplizieren.

b) $a_1 + a_n$ ist ungerade: Dann ist dieser Wert mit der Hälfte von n zu multiplizieren.

Ries geht nicht darauf ein, daß auch im Fall b) nur mit natürlichen Zahlen multipliziert wird. In der Tat ist n stets gerade, wenn $a_1 + a_n$ ungerade ist, da aus $a_n = a_1 + (n-1) \cdot d$ unmittelbar $a_1 + a_n - 2a_1 = (n-1) \cdot d$ folgt, so daß $n-1$ und d ungerade sein müssen.

Im 1. Beispiel tritt Fall a) auf: $a_1 = 7$, $a_n = 25$, $n = 19$ $(d = 1)$:
$s = \frac{7 + 25}{2} \cdot 19 = 304$.

Beim 2. Beispiel liegt Fall b) vor: $a_1 = 3$, $a_n = 48$, $n = 16$ $(d = 3)$:
$s = \frac{16}{2} \cdot (3 + 48) = 408$.

Natürlich ist die Fallunterscheidung unnötig. Sie bietet aber den Rechenvorteil, daß die Faktoren so klein wie möglich bleiben.

Eine endliche geometrische Reihe ist die Summe $s = a_1 + a_2 + \cdots + a_n$ mit konstantem Quotienten $q = a_{k+1}/a_k$ $(1 \leq k \leq n-1)$ der Folgenglieder. Der Riesschen Rechenvorschrift liegt die Formel

$$s = \frac{a_n q - a_1}{q - 1}$$

zugrunde, die wegen $a_n = a_1 \cdot q^{n-1}$ mit $s = a_1 \cdot \frac{q^n - 1}{q - 1}$ äquivalent ist.

Ries führt zwei Beispiele an: $a_1 = 2$, $a_n = 2048$, $q = 2$ $(n = 11)$, $s = 4094$ bzw. $a_1 = 3$, $a_n = 6561$, $q = 3$ $(n = 8)$, $s = 9840$

Ries weiß, daß der Leser nun die recht schwierige Operation des Wurzel-ziehens erwartet. Als erfahrener Rechenmeister liegt ihm aber auch daran, den Anfänger nicht zu überfordern, und daher verweist er auf ein künftiges Buch, in dem er auch die Inhaltsbestimmung von Fässern (das sog. Visieren mit der Meßrute) und die Algebra behandeln will. Tatsächlich hat er in seinem großen Rechenbuch von 1550 [19] im Rahmen eines Kapitels über die Visierkunst (S. 182^v–196^r) auch die Berechnung von Quadratwurzeln (S. 182^v –183^v) dargelegt. Sein Manuskript zur Algebra hingegen blieb, wie bereits erwähnt, unveröffentlicht; dort wird neben dem Algorithmus für das Qua-dratwurzelziehen auch das Verfahren zur Berechnung von Kubikwurzeln gelehrt.

Dreisatz (S. 29):
Entgegen seiner Ankündigung am Ende der Vorrede führt Ries nur *schrift-liche* Dreisatzrechnungen vor.
Das Dreisatzschema weicht von dem heute üblichen ab: Das dritte Stück, das die gleiche Maßeinheit wie das erste hat, setzt Ries nach hinten, wäh-rend wir es heute aus Gründen der Übersichtlichkeit unter das erste schreiben. Auch die Ausrechnung ist heute im allgemeinen günstiger: Wäh-rend wir heute zuerst auf die Einheit zurückgehen, also zunächst dividieren, und dann multiplizieren, multipliziert Ries zunächst die beiden letzten Stücke und dividiert dann erst durch das 1. Stück. Dadurch können sich in der Zwischenrechnung unvorteilhaft große Zahlen ergeben.
Die Formulierung des allgemeinen Lehrtextes verrät, daß Ries bei der An-wendung des Dreisatzes in erster Linie an Ware-Preis-Relationen denkt.

1) Die Rechnung wird nicht vorgeführt. Mit den Umrechnungen 1 Gulden = 21 Groschen, 1 Groschen = 12 Pfennig ergibt sich:
$\frac{28 \cdot 6}{32}$ Gulden = $5\frac{1}{4}$ Gulden = 5 Gulden $5\frac{1}{4}$ Groschen = 5 Gulden 5 Gro-schen 3 Pfennig
Die Probe besteht in der Umkehrung dessen, was gegeben und was gesucht ist:

2) Der Preis für 6 Ellen Tuch wird vorausgesetzt und der Preis für 32 El-len daraus berechnet. Kontrollrechnungen dieser Art dienen im heutigen Mathematikunterricht dazu, Schülern das Verständnis für proportionale Beziehungen zu erschließen.
Mit denselben Umrechnungen gilt:
5 Gulden 5 Groschen 3 Pfennig = 1323 Pfennig, $\frac{1323 \cdot 32}{6}$ Pfennig = 28 Gul-den

4)-31) Das 1. Stück des Dreisatzes ist jeweils die (kleinste) Einheitsgröße, so daß nur multipliziert werden muß. Es handelt sich um Anwendungsaufgaben zur Multiplikation, die nur formal als Dreisatzrechnungen angesetzt werden.

13)-15) Eine langsame Steigerung des Schwierigkeitsgrades: In der Mitte stehen nun gemischte Geldwerte, die zuerst auf die kleinste Einheit umgerechnet und nach der Multiplikation so weit wie möglich zurückverwandelt werden.

15) Hier treten erstmals Heller auf: 1 Pfennig = 2 Heller

16)-31) Das erste und das 3. Stück im Dreisatz müssen demselben Größenbereich angehören. Bisher hatten diese beiden Stücke darüber hinaus stets die gleiche Maßeinheit, so daß Ries nun erklären muß, wie andernfalls zu verfahren ist.

Zum besseren Verständnis der heute ungewohnten Größeneinheiten — etwa Tuch, Fuder, Stein, Malter und Scheffel — sei hier und für alle folgenden Aufgaben auf den metrologischen Anhang verwiesen.

23) Da derjenige, der das Tuch zuschneidet, wohl auch der Verkäufer ist, steht das Wörtchen "für" an der falschen Stelle.

32)-38) Das 3. Stück des Dreisatzes ist jeweils die Einheit oder die kleinste Einheitsgröße, so daß nur (das 2. Stück durch das erste) dividiert werden muß. Es handelt sich um Anwendungsaufgaben zur Division, die nur formal als Dreisatzrechnungen angesetzt werden.

34)-38) Das erste und das 3. Glied des Dreisatzes haben nun verschiedene Maßeinheiten. Wie bei den analogen Aufgaben zur Multiplikation erläutert Ries das Verfahren (Vereinheitlichung der Maßeinheiten).

Bei Sachaufgaben zur Division können Reste auftreten, die zu Größen mit gebrochenen Maßzahlen führen. Da Ries noch keine Dezimalbrüche kennt — sie wurden in West- und Mitteleuropa erst 1585 durch den niederländischen Finanzverwalter und Ingenieur Simon Stevin allgemein bekannt (vgl. [46, S. 114—118]) —, ist er darauf angewiesen, mit gewöhnlichen Brüchen zu rechnen. Hier erläutert er ein Verfahren zum Kürzen von Brüchen, wobei er auch noch einmal auf das Linienrechnen zurückgreift. Dem schriftlichen Rechner empfiehlt er die übliche Schreibweise für einen gewöhnlichen Bruch.

Zunächst soll der Bruch — Zähler und Nenner als gerade vorausgesetzt — so lange durch 2 gekürzt werden, bis eine ungerade Zahl auftritt. Für ungerade Zahlen gibt Ries ein Kriterium in der Linien- und in der Zifferndarstellung an.

Das weitere Vorgehen erfolgt nach dem Euklidischen Algorithmus (Euklid beschreibt das Verfahren im 7. Buch seiner Elemente — vgl. [7, §§ 1, 2, S. 142 ff.]:

Sei $\frac{a}{b}$ ein Bruch mit $a < b$. Gesucht ist die maximale Kürzungszahl, d. h. der größte gemeinsame Teiler (ggT) von a und b.

Zunächst existieren q_1, $r_1 \in \mathbb{N}$ mit $b = q_1 a + r_1$ und $0 \leq r_1 < a$ (Division von b durch a mit Rest). Im Fall $r_1 = 0$ ist a Teiler von b, also $a = ggT(a, b)$.

Im Fall $r_1 > 0$ wird das Verfahren fortgesetzt: $a = q_2 r_1 + r_2$, $0 \leq r_2 < r_1$.

Falls nun $r_2 = 0$ ist, so ist r_1 Teiler von a, aber auch von b. Andererseits läßt sich leicht zeigen, daß jeder gemeinsame Teiler von a und b auch Teiler von r_1 ist. Daraus folgt: $r_1 = ggT(a, b)$.

Im Fall $r_2 > 0$ wird das Verfahren weiter fortgesetzt: $r_1 = q_3 r_2 + r_3$, $0 \leq r_3 < r_2$ usw.; es entsteht eine streng monoton fallende Folge nichtnegativer ganzer Zahlen $b > a = r_0 > r_1 > r_2 > r_3 > \dots$, so daß ein n existiert mit $r_n > 0$, $r_{n+1} = 0$ ($n \geq 0$). Dieses r_n, das bei den letzten beiden Divisionen $r_{n-2} = q_n r_{n-1} + r_n$, $r_{n-1} = q_{n+1} r_n + 0$ auftritt, ist Teiler von a und b. Andererseits ist wieder jeder gemeinsame Teiler von a und b auch Teiler von r_n. Daraus folgt: $r_n = ggT(a, b)$.

Im Fall $r_n = ggT(a, b) = 1$ sind a und b teilerfremd; der Bruch $\frac{a}{b}$ läßt sich daher nicht kürzen, worauf Ries besonders hinweist.

39)–43) In den Ergebnissen dieser Sachaufgaben kommen jeweils Hellerbruchteile vor, die durch vorheriges Kürzen entstanden sind. Ries führt aber das Verfahren nicht explizit durch. Deshalb soll hier der Euklidische Algorithmus an weniger trivialen Beispielen vorgerechnet werden. Es sei etwa der Bruch $\frac{490}{1001}$ zu kürzen.

Folgende Divisionen sind durchzuführen:

$1001 = 2 \cdot 490 + 21$, $490 = 23 \cdot 21 + 7$, $21 = 3 \cdot \underline{7} + 0$. Also kann der Bruch durch 7 gekürzt werden ($\frac{70}{143}$).

Für den Bruch $\frac{18}{49}$ hingegen ergibt sich folgender Algorithmus:

$49 = 2 \cdot 18 + 13$, $18 = 1 \cdot 13 + 5$, $13 = 2 \cdot 5 + 3$, $5 = 1 \cdot 3 + 2$, $3 = 1 \cdot 2 + 1$, $2 = 2 \cdot \underline{1} + 0$. Daher kann dieser Bruch nicht gekürzt werden.

Der Euklidische Algorithmus zur Bestimmung des ggT zweier natürlicher Zahlen ist heute ein Thema des gymnasialen Mathematikunterrichts.

Von gebrochenen Zahlen (S. 36):

Nach der Begriffserklärung von Zähler und Nenner wird der Wert einer Größe mit gebrochener Maßzahl durch Umrechnung auf kleinere Einheiten verdeutlicht ($\frac{3}{4}$ Gulden = 15 Groschen 9 Pfennig).

Addieren von gebrochenen Zahlen (S. 37):
Ries unterscheidet wie wir zwischen gleichnamigen und ungleichnamigen
Brüchen. Im Fall der ungleichnamigen Brüche wird aber nicht der Hauptnenner (kgV der einzelnen Nenner) bestimmt, sondern einfach das Nennerprodukt gebildet. Dadurch können sich vor dem Kürzen im Zähler und
Nenner unvorteilhaft hohe Zahlen ergeben. Bei den angeführten Beispielen
sind die Nenner allerdings jeweils teilerfremd, so daß sich dieser Nachteil
hier nicht bemerkbar macht.
Die Umwandlung unechter Brüche in gemischte Zahlen wird als bekannt
vorausgesetzt.

Subtrahieren (S. 37):
Den Sonderfall der Subtraktion eines Bruches von 1 behandelt Ries auf
zwei Weisen: Bei der 1. Methode greift er den Vorteil dieser Sondersituation
auf (Bestimmung des Komplementärbruchs), während er mit der 2. Methode
die Aufgabe auf den allgemeinen Fall der Subtraktion von Brüchen zurück-
führt.
Für die Subtraktion von gemischten Zahlen erklärt Ries vorab die Umwandlung gemischter Zahlen in unechte Brüche.

Duplieren von Brüchen / Medieren von Brüchen (S. 38):
Wie bei den natürlichen Zahlen führt Ries auch bei den Brüchen die Rechen-
operationen "Duplieren" und "Medieren" an. An den Beispielen wird der
Vorteil der getroffenen Fallunterscheidungen deutlich.

Multiplizieren von Brüchen (S. 38):
Es fehlt der Hinweis darauf, daß — falls möglich — vorheriges Kürzen von
Vorteil ist.
Ganze Zahlen werden vor der Multiplikation als Brüche mit Nenner 1, gemischte Zahlen als unechte Brüche geschrieben. Ries erläutert abschließend
die Umwandlung von unechten Brüchen in gemischte Zahlen, von der er
bereits bei der Addition Gebrauch gemacht hatte.

Dividieren von Brüchen (S. 39):
Ries weist auf die vereinfachte Möglichkeit der Division hin, falls der Zähler des Dividenden durch den Zähler des Divisors oder durch den ganzzahligen Divisor teilbar ist. Der Sonderfall "Bruch geteilt durch natürliche

Zahl" wird im heutigen Unterricht vor dem allgemeinen Fall "Bruch geteilt durch Bruch" behandelt.

Mit der Multiplikation über Kreuz ist natürlich die Multiplikation mit dem Kehrwert des Teilerbruchs gemeint. An späterer Stelle dieses Abschnitts wird dasselbe Verfahren unpräzise "Dividieren über Kreuz" genannt.

Bruchteile von Bruchteilen berechnen (S. 39):

Ein in der Praxis wichtiger Aspekt des Bruchbegriffs ist der des Anteils. Der Berechnung von Anteilen widmet Ries daher einen eigenen kurzen Abschnitt. Der Zusammenhang mit der Multiplikation ist für Schüler zunächst nicht ohne weiteres selbstverständlich.

Ohne eigene Kapitelüberschrift beginnt nun eine Reihe von Sachaufgaben mit gemischten Zahlen, zunächst reine Divisionsaufgaben (44-46), dann "echte" Dreisatzaufgaben (47-70); die Aufgaben 50, 53, 54, 57, 67 und 70 fallen insofern aus dem Rahmen, als keines der gegebenen Stücke eine gemischte Zahl enthält. Die Formulierung von 67 im Originaltext ist zudem fehlerhaft: Es muß "Ich verkaufe" statt "Ich kaufe" heißen.

Der Lehrtext zu Beginn erläutert, wie Brüche oder gemischte Zahlen bei den gegebenen Stücken aufzulösen sind. Aufgrund der Eigenschaften einer Proportionalität kann man das erste und das dritte Glied ebenso wie das erste und das zweite Glied des Dreisatzes mit derselben Zahl multiplizieren, was nur einer Erweiterung des Bruchterms für das gesuchte Stück entspricht. Im Fall von Brüchen oder gemischten Zahlen wird man jeweils mit dem Nenner multiplizieren (erweitern). Mit "brich die Ganzen in die Teile beim Bruch" ist gemeint, daß bei gemischten Zahlen der Zähler des unechten Bruchs stehenbleibt.

44) Hier wird das Vorgehen von Ries deutlich: Mit der Umrechnung 1 Zentner = 110 Pfund erhält man zunächst das Dreisatzschema 110 $16\frac{1}{8}$ 1, das nach Erweiterung des ersten und zweiten Gliedes mit 8 in das Schema 880 129 1 überführt wird.

46) 1 Stein = 22 Pfund — vgl. den metrologischen Anhang

53) Hier ist "Tuch" wieder Längeneinheit — im Unterschied etwa zu Nr. 51, wo von "7 Ellen Tuch" die Rede war.

56) 1 Schock = 60 Stück. Eine ungerade Anzahl von Hühnern zweier verschieden teurer Sorten müßte in der Praxis dazu führen, daß eine Sorte

überwiegt. Ries rechnet aber mit dem Durchschnittspreis von $14\frac{1}{2}$ Pfennig pro Huhn.

57) 1 Jahr = 52 Wochen

61) Erstmals treten bei *zwei* Gliedern einer Dreisatzaufgabe gemischte Zahlen auf. Ries weist sinngemäß darauf hin, daß das 1. Glied (36 Ellen) mit Rücksicht auf das 2. Glied ($9\frac{3}{4}$ Gulden) und das 3. Glied ($3\frac{2}{3}$ Ellen) zweimal zu multiplizieren ist (Erweiterung mit 4 und mit 3).

66) Nun haben das erste und das zweite Glied gemischte Maßzahlen. Deshalb wird zunächst das 3. Glied mit Rücksicht auf das erste erweitert. Anschließend wird der Zähler des unechten Bruchs aus dem 1. Glied im Hinblick auf das 2. Glied erweitert. Insgesamt wird das 1. Glied mit 16, das zweite mit 8 und das dritte mit 2 multipliziert, so daß natürliche Maßzahlen entstehen.

67) 1 Pfund = 32 Lot. Im Unterschied zu allen bisherigen Dreisatzaufgaben handelt es sich jetzt um eine Preis-Ware-Relation, d. h. die Preise sind vorgegeben, und die Warenmenge ist gesucht. Daher gibt Ries auch den Hinweis: "Setze vorne und hinten Pfund."

68) Bei dieser Aufgabe, bei der ebenfalls nach der Warenmenge gefragt ist, haben das erste und das dritte Glied gemischte Maßzahlen. Im allgemeinen ist, wie Ries auch darlegt, das 3. Glied mit dem Nenner des ersten und der verbliebene Zähler des 1. Gliedes mit dem Nenner des dritten zu multiplizieren. In der vorliegenden Aufgabe erübrigt sich allerdings die 2. Multiplikation, da sich der Nenner des 3. Gliedes bereits vorher herauskürzt.

Nach Nr. 70 geht Ries auf den Fall ein, daß beim Dreisatz reine Brüche auftreten. Da er ja schon mit gemischten Zahlen im Dreisatz gerechnet hat, verweist er auf die "vorher betrachtete Unterrichtung" und gibt nur zwei Beispiele an (71, 72).

73-74) Sachaufgaben, die zwar formal als zusammengesetzte Dreisatzaufgaben behandelt werden könnten, aber jeweils nur zwei Multiplikationen erfordern; Ries erläutert dementsprechend nur die Multiplikationen.

75) Eine Erbschaftsaufgabe, bei der zweimal dividiert werden muß

76) Diese Aufgabe zur Verpflegung von Pferden erfordert im wesentlichen zwei Multiplikationen.

77) Eine Dreisatzaufgabe, bei der zunächst die Gewichte der drei Scheiben Wachs addiert werden müssen; es gelten die Umrechnungen 1 Zentner = 110 Pfund, 1 Stein = 22 Pfund.

78) Wenn auf je 100 Ochsen 3 Ochsen gratis dazugegeben werden, so müßte der Käufer für insgesamt 3060 Ochsen 29mal 100 Ochsen kaufen und dazu noch 73 einzelne Ochsen. Das ergäbe einen Preis von $11520\frac{3}{8}$ Gulden. Ries rechnet aber den entsprechenden Rabatt auf jeden einzelnen Ochsen um: Der Preis für 103 Ochsen ($399\frac{1}{8}$ Gulden) wird auf den Preis für 100 Ochsen ($387\frac{1}{2}$ Gulden) ermäßigt, das sind $2\frac{94}{103}$% Nachlaß.

Es folgen etliche Aufgaben in Goldwährung — (S. 47):
79)-84) Dreisatzaufgaben mit Preisen in Goldwährung; die Größen haben teilweise gemischte Zahlen.

85) Die erste Dreisatzaufgabe, bei der sämtliche Größen gemischte Maßzahlen haben. Zunächst sollen die gemischten Zahlen als unechte Brüche geschrieben werden. Das 3. Glied wird anschließend mit dem Nenner des ersten multipliziert, der entstehende Bruch $\frac{59 \cdot 3}{9}$ aber nicht gekürzt. Danach wird das 1. Glied mit den Nennern des zweiten und des 3. Gliedes (7 und 9) multipliziert: Es entsteht das ganzzahlige Dreisatzschema 693 24 177. (Nach vorherigem Kürzen hätte sich das Schema 231 24 59 ergeben.)

86) Eine gekünstelte Schachtelaufgabe zum Dreisatz, bei der es um die Rechenoperationen mit Brüchen geht: $(\frac{2}{3}+\frac{3}{4})$ Pfund kosten $(6\frac{1}{3}+\frac{2}{3}\cdot\frac{3}{4}+\frac{1}{4}\cdot\frac{3}{5}\cdot\frac{4}{5})$ Gulden — gesucht ist der Preis für $(\frac{1}{2}+\frac{1}{3}+\frac{1}{4}\cdot\frac{1}{2}\cdot\frac{1}{5})$ Pfund. Wie das Dreisatzschema zeigt, hat es Ries auch hier versäumt, rechtzeitig zu kürzen.

87) Eine sehr einfache Anwendung der Multiplikation. Erstmals tritt — wie in der metrologischen Einleitung dieses Kapitels angekündigt — der Zentner mit 100 Pfund auf.

88)-89) Weitere Dreisatzaufgaben. In Nr. 89 kommt erstmals die Gewichtseinheit "Quent" vor.

90)-91) Dreisatzaufgaben mit Taren: Vor der Preisberechnung ist jeweils das Verpackungsgewicht abzuziehen.

Weitere Aufgaben mit Taren sind 93, 94, 96-99. Dabei ist 97 im Grunde nur eine Divisionsaufgabe.

100) Hier zieht Ries die Tara (11 Pfund pro Zentner) nicht von der Summe der Faßgewichte ab, sondern schlägt vor der Dreisatzrechnung auf jeden Zentner 11 Pfund auf. Dadurch erhöht sich der Verkaufspreis um den Faktor

$$\left((1+\tfrac{11}{100})\cdot(1-\tfrac{11}{100})\right)^{-1}.$$

Diese Übervorteilung des Käufers kam offenbar in der Praxis häufig vor. In seinem 3. Rechenbuch [19, S. 25ᵛ und Blatt 85] geht Ries auf die beiden Berechnungsweisen und den jeweiligen Vor- und Nachteil für den Käufer bzw. Verkäufer ausführlich ein.

Wegen der Relation $(1+x)\cdot(1-x) < 1$ für jedes $x \neq 0$ ist die Tararechnung gemäß Nr. 100 für den Verkäufer stets günstiger.

101-102) Weitere Tararechnungen "nach Verkäuferart". In 102 wird mit Silberwährung (Groschen und Pfennig) gerechnet.

103) Eine praktische Aufgabe zur Prozentrechnung: Ein Händler hat 1 Zentner Wachs für $15\tfrac{3}{4}$ Gulden gekauft und möchte beim Verkauf 7 % Gewinn haben. Es ist nach der Menge Wachs gefragt, die er für 1 Gulden abgeben kann, anstatt nach dem Verkaufspreis für 1 Pfund, was natürlicher gewesen wäre.

Auf den ersten Dreisatz zur Berechnung der Menge Wachs für 100 Gulden ($634\tfrac{58}{63}$ Pfund) geht Ries nicht näher ein. Die eigentliche Prozentrechnung erfolgt mit Hilfe des 2. Dreisatzes.

104) Nun ist nach dem Einkaufspreis gefragt. Der moderne algebraische Ansatz zur Lösung dieser Aufgabe mit vermehrtem Grundwert lautet:
Ist x der Einkaufspreis für 1 Pfund, so gilt

$$x\left(1+\tfrac{8}{100}\right) = 11 \text{ Schilling 6 Heller.}$$

Natürlich wäre es falsch, von 11 Schilling 6 Heller einfach 8 % abzuziehen.

Das 1. Dreisatzschema bei Ries hat den Nachteil, daß durch Umwandlung von Gulden in Heller zu große Zahlen entstehen. Deshalb gibt er eine Alternative an: Nach Vertauschung des zweiten und 3. Gliedes, die — wie Ries zutreffend erläutert — am Ergebnis nichts ändert, kann die Einheit "Gulden" stehenbleiben.

105) Mit Hilfe des Dreisatzes berechnet Ries, daß der Verkaufspreis für 1 Pfund $3\tfrac{3}{8}\cdot(1-\tfrac{7}{48})$ Gulden = 2 Gulden 17 Schilling $7\tfrac{7}{8}$ Heller beträgt.

Die Verlustangabe "7 Gulden an 48" ist so zu verstehen, daß der glücklose Händler tatsächlich für 48 Gulden Safran eingekauft hat. Ries kann
daher auch das Gewicht des Safrans berechnen.
Die vorliegende Aufgabe ist die erste, bei der es um einen Handelsver-
lust geht. Weitere solche Aufgaben, die Ries zweifellos aus der Kauf-
mannspraxis geschöpft hat, sind Nr. 107, 121, 122 und 123.

106) Eine sehr einfache Aufgabe zur Prozentrechnung

107) Der moderne algebraische Ansatz zur Lösung dieser Aufgabe mit ver-
mindertem Grundwert lautet:
Ist x der Einkaufspreis für 1 Elle, so gilt
$$x \left(1 - \frac{9}{100}\right) = 4 \text{ Gulden.}$$
Natürlich wäre es falsch, auf 4 Gulden einfach 9 % aufzuschlagen.
Die Aufgabe ist parallel zu Nr. 104 zu sehen.

108) Anstelle der schwerfälligen Lösung mit zweifachem Dreisatz hätte sich
folgende Überlegung angeboten:
1 Elle Tuch erbringt einen Gewinn von $(\frac{11}{7} - \frac{5}{4})$ Gulden. Also werden 24 Gulden Gewinn mit $24 : (\frac{11}{7} - \frac{5}{4})$ Ellen = $74\frac{2}{3}$ Ellen erzielt.

Vom Geldwechsel (S. 54):
Im europäischen Wirtschaftsgebiet des 16. Jahrhunderts waren der Rheinische Gulden und der Ungarische Gulden zwei wichtige "Leitwährungen".
Deshalb spielten Umrechnungen zwischen diesen beiden Währungen im
grenzüberschreitenden Handel eine große Rolle — vgl. die Aufgaben 110-116
und 119 mit verschiedenen Wechselkursen.

114) Aus 578 Rheinischen Gulden erhält man mit Hilfe des Dreisatzschemas
$132\frac{1}{2}$ Rh. Gulden   100 U. Gulden   578 Rh. Gulden
zunächst $436\frac{12}{53}$ Ungarische Gulden. Da die Untereinheiten des Ungarischen Guldens nicht bekannt sind, soll der Bruchanteil nach der vorherigen Erläuterung von Ries in Rheinische Schillinge zurückverwandelt werden: $\frac{12}{53}$ Ungarische Gulden sind "durch das Mittlere" (100 U. Gulden —
siehe obiges Dreisatzschema) zu teilen (und anschließend mit dem ersten
Glied des Dreisatzes zu multiplizieren, was Ries nicht erwähnt); da aber
"Brüche vorhanden" sind, nämlich $\frac{1}{2}$ im 1. Dreisatzglied, ist vorher in der
Mitte mit dem Nenner 2 zu multiplizieren.
Diese Anweisung wird verständlich, wenn man den Dreisatz neu ansetzt:
100 U. Gulden $132\frac{1}{2}$ Rh. Gulden $\frac{12}{53}$ U. Gulden
→ 200 U. Gulden   265 Rh. Gulden $\frac{12}{53}$ U. Gulden

Als Ergebnis erhält man $\frac{3}{10}$ Rh. Gulden = 6 Rh. Schilling.

115) Ein ähnliches Beispiel — Zwischenergebnis: 934 $\frac{2}{397}$ U. Gulden

116) 100 U. Gulden haben einen Wert von 142 Rh. Gulden abzüglich 13 Rh. Schilling, d. h. von 141 Rh. Gulden 7 Rh. Schilling. 1478 U. Gulden sind dementsprechend umzurechnen, und zum Ergebnis sind 16 Rh. Schilling 11 $\frac{7}{25}$ Rh. Heller zu addieren.

117) Ein ähnliches Beispiel, bei dem aber der skizzierte Lösungsweg teilweise falsch ist (durch eckige Klammern kenntlich gemacht). Bereits in der 2. Auflage des Buchs von 1525 [16b, E^v] hat Ries den Text wie folgt korrigiert: "... Die teile durch das Mittlere, d. h. durch 100 — es kommen 23 Schilling heraus, denn vorne stehen Schillinge. Es bleiben als Rest 68 Schilling. Verwandle in Heller und teile auch durch 100 — es werden 8$\frac{4}{25}$ Heller." (modernisierte Fassung)

Das Dreisatzschema zeigt, daß Ries nicht rechtzeitig gekürzt hat. Das ungekürzte Zwischenergebnis beträgt 568 $\frac{2368}{2774}$ Dukaten. Nun sind die Untereinheiten des Dukatens nicht bekannt, der Bruchanteil muß in rheinische Währung zurückverwandelt werden. Da 100 Dukaten zu 2774 Rh. Schilling gehandelt werden, haben $\frac{2368}{2774}$ Dukaten einen Wert von $\frac{2368}{100}$ Rh. Schilling. Die weitere Rechnung ist nach dem korrigierten Text leicht verständlich.

Ergebnis: 568 Dukaten 23 Rh. Schilling 8 $\frac{4}{25}$ Rh. Heller

118) Eine Aufgabe des sog. Fünfsatzes, eines Sonderfalls des "Kettensatzes" — vgl. [52, S. 79—82], [46, S. 366 f.]. Wir rechnen:
72 U. Gulden $\triangleq$ 100 Rh. Gulden, 100 Rh. Gulden $\triangleq$ $\frac{100 \cdot 100}{124}$ Dukaten — für 72 U. Gulden hat man also 80 $\frac{20}{31}$ Dukaten. Der Bruchanteil soll wieder in Rh. Schilling verwandelt werden: Es ergeben sich $\frac{4}{5}$ Rh. Gulden = 16 Rh. Schilling.

Das Schema bei Ries ist so angelegt, daß das Produkt der Zahlen in der ersten und der 2. Spalte zusammen mit den 72 (U. Gulden) aus der Frage ein Dreisatzschema ergibt. In einem solchen Schema können offenbar gemeinsame Faktoren der ersten und der 2. Spalte sowie der ersten Spalte und der Zahl aus der Frage gekürzt werden, hier insbesondere 72. Wahrscheinlich hat Ries darauf verzichtet, um den Aufbau des Schemas in den Vordergrund zu stellen.

119) Eine einfache Aufgabe, bei der zum U. Gulden erstmals eine Untereinheit angegeben ist.

Gewand / Minderwertige Ware / Safran (S. 57 f.):

Es folgen 7 Aufgaben zum Warentransport mit Fuhrlohn, wobei die unterschiedlichen Währungs- und / oder Gewichtssysteme der jeweiligen Handelsplätze berücksichtigt werden müssen. Die Rechnungen sind nicht schwierig, zum Teil aber langwierig. Im allgemeinen sind die einzelnen Lösungsschritte von Ries gut verständlich, so daß die Angabe von Zwischenergebnissen genügt:

120) Die Tücher kosten 594 Rh. Gulden, mit Fuhrlohn 628 Rh. Gulden. Der Verkaufspreis in Preßburg beträgt 566 $\frac{1}{2}$ U. Gulden, was 771 $\frac{137}{160}$ Rh. Gulden entspricht. In rheinischer Währung bleibt also ein Gewinn von 143 $\frac{137}{160}$ Gulden = 143 Gulden 17 Schilling 1 $\frac{1}{2}$ Heller. Dies sind 105 $\frac{127}{218}$ U. Gulden. Da die Untereinheiten des U. Guldens nicht bekannt sind, muß der Bruchanteil in rheinische Währung zurückverwandelt werden (vgl. Nr. 114). Es ergeben sich 105 U. Gulden 15 Rh. Schilling 10 $\frac{1}{2}$ Rh. Heller.

121) — Einkaufspreis für die Nelken in Venedig: 294 Gulden 10 Schilling
6 Heller
— Einkaufspreis mit Fuhrlohn: 319 Gulden 10 Schilling 6 Heller
— Umrechnung des venezianischen Gewichts ($654\frac{1}{2}$ Pfund) in Nürnberger
Gewicht: $392\frac{7}{10}$ Nürnberger Pfund
— Verkaufspreis für 1 Nürnberger Zentner, der 15 Pfund minderwertige
Ware enthält: 71 Gulden
— Verkaufspreis für $392\frac{7}{10}$ Nürnberger Pfund: 278 Gulden 16 Schilling
$4\frac{2}{25}$ Heller
— Differenz zwischen Einkaufs- und Verkaufspreis: 40 Gulden 14 Schil-
ling $1\frac{23}{25}$ Heller Verlust
Auch ohne Fuhrlohn hätte der Händler einen Verlust erlitten.

122) Erstmals treten verschiedene Währungs- und Gewichtssysteme gleich-
zeitig auf:
— Wert des Safrans in Venedig: $59\frac{1}{2}$ Dukaten
— Aufschlag der Transportkosten: 62 Dukaten
— Umrechnung des venezianischen Gewichts ($25\frac{1}{2}$ Pfund) in Nürnber-
ger Gewicht: $15\frac{3}{10}$ Nürnberger Pfund
— Verkaufspreis in Rh. Gulden: $68\frac{17}{20}$ Rh. Gulden
— Umrechnung des Warenwertes zuzüglich Fuhrlohn (62 Dukaten) in
Rh. Gulden: $83\frac{2}{25}$ Rh. Gulden
— Differenz zwischen Warenwert (mit Fuhrlohn) und Verkaufspreis:
14 Gulden 4 Schilling $7\frac{1}{5}$ Heller Verlust

123) — Kosten des Zinns bis Nürnberg: 2080 Gulden
— Umrechnung des Egerer Gewichts (124 Zentner) in Nürnberger Ge-
wicht: $165\frac{1}{3}$ Nürnberger Zentner
— Verkaufspreis des Zinns in Nürnberg: $1715\frac{1}{3}$ Gulden
— Verlust: 364 Gulden 13 Schilling 4 Heller
Bei der Aufgabenformulierung wechselt Ries unachtsamerweise von ei-
ner Person ("er") in die andere ("du").

124) In dieser Aufgabe ist zusätzlich eine Tara zu berücksichtigen.
— Gewicht des Sacks ohne Tara: $435\frac{1}{2}$ Pfund
— Preis des Sacks ohne Tara in Nürnberg: $3919\frac{1}{2}$ Schilling
— Preis mit Fuhrlohn: $3999\frac{1}{2}$ Schilling
— Umrechnung des Nürnberger Gewichts (ohne Tara) in Leipziger Ge-
wicht: $479\frac{1}{20}$ Leipziger Pfund
— Verkaufspreis in Leipzig in Leipziger Währung: 4550 Groschen $11\frac{7}{10}$
Pfennig

— Umrechnung des Einkaufspreises mit Fuhrlohn (3999 $\frac{1}{2}$ Schilling) in Leipziger (Silber-)Währung: 4199 Groschen 5 $\frac{7}{10}$ Pfennig
— Gewinn: 351 Groschen 6 Pfennig
— Umrechnung in Gulden / Groschen / Pfennig: 351 Groschen 6 Pfennig = (16 · 21 + 15) Groschen 6 Pfennig = (16 · 20) Schilling 15 Groschen 6 Pfennig = 16 Gulden 15 Groschen 6 Pfennig

125) Eine Aufgabe zum Warentransport mit zusätzlicher Prozentrechnung:
— Einkaufspreis für 1 Breslauer Zentner in Breslau: 13 $\frac{1}{16}$ U. Gulden
— Einkaufspreis zuzüglich Fuhrlohn: 14 $\frac{9}{16}$ U. Gulden
— Preis für 1 Nürnberger Zentner in U. Gulden: 14 $\frac{4}{33}$ U. Gulden
— Umrechnung dieses Preises in Rh. Gulden: 18 $\frac{469}{660}$ Rh. Gulden
— 7%iger Gewinnaufschlag: 20 Rh. Gulden 4 $\frac{243}{275}$ Heller

126) — Einkaufspreis für 1 Zentner (100 Pfund) in Nürnberg: 42 Gulden 1 Schilling 8 Heller
— Einkaufspreis für 1 Zentner zuzüglich Fuhrlohn: 43 Gulden 9 Schilling 8 Heller
— Preis für 1 Breslauer Stein (= 24 Breslauer Pfund) in Rh. Gulden: 8 Gulden 3 Schilling $\frac{3}{4}$ Heller
— Umrechnung in U. Währung: 6 U. Gulden 9 Groschen 7 $\frac{61}{80}$ Heller

127) Mit dieser Aufgabe werden Dreisatz und Bruchrechnung geübt:
75 Zobel kosten 141 $\frac{51}{64}$ Gulden, 789 Wieselfelle kosten 43 $\frac{79}{200}$ Gulden, 389 Hermelinfelle kosten 33 $\frac{441}{800}$ Gulden, und 2975 feine Lederarbeiten kosten 173 $\frac{47}{160}$ Gulden.

128)-130) Drei weitere Aufgaben zur Prozentrechnung
128) Die 59 Zentner kosten insgesamt 480 Gulden, 1 Zentner kostet also im Durchschnitt 8 $\frac{8}{59}$ Gulden. 3 % Aufschlag ergibt 8 Gulden 7 Groschen 11 $\frac{199}{295}$ Pfennig.
129) Ries berechnet zunächst mit Hilfe des Dreisatzes die Pfundpreise der drei Waren nach 7%igem Aufschlag. Danach soll der Gesamtgewinn bestimmt werden: Die Einkaufspreise betragen für den Safran 150 Gulden 10 Schilling, für die Nelken 46 Gulden 8 Schilling und für den Ingwer 93 Gulden 15 Schilling, insgesamt also 290 Gulden 13 Schilling. 7 % davon sind aber 20 Gulden 6 Schilling 10 $\frac{23}{25}$ Heller und nicht, wie Ries angibt, 20 Gulden 6 Schilling 10 $\frac{4}{5}$ Heller.
Bereits in der 2. Auflage seines Buchs von 1525 [16b, E^{5v}] hat Ries diesen geringfügigen Fehler korrigiert.
Bei der Aufgabenformulierung unterläuft Ries wieder ein Personenwechsel (von "er" zu "ich").

154

130) Die Einkaufspreise betragen pro Pfund Pfeffer $17\frac{7}{18}$ Schilling, pro Pfund Ingwer $17\frac{7}{15}$ Schilling und pro Pfund Safran 2 Gulden $12\frac{1}{6}$ Schilling. Ries gibt die um 12 % erhöhten Preise an.
Insgesamt hat der Händler 175 Gulden 1 Schilling bezahlt. Mit Hilfe des Dreisatzes berechnet Ries davon 12 %.

131)–135) Weitere Dreisatzaufgaben
131) "Pfund" ist hier auch eine Währungseinheit. Der Preis für 1 Zentner (=100 Pfund) beträgt $3463\frac{4}{5}$ Pfennig. Mittels Dreisatz erhält man den angegebenen Preis für 2556 Pfund.
132) 1 Zentner kostet $5\frac{2}{3} \cdot 234$ Pfennig = 1326 Pfennig
133) Der Preis für 1817 Pfund beträgt $12918\frac{87}{100}$ Pfennig = 72 Gulden $102\frac{87}{100}$ Pfennig.
134) Offenbar wiegen die vier Scheiben soviel wie die beiden genannten Gewichte zusammen, also 2824 Pfund.
135) Die vier Scheiben wiegen zusammen 2394 Pfund.

136) Eine Tara-Aufgabe, die in der bereits beschriebenen Weise (vgl. Nr. 100) zugunsten des Verkäufers gerechnet wird: 1 Zentner + 12 Pfund = 144 Pfund sollen $9\frac{1}{4}$ Mark kosten, woraus der Preis für das Öl (3030 Pfund) zu bestimmen ist. Die Mark als Währungseinheit tritt im Rechenbuch sonst nicht mehr auf.

137)–138) Für einen festen Betrag sollen unterschiedlich teure Waren in einem bestimmten Mengenverhältnis gekauft werden.
137) Die Berechnung geht aus von dem Preis für 3 Pfund mit je 1 Pfund Safran, Nelken und Ingwer.
138) Hier geht die Berechnung von dem Preis für 3 Zentner aus, die 2 Zentner Wolle und 1 Zentner Wachs enthalten.

139) Die Scheiben wiegen zusammen 1673 Pfund. Die Währungseinheit "Pfund" hat hier und in der folgenden Aufgabe wieder 30 Pfennig.

140) Die Fässer wiegen insgesamt 1226 Pfund.

142)–143) 2 Aufgaben zum umgekehrten Dreisatz
142) Um eine Verteuerung des Getreidepreises weniger bewußt zu machen, soll der Brotpreis (1 Pfennig) konstant bleiben, statt dessen aber das Gewicht des Brotes entsprechend abnehmen. In einem Frankfurter Kapitular aus dem 8. Jahrhundert finden sich dafür bereits gesetzliche Regelungen (vgl. [46, S. 517 f.]). In seinem "Gerecht Büchlein auff den Schöffel, Eimer vnd Pfundtgewicht..." [18] gibt Ries u. a. detaillierte

Tabellen für das Brotbacken an, damit der *arme gemeine man ym Brot-kauff nicht vbersetzt* (übervorteilt) werde, wie er im Vorwort schreibt.
Über jemanden, der seine berufliche oder gesellschaftliche Position ver-loren hat oder seinen Lebensstandard nicht halten konnte, sagt noch heute der Volksmund nicht ohne Schadenfreude: "Er muß jetzt kleinere Brötchen backen."
Der Begriff "umgekehrter Dreisatz" geht darauf zurück, daß das 1. Stück (14 Groschen) und das 3. Stück (17 Groschen) vertauscht werden; an-schließend kann wie üblich weitergerechnet werden, wie man sich auf-grund der indirekten Proportionalität leicht überzeugt.

143) Der Flächeninhalt des rechteckigen Futtertuchs soll mit dem Inhalt des Tuchs übereinstimmen. Bei konstantem Flächeninhalt stehen die Sei-tenlängen eines Rechtecks in umgekehrter Proportionalität zueinander. Auch dieser Aufgabentyp hat eine lange Tradition: Er ist bereits im 9. Jahrhundert in Indien nachweisbar [46, S. 518].
Der umgekehrte Dreisatz ist hier mit Brüchen durchzuführen.

144-145) Bei diesen Dreisatzaufgaben sind sämtliche Preise gegeben, dafür aber wird nach dem Gewichts- oder Währungssystem gefragt.
145) Es gilt $\frac{109}{150}$ Gulden = 19 Groschen $7\frac{11}{25}$ Pfennig, und gesucht ist der Umrechnungskurs für 1 Gulden. Der von Ries gewählte Dreisatz führt daher zum richtigen Ergebnis.

146) Eine Aufgabe zum Siebensatz, einem weiteren Spezialfall des sog. Kettensatzes — vgl. Nr. 118 und [52, S. 79—82], [46, S. 366 f.]
Wir rechnen: 1000 Pfund von Padua = $1000 \cdot \frac{5}{7}$ Pfund von Venedig = $1000 \cdot \frac{5}{7} \cdot \frac{6}{10}$ Pfund von Nürnberg = $1000 \cdot \frac{5}{7} \cdot \frac{6}{10} \cdot \frac{73}{100}$ Pfund von Köln.
Das Schema bei Ries ist wieder so angelegt, daß das Produkt der Zahlen in der ersten und der 2. Spalte zusammen mit den 1000 (Pfund von Pa-dua) aus der Frage ein Dreisatzschema ergibt. In einem solchen Schema können offenbar gemeinsame Faktoren der ersten und der 2. Spalte so-wie der ersten Spalte und der Zahl aus der Frage gekürzt werden, hier insbesondere 1000 gegen $10 \cdot 100$. Wahrscheinlich hat Ries wieder darauf verzichtet, um den Aufbau des Schemas in den Vordergrund zu stellen.

147)-148) 2 Aufgaben zum zusammengesetzten Dreisatz
147) Der Fuhrlohn verhält sich proportional zum Gewicht und zur Entfer-nung. Die Rechenanweisung nach dem Diagramm, das dem Schema des Kettensatzes ähnelt, ist korrekt — Schüler rechnen heute ausführlich wie folgt:

3 Zentner und 24 Meilen $\triangleq$ 1 U. Gulden
1 Zentner und 24 Meilen $\triangleq$ $\frac{1}{3}$ U. Gulden

$$11 \text{ Zentner und } 24 \text{ Meilen } \triangleq \frac{11}{3} \text{ U. Gulden}$$

$$11 \text{ Zentner und } 1 \text{ Meile } \triangleq \frac{11}{24 \cdot 3} \text{ U. Gulden}$$

$$11 \text{ Zentner und } 120 \text{ Meilen } \triangleq \frac{11 \cdot 120}{24 \cdot 3} \text{ U. Gulden}$$

148) Die Entfernung verhält sich proportional zum Fuhrlohn, bei konstantem Fuhrlohn aber umgekehrt proportional zum Gewicht; der Dreisatz setzt sich also aus einem geraden und einem ungeraden Verhältnis zusammen.

Das Diagramm hat die gleiche Struktur wie in der vorigen Aufgabe. Insbesondere steht unter den gegebenen Größen diejenige in der Mitte, auf deren Größenbereich die Frage abzielt. Hier sind es 7 Meilen, und nach der Entfernung ist auch gefragt.

Aufgrund des ungeraden Verhältnisses muß Ries nun jedoch über Kreuz multiplizieren: (1 Gulden 2 Pfund 9 Pfennig) · 48 = 279 Pfennig · 48 = 13392 Pfennig, 4 · 20 Gulden = 4 · 4200 Pfennig = 16800 Pfennig
Das anschließende Dreisatzschema führt, wie leicht zu überprüfen ist, zum richtigen Ergebnis.

149-150) Das Verfahren zur Lösung von Aufgaben des zusammengesetzten Dreisatzes wird nun auf zwei Probleme der einfachen Verzinsung angewendet. Auch hier besteht jeweils ein gerades und ein ungerades Verhältnis, denn die Verzinsungszeit ist proportional zum Zins (Gewinn), bei konstantem Zins aber umgekehrt proportional zum Kapital.

Im Unterschied zu späteren Auflagen seines Buchs gibt Ries hier die Diagramme nicht mehr an, aus denen er nach Multiplikationen über Kreuz die Dreisatzschemata gewinnt.

149) Das Diagramm hätte die Gestalt:

12 Gulden	3 Jahre	20 Gulden
7 Gulden		12 Gulden

150) Das Diagramm hätte die Gestalt:

5 Monate	80 Gulden	1 Jahr
12 Gulden		30 Gulden

151) Eine komplizierte Zinseszinsrechnung

Aufgrund des jahrhundertelangen kirchlichen Verbots, Zinsen zu nehmen, waren es meist jüdische Geldverleiher, die in Zeiten wirtschaftlicher Prosperität das dringend benötigte Kapital zur Verfügung stellten, häufig zu recht hohen Zinsen. (Vgl. [46, S. 539 f.].)

Mit dieser Aufgabe leistet Ries eine wichtige Aufklärungsarbeit zum Schutz vor Übervorteilung: Der scheinbar niedrige Wochenzins von 2 Pfennig pro Gulden (= 252 Pfennig) führt zu einem Jahreszinssatz von ungefähr $45\frac{1}{2}$ %! Bewundernswert ist auch die rechnerische Leistung. Selbst mit einem modernen Taschenrechner läßt sich dieses exakte Ergebnis nicht ermitteln; da müssen wir schon zu Computerprogrammen greifen. Andererseits ist eine solche Genauigkeit für die Praxis völlig wertlos. Aber Ries rundet nirgendwo die Ergebnisse seiner Aufgaben, wie die zahlreichen Hellerbruchteile zeigen, für die im damaligen Handel natürlich keine Münzen im Umlauf waren. Vielleicht will er dem Leser, der die Aufgaben nachrechnen will, eine bis ins Detail gehende Ergebniskontrolle ermöglichen.

Ist K_8 das Kapital nach 4 Jahren (8 Halbjahren), so gilt:

$$K_8 = 5040 \cdot \left(\frac{6080}{5040}\right)^8 \text{ Pfennig}$$

Ries berechnet die Kapitalien schrittweise von einem Halbjahr zum anderen mit dem Dreisatz, wobei er den Wachstumsfaktor $\frac{6080}{5040}$ erst durch 10 und dann durch 8 kürzt. Außerdem beachtet er den Rechenvorteil, der darin besteht, die unechten Brüche stehenzulassen und erst zum Schluß zu dividieren. Die ganzzahligen Pfennige werden abschließend in die höheren Geldwerte umgewandelt.

Es fällt auf, daß Ries eingangs von "Vierteljahren" (im Originaltext: "quartal") spricht, die Verzinsungszeit in der Aufgabe aber jeweils ein halbes Jahr beträgt.

152-153) Der "Einkauf gleicher Mengen" war ein beliebtes Problem der Unterhaltungsmathematik (vgl. [46, S. 598—601]). Mit Nr. 137 ist uns schon ein Beispiel begegnet, Nr. 152 wird ganz ähnlich gelöst.

153) Für 1 Gulden soll von allen vier Groschenarten gleich viel erworben werden. Die Zahlen 7, 18, 21 und 28 sind die Nenner der Stammbrüche, die als Maßzahlen von Gulden bei den Preisen von je 1 Groschen auftreten. Die Summe dieser Guldenbruchteile — Ries erläutert hierfür die Berechnungsweise — beträgt (ungekürzt) $\frac{20874}{74088}$ Gulden: Das ist der Preis für 4 Groschen, je einer von jeder Sorte. Daraus wird das Dreisatzschema verständlich.

154) Eine Dreisatzaufgabe mit Tara und Rabatt
Das Nettogewicht beträgt nach Abzug der Tara, dem Holzgewicht der Butterkübel, $192\frac{11}{12}$ Pfund. Nach der Berechnung des Preises für das Nettogewicht sind noch 3 Pfennig abzuziehen.

In den folgenden drei Kapiteln präsentiert Ries Aufgaben aus seinem späteren beruflichen Umfeld: Als hoher Beamter im Annaberger Silberbergbau hatte er mit der **Silber- und Goldrechnung**, der **Beschickung des Schmelztiegels** und dem **Münzschlag** direkt zu tun.

Silber- und Goldrechnung (S. 68):

In den 9 Aufgaben (Nr. 155-163) dieses Kapitels geht es um Preisberechnungen von Gold und Silber, wobei das Feingewicht eine Rolle spielt.

"Mark" kommt hier erstmals als Gewichtseinheit vor: Besondere Bedeutung hatte die aus Nordeuropa stammende Mark für die Münzprägung. Die alten Gewichte "Lot" (für Silber) sowie "Karat" und "Gran" (für Gold) finden heute noch in der Edelmetallverarbeitung und der Schmuckindustrie Verwendung; reines Gold hat 24 Karat.

Feinsilber hat einen Feingehalt von 16 Lot pro Mark; "gekörntes" Silber ist mit Kupfer legiert, so daß der Feingehalt niedriger ist. Der Begriff geht darauf zurück, daß man den Feingehalt eines Metallstücks herauslöst, indem man es schmilzt und das edlere Metall, meistens Silber, in Körner zerteilt − vgl. [48, S. 252], [46, S. 567]. Die heute noch gebräuchlichen Fachbegriffe "Schrot" (Gesamt- oder Rauhgewicht von Münzen) und "Korn" (Feingewicht von Münzen) sind vor allem aus einer Redensart bekannt: "... von echtem Schrot und Korn".

155-156) Einfache Silberpreisberechnungen, bei denen die neuen Gewichtseinheiten eingeübt werden sollen

157) Eine typische Aufgabe, bei der der Feingehalt und der Preis für Feinsilber gegeben sind und nach dem Preis für die Silberlegierung gefragt wird. Ries erläutert ausführlich, wie man mit Hilfe zweier Dreisatzrechnungen zur Lösung kommt. Zu beachten ist noch, daß das zugesetzte unedlere Metall (Kupfer) ohne Berechnung bleibt.

158) Diese Aufgabe bringt gegenüber Nr. 157 inhaltlich nichts Neues. Deshalb kann Ries auch auf das Lösungsverfahren der vorigen Aufgabe verweisen.

Als Alternative bietet er aber eine zweite Methode an, die die Rechnung vorteilhafter gestaltet: Anstatt das Feingewicht des Silbers auf die größte Einheit umzurechnen (187 Mark 14 Lot 2 Quent $3\frac{27}{64}$ Pfenniggewicht), läßt er die Einheit "Pfenniggewicht" mit dem unechten Bruch als Maßzahl ($\frac{3078875}{64}$) stehen, so wie es sich aus dem 1. Dreisatz ergibt.

Die weitere Erläuterung bezieht sich lediglich auf die Auflösung der Brüche im 2. Dreisatz in der üblichen Weise (vgl. Nr. 61).

159) Eine einfache Goldpreisberechnung

Um den Goldgehalt zu prüfen, zog man mit dem Metallstück oder mit Goldwaren Striche auf einem Kieselschiefer, dem sog. Probierstein. Diese Striche konnte man nun mit "Probiernadeln" vergleichen, Stäbchen aus Legierungen verschiedenen, jeweils bekannten Goldgehalts.

160) Eine typische Aufgabe, bei der der Feingehalt und der Preis für Feingold gegeben sind und nach dem Preis für die Goldlegierung gefragt
wird. Ries faßt sich kurz, da er das Lösungsverfahren bereits bei den
analogen Aufgaben zur Silberrechnung (Nr. 157-158) ausführlich dargelegt hat.
Das Feingewicht des Goldstücks beträgt 19 Mark 4 Karat.
Zu beachten ist wieder, daß das zugesetzte unedlere Metall nichts kostet: es kann sich wohl nur um Kupfer handeln (vgl. auch Nr. 163).

161) Ries erläutert hier ausführlich die Lösung, die der 1. Methode zu Nr. 158
entspricht. Weniger umständlich wäre es gewesen, die 2. Methode zu
dieser "Silberrechnung" auch hier anzuwenden: Aus dem 1. Dreisatz ergibt sich der Wert $\frac{124125}{64}$ Gran, mit dem sich vorteilhaft weiterrechnen
läßt.

162) Die Berechnung des Feingewichts erfolgt "durch Umstellen des Dreisatzes", was aber nichts mit dem umgekehrten Dreisatz zu tun hat:
Anstelle des natürlichen Ansatzes
1 Mark   22 Karat 3 Gran   21 Mark 14 Lot 3 Quent 3 Pfenniggewicht,
der zum Ergebnis 20 Mark 18 Karat 3 Gran $2\frac{223}{256}$ Grän führen würde,
stellt Ries das zweite und das 3. Glied um. Dadurch verändert sich am
Ergebnis nichts, jedoch erhält er das Feingewicht nun in den Einheiten
Mark, Lot, Quent, Pfenniggewicht und Hellergewicht. Dies ist für die
anschließende Preisberechnung von Vorteil, da der Preis pro Lot gegeben
ist.

163) Die letzte und komplizierteste Aufgabe dieses Kapitels: Ein Stück ver-
goldeten Silbers hat einen Edelmetallanteil von 11 Lot 2 Quent pro
Mark, wovon 2 Quent 2 Pfenniggewicht auf Gold entfallen, das aber
selbst nur — mit Silber legiert — einen Feingehalt von 22 Karat 1 Gran
hat. Gegeben sind die Preise für Feinsilber pro Mark und für Feingold
pro Karat, und der Preis des gesamten Metallstücks ist gesucht, wobei
noch ein Scheidelohn pro Mark anfällt.
Die einzelnen Rechenschritte sehen so aus:
— Bestimmung des Feingewichts des Goldanteils von 1 Mark durch "Umstellen des Dreisatzes": Anstelle des Ansatzes
    24 Karat   22 Karat 1 Gran   2 Quent 2 Pfenniggewicht
  vertauscht Ries das zweite und das 3. Stück. Das Ergebnis in Quent
  und Pfenniggewicht erweist sich bei der nächsten Teilrechnung als
  vorteilhaft.
— Abzug des Feingoldgewichts pro Mark vom Edelmetallgewicht pro
  Mark: Als Ergebnis erhält man das Feinsilbergewicht pro Mark.

- Berechnung des Feinsilberpreises pro Mark
- Berechnung des Feingoldpreises pro Mark: Dabei ist die Umrechnung 1 Karat = $\frac{2}{3}$ Lot zu berücksichtigen.
- Berechnung des Edelmetallpreises pro Mark (Summe der beiden vorherigen Preise)
- Abzug des Scheidelohns pro Mark: Man erhält den Nettopreis für den Edelmetallanteil pro Mark.
- Berechnung des Preises für das vergoldete Silber

Beschickung des Schmelztiegels (S. 72):
Es folgen 5 Aufgaben zur Legierung von Silber, die im wesentlichen mit Hilfe der Mischungsrechnung gelöst werden.
Wir verstehen die Lösungsmethoden besser, wenn wir auf algebraische Formeln zurückgreifen. Es sei darauf hingewiesen, daß die Variablen in den Formeln dieses Kapitels keine Größen, sondern nur deren Maßzahlen darstellen.

164) Drei verschieden schwere Mengen Silber von unterschiedlichem Feingehalt werden zusammengeschmolzen. Gefragt ist nach dem Feingehalt der entstehenden Legierung.
Sind m_1, m_2, m_3 die Gewichte (Einheit: Lot) der drei Mengen und x_1, x_2, x_3 die zugehörigen Feingehalte (Einheit: Quent pro 16 Lot oder Quent pro Mark), so beträgt die Summe der Feingewichte

$$\frac{m_1}{16} \cdot x_1 + \frac{m_2}{16} \cdot x_2 + \frac{m_3}{16} \cdot x_3 \quad \text{Quent}.$$

Daher hat der Feingehalt der Legierung (Mischung) den Betrag

$$\frac{\frac{m_1}{16} \cdot x_1 + \frac{m_2}{16} \cdot x_2 + \frac{m_3}{16} \cdot x_3}{m_1 + m_2 + m_3} \quad \text{Quent pro Lot}$$

$$= \frac{m_1 x_1 + m_2 x_2 + m_3 x_3}{m_1 + m_2 + m_3} \quad \text{Quent pro Mark}.$$

Hier gilt: $m_1 = 408$ (Lot), $m_2 = 780$ (Lot), $m_3 = 676$ (Lot), $x_1 = 31$ (Quent / 16 Lot), $x_2 = 34$ (Quent / 16 Lot), $x_3 = 51$ (Quent / 16 Lot)
Die Rechenanweisung von Ries entspricht unserer Formel.
Ries gibt eine Alternative an, zu der der obige, an falscher Stelle stehende Satz gehört: "Berechne zuerst, welches Feingewicht jeder einzelne Posten hat." Mit Hilfe des Dreisatzes können die Feingewichte der drei Silberstücke berechnet werden — beide Diagramme liefern die hierzu nötigen Dreisatzschemata. Der 1. Silberposten hat demnach ein Feingewicht von $12\frac{45}{128}$ Mark, der zweite ein Feingewicht von $25\frac{115}{128}$ Mark und der dritte ein Feingewicht von $33\frac{171}{256}$ Mark. Die Summe dieser Feinge-

wichte ($71\frac{235}{256}$ Mark), dividiert durch die Summe der Rauhgewichte ($116\frac{1}{2}$ Mark), ergibt den gesuchten Feingehalt (Feingewicht von 1 Mark).

165) Eine typische Aufgabe aus der Mischungsrechnung: Der Feingehalt einer Silberlegierung soll erhöht werden, und es stellt sich daher die Frage, wieviel Feinsilber zuzusetzen ist.

Ist m_1 das Gewicht der Silberlegierung (Einheit: Mark) und x_1 ihr Feingehalt (Einheit: Lot pro Mark), so hat nach Zugabe von m_2 Mark Feinsilber die Legierung — nunmehr mit dem Gewicht ($m_1 + m_2$) Mark — den Feingehalt

$$x = \frac{m_1 x_1 + m_2 \cdot 16}{m_1 + m_2} \text{ Lot pro Mark.}$$

Daraus folgt:

$$m_2 = \frac{m_1 (x - x_1)}{16 - x} \text{ Mark}$$

(Die Zahl 16 hat in den Formeln die Einheit Lot pro Mark.)

In der vorliegenden Aufgabe sind $m_1 = 1$ (Mark), $x = 11$ (Lot pro Mark) und $x_1 = 9$ (Lot pro Mark) gegeben, und m_2 ist gesucht.

Riesens Mischungsdiagramm hätte allgemein folgende Gestalt:

$$16 - x \qquad\qquad x - x_1$$
$$x_1 \qquad\qquad\qquad 16$$
$$x$$

Die Terme der obersten Zeile entstehen, wie auch Ries beschreibt, durch Subtraktionen über Kreuz aus den unteren Zahlen: Es begegnet uns hier also das aus der Mischungsrechnung bekannte Mischungskreuz.

Riesens Dreisatz zur Berechnung von m_2 lautet nun allgemein so:

$16 - x$ (Lot pro Mark) erfordern für den höheren Feingehalt $x - x_1$ (Lot pro Mark) Feinsilber. (Vgl. die oberste Zeile des Mischungsdiagramms.) Wieviel erfordern m_1 Mark Legierung?

Wegen $(16 - x) : (x - x_1) = m_1 : m_2$ führt dieser Dreisatz zur gesuchten Feinsilberzugabe m_2.

166) In dieser Aufgabe ist mit den obigen Bezeichnungen $m_1 = 38\frac{55}{64}$ (Mark) $x_1 = 6\frac{3}{4}$ (Lot pro Mark), $x = 9\frac{1}{4}$ (Lot pro Mark) gegeben, und m_2 ist wieder gesucht.

Im Mischungsdiagramm fehlen die Differenzen $16 - x$ und $x - x_1$, also die Werte der oberen Zeile; es wäre hier — mit den gemischten Einheiten Lot / Quent oder nur mit Quent geschrieben — in folgender Weise zu ergänzen:

6.3	2.2		27	10
6.3	16	bzw.	27	64
9.1			37	

Die weitere Rechnung verläuft analog zur vorigen Aufgabe.

167) Nun will ein Münzmeister den Feingehalt eines Silberstücks verringern. Dazu verwendet er Kupfer, das den Feingehalt 0 (Lot pro Mark) hat.

Ist m_1 das Gewicht der Silberlegierung (Einheit: Mark) und x_1 ihr Feingehalt (Einheit: Lot pro Mark), so hat nach Zugabe von m_2 Mark Kupfer die Legierung — nunmehr mit dem Gewicht $(m_1 + m_2)$ Mark — den Feingehalt

$$x = \frac{m_1 x_1}{m_1 + m_2} \quad \text{Lot pro Mark.}$$

Daraus folgt:

$$m_2 = \frac{m_1 (x_1 - x)}{x} \quad \text{Mark}$$

Der Zusatz von Kupfer anstelle von Feinsilber verändert die Formeln von Nr. 165 nur insoweit, als der Feinheitsgrad 16 (Lot pro Mark) durch den Feinheitsgrad 0 (Lot pro Mark) ersetzt werden muß.

Das allgemeine Mischungsdiagramm hat nun die Gestalt

x		$x_1 - x$
x_1		0
	x	

In der vorliegenden Aufgabe sind $m_1 = 20\frac{9}{16}$ (Mark), $x_1 = 12\frac{1}{4}$ (Lot pro Mark), $x = 6\frac{3}{4}$ (Lot pro Mark) gegeben, und m_2 ist gesucht. Im Mischungsdiagramm bei Ries sind die Maßzahlen in Quent angegeben. Im Begleittext zur Berechnung von m_2 mit Hilfe des Dreisatzes wäre es daher näherliegend gewesen, von 27 Quent und 22 Quent anstatt von 27 Lot bzw. 22 Lot zu sprechen.

168) Sind m_1, m_2, m_3, m_4 die Rauhgewichte der Silberstücke (Einheit: Mark), x_1, x_2, x_3, x_4 die zugehörigen Feingehalte (Einheit: Lot pro Mark) und m das Gewicht des zuzusetzenden Feinsilbers (Einheit: Mark), so hat die Legierung den Feingehalt

$$x = \frac{m_1 x_1 + m_2 x_2 + m_3 x_3 + m_4 x_4 + m \cdot 16}{m_1 + m_2 + m_3 + m_4 + m} \quad \text{Lot pro Mark.}$$

Daraus folgt:

$$m = \frac{x \cdot (m_1 + m_2 + m_3 + m_4) - (m_1 x_1 + m_2 x_2 + m_3 x_3 + m_4 x_4)}{16 - x} \quad \text{Mark}$$

$$= \frac{x}{16 - x} \cdot (16(m_1 + \ldots + m_4) - (m_1 x_1 + \ldots + m_4 x_4)) - (m_1 x_1 + \ldots + m_4 x_4) \quad \text{Lot}$$

Dabei sind $\sum m_i$ und $\sum 16 m_i$ ($i = 1, \ldots, 4$) die Summe der Rauhgewichte (Einheit: Mark bzw. Lot), $\sum m_i x_i$ ($i = 1, \ldots, 4$) ist die Summe der Feingewichte (Einheit: Lot), $\sum 16 m_i - \sum m_i x_i$ ($i = 1, \ldots, 4$) ist das gesamte Kupfergewicht (Einheit: Lot), $16 - x$ ist der Kupfergehalt (Einheit: Lot pro Mark), und x ist wieder der Feingehalt an Silber (Einheit: Lot pro Mark). In der vorliegenden Aufgabe treten die Werte $m_1 = 11$, $m_2 = 15$, $m_3 = 24$, $m_4 = 136$ (Einheit: jeweils Mark), $x_1 = 9$, $x_2 = 7$, $x_3 = 10$, $x_4 = 14$ und $x = 15$ (Einheit: jeweils Lot pro Mark) auf, und m ist gesucht. Ries rechnet gemäß der 2. Identität für m, doch ist sein Lösungsweg mit Dreisatz auch ohne Kenntnis der Formeln gut verständlich.

Vom Münzschlag (S. 74):
Die folgenden 7 Aufgaben zur Prägung von Münzen lassen sich mit Hilfe des Dreisatzes leicht lösen, bereiten aber zunächst merkwürdige Verständnisschwierigkeiten, da Silberpreis, Feingehalt und Währungssystem miteinander in Beziehung gebracht werden.

169) Aus Silber zum Preis von 1 Gulden mit dem Feingehalt 9 Lot pro Mark sollen 21 Groschen geprägt werden, und zwar 6 Stück pro Lot. Die letzte Angabe bezieht sich natürlich auf die Silberlegierung und nicht auf das Feinsilber; üblicherweise enthielten Silbergroschen nicht nur reines Silber.
Gesucht ist der Preis für 1 Mark Feinsilber.
Zunächst berechnet Ries, wieviel Groschen 1 Mark Silber(legierung) ergibt (96 Groschen). Diese Groschen haben das Feingewicht 9 Lot, so daß sich die Anzahl der Groschen für 16 Lot (= 1 Mark) Feinsilber bestimmen läßt. Die Umrechnung in Gulden ergibt den Feinsilberpreis von 1 Mark.

170) Derselbe Aufgabentyp mit anderen Werten

171) Eine Umkehraufgabe: Hier ist der Preis für 1 Mark Feinsilber gegeben, gefragt ist nach der Anzahl der Groschen, die man aus Silber im Wert von 1 Gulden prägen kann.
Zunächst wird die Anzahl der Groschen pro Mark (16 Lot) bestimmt

(96 Groschen). Diese Groschen haben das Feingewicht 10 Lot, so daß sich die Anzahl der Groschen für 1 Mark Feingewicht berechnen läßt (153 $\frac{3}{5}$ Groschen). Hierfür ist der Preis in Gulden bekannt — es folgt abschließend die Umrechnung von 1 Gulden in Groschen.

172) Derselbe Aufgabentyp mit anderen Werten: Das Feingewicht ist hier in den gemischten Einheiten Lot / Quent gegeben.

173) Eine Aufgabe mit anderer Umkehrung: Jetzt sind die Umrechnung von Gulden in Groschen und der Preis für 1 Mark Feinsilber gegeben, aber der Feingehalt der Münzen ist gesucht.
Aus 1 Lot Silber sollen 16 Groschen geschlagen werden. Daraus ergibt sich sofort, wieviel Groschen aus 16 Lot (= 1 Mark) Silber geschlagen werden können (256). Mit Hilfe der Preisangabe für 1 Mark Feinsilber und der bekannten Umrechnung zwischen Gulden und Groschen ist es nun möglich, die Menge Feinsilber zu berechnen, die dem Wert von 256 Groschen entspricht.

174) Derselbe Aufgabentyp mit anderen Werten: Ries verweist deshalb auch auf die vorige Aufgabe.

175) Wie die vorliegende Aufgabe zeigt, war die Münzprägung für den "Münzherrn", d. h. den Landesherrn mit Münzhoheit, ein sehr einträgliches Geschäft. Auch der für die Münzprägung technisch verantwortliche "Münzmeister" bekam einen Anteil.
Wieder wird nach dem Feingehalt der Münzen gefragt; aber im Unterschied zu Nr. 173 und 174 ist die Umrechnung nun zwischen Gulden, Groschen und Pfennigen gegeben, und der Gewinn für den Münzmeister und den Münzherrn ist zu berücksichtigen.
Aus 1 Mark Silber ergeben sich also — nach Abzug von 10 Groschen Gewinn — nur 78 Groschen. Der Preis für 1 Mark Feinsilber ist bekannt, so daß sich die Menge Feinsilber berechnen läßt, die 78 Groschen kostet. Diese Menge stellt das für 1 Mark erforderliche Feingewicht dar.
Man kann das Ergebnis folgendermaßen kontrollieren:
Ohne den Gewinn, also mit 88 Groschen pro Mark, hätte man ein Feingewicht von $9\frac{29}{75}$ Lot erhalten, wie sich leicht nachrechnen läßt. Die Differenz zu dem gemäß der Aufgabe geringeren Feingewicht beträgt $1\frac{1}{15}$ Lot. Diese Menge Feinsilber kostet gerade $\frac{1}{2}$ Gulden, wird also als Gewinn von 1 Mark einbehalten.

Von Handelsgesellschaften (S. 77):
Die folgenden 10 Aufgaben werden mit Hilfe der Verhältnisrechnung und
mit Dreisatz gelöst. Es geht es um Kapitaleinlagen und Gewinnverteilung
bei Handelsgesellschaften, die Teilung einer Erbschaft und eine besonders
originelle Aufgabe der Unterhaltungsmathematik.

176) Eine einfache Aufgabe der Gesellschaftsrechnung: Der Gewinn wird
proportional nach den Kapitaleinlagen verteilt.
Sind $k_1, \ldots, k_n$ die Kapitaleinlagen von n Gesellschaftern und s der Gewinn, so gilt für die Gewinnanteile $s_1, \ldots, s_n$ der Gesellschafter:

$$s_i = s \cdot \frac{k_i}{k_1 + \ldots + k_n} \ , \ i = 1, \ldots, n$$

Das Dreisatzschema bei Ries lautet allgemein:

$$k_1 + \ldots + k_n \qquad s \qquad \begin{matrix} k_1 \\ \vdots \\ k_n \end{matrix}$$

Die einzelnen Gewinnanteile rechnet er nun — in Entsprechung zu obiger
Formel — mit Dreisatz aus.

177) Hier spielt zusätzlich die Zeit, während der die Kapitaleinlagen der
einzelnen Gesellschafter zur Verfügung standen, eine Rolle. Im Fall der
einfachen Verzinsung läßt sich folgende Formel aufstellen.
Sind $k_1, \ldots, k_n$ die Kapitaleinlagen von n Gesellschaftern, $t_1, \ldots, t_n$ die
jeweiligen Anlagezeiten und s der Gewinn, so gilt für die Gewinnanteile
$s_1, \ldots, s_n$ der Gesellschafter:

$$s_i = s \cdot \frac{k_i \cdot t_i}{k_1 t_1 + \ldots + k_n t_n} \ , \ i = 1, \ldots, n$$

Das Dreisatzschema bei Ries lautet allgemein:

$$k_1 t_1 + \ldots + k_n t_n \qquad s \qquad \begin{matrix} k_1 t_1 \\ \vdots \\ k_n t_n \end{matrix}$$

Die einzelnen Gewinnanteile rechnet er nun — in Entsprechung zu obiger
Formel — mit Dreisatz aus.

178) Die Anteile $\frac{1}{3}$, $\frac{1}{4}$ und $\frac{1}{7}$ beziehen sich nicht direkt auf die 1300 Heringe — die Summe ist kleiner als 1 —, sondern sind im Verhältnis zueinander zu betrachten. Erweitert man nach Ries die Brüche mit 84, dem Produkt der Nenner, so erhält man eine Verteilung der Heringe von 28 : 21 : 12.

Die jeweiligen Anteile, die auf die drei Käufer entfallen, werden nun genauso wie in Nr. 176 berechnet. Die jeweiligen Kosten ergeben sich, nachdem man in der Mitte des Dreisatzschemas anstelle der Stückzahl den Gesamtpreis für die Heringe eingesetzt hat.

In diesem Zusammenhang ist ein Teilungsproblem zu nennen, das in der mathematischen Rätselliteratur unter der Bezeichnung "Ali Baba und die 17 Kamele" sehr bekannt geworden ist:

Ali Baba hinterließ seinen drei Söhnen 17 Kamele. Nach dem letzten Willen des Vaters sollte der älteste Sohn die Hälfte, der zweite ein Drittel und der jüngste ein Neuntel der Tiere erhalten.

Die Söhne waren sehr bekümmert, denn sie glaubten, einzelne Kamele schlachten zu müssen. Doch ein hilfreicher Nachbar stellte sein eigenes Kamel dazu, und siehe da — die Teilung ging nun auf: Der älteste Sohn erhielt 9, der zweite 6 und der dritte 2 Kamele. Zu ihrem Erstaunen blieb noch ein Kamel übrig, das sie dem freundlichen Nachbarn zurückgaben, und alle waren zufrieden.

Was war geschehen?

Zunächst fällt auf, daß die Erbanteile zusammen nur $\frac{17}{18}$ ausmachen. Erst auf 18 Kamele bezogen, werden 17 Kamele verteilt. Setzt man andererseits, wie in der vorliegenden Rechenbuchaufgabe, die Anteile ins Verhältnis zueinander, so erhält man nach Erweiterung mit 18 die Verteilung 9 : 6 : 2. Da die Summe der Glieder dieser Proportion 17 beträgt, war die Erbauteilung mit Hilfe des zusätzlichen Kamels korrekt.

179) Eine komplizierte Aufgabe, bei der Ries eine Gesellschaftsrechnung nach Art von Nr. 178 mit einem Warentransport kombiniert, bei dem Tara, Fuhrlohn, unterschiedliche Währungs- und unterschiedliche Gewichtssysteme zu berücksichtigen sind — die Bedingungen des Warentransports ähneln auffallend Nr. 124.

Die einzelnen Lösungsschritte sehen wie folgt aus:

— Preis von $201\frac{1}{2}$ Pfund (Nettogewicht) Pfeffer: 68 Gulden $1\frac{1}{2}$ Heller

— Addition des Fuhrlohns ergibt 70 Gulden 10 Schilling $1\frac{1}{2}$ Heller.

— Umrechnung in Silberwährung: 70 Gulden bleiben stehen, 10 Schilling $1\frac{1}{2}$ Heller werden gemäß der Parität 20 Schilling = 240 Heller (Goldwährung) $\triangleq$ 21 Groschen = 252 Pfennig = 504 Heller (Silberwährung)

umgerechnet: 10 Schilling $1\frac{1}{2}$ Heller = $10\frac{1}{2}$ Groschen + $1\frac{23}{40}$ Pfennig = 10 Groschen $7\frac{23}{40}$ Pfennig

- Umrechnung des Nürnberger (Netto-)Gewichts in Leipziger Gewicht: $221\frac{13}{20}$ Pfund
- Die Anteile $\frac{1}{3}$, $\frac{1}{5}$ und $\frac{1}{9}$ sind wieder im Verhältnis zueinander zu betrachten. Ries begründet, warum er nicht mit dem Nennerprodukt, sondern mit dem Hauptnenner 45 erweitert. Der Pfeffer wird also im Verhältnis 15 : 9 : 5 verteilt.
- Die jeweiligen Anteile und Kosten, die auf die drei Händler entfallen, werden nun mit Hilfe zweier Dreisatzschemata nach dem Vorbild der vorigen Aufgabe berechnet. Ries gibt nur diese Schemata und schon weiter oben die Ergebnisse an, führt die Rechnungen aber nicht mehr durch.

180) Diese originelle Aufgabe der Unterhaltungsmathematik hat Ries zweifellos selbst erfunden.

Die gegebenen Bruchanteile müssen wieder ins Verhältnis zueinander gesetzt werden. Ries begründet wieder, warum er nicht dem Nennerprodukt erweitert, aber er verfehlt den Hauptnenner (24) um den Faktor 2. Die einzelnen Personengruppen — Junggesellen, Bürger, Edelleute, Bauern und Jungfrauen — verteilen sich also im Verhältnis 16 : 12 : 8 : 6 : 36 auf die 546 Teilnehmer der Tanzveranstaltung. Daraus läßt sich die Anzahl der Teilnehmer jeder Personengruppe berechnen.

Ries hat es aber nun so eingerichtet, daß zuwenig Mädchen als Tänzerinnen zur Verfügung stehen: es fehlen 42 Mädchen. Daher müssen stets 42 Männer beim Tanzen pausieren ("feiern" — wie es Ries im Originaltext ausdrückt), die sich, damit es gerecht zugeht, im Verhältnis 16 : 12 : 8 : 6 auf die männlichen Personengruppen verteilen. Dies gibt Anlaß zu einer zweiten Verhältnisrechnung: Die letzte Zahl in der rechten Spalte des 2. Dreisatzschemas lautet 0, da natürlich kein Mädchen pausieren muß. Als 1. Glied des Dreisatzes erhält man 16 + 12 + 8 + 6 = 42.

181) Hier ist die Summe der Anteile größer als 1. Nach Erweiterung mit 105 ergibt sich ein Verhältnis von 70 : 63 : 30. Darüber hinaus bietet die Aufgabe nichts Neues. Auffallend ist, daß Ries die Guldenbruchteile nicht wie sonst auf kleinere Einheiten umrechnet.

182) Diese leichte Erbschaftsaufgabe behandelt Ries sehr kurz. Die Erbschaftsanteile für den Sohn, die Ehefrau und die beiden Töchter stehen im Verhältnis 4 : 2 : 1 : 1 zueinander.

183) Hier geht es wieder um eine Handelsgesellschaft mit unterschiedlichen Kapitaleinlagen und Anlagezeiten (vgl. Nr. 177), aber jetzt sind die einzelnen Gewinnkapitalien $k_i + s_i$, die Anlagezeiten t_i ($i = 1, 2, 3$) und das Einlagekapital k_1 gegeben, und die eingelegten Kapitalien k_2 und k_3 sind gesucht.

Dieses Umkehrproblem löst Ries wie folgt:

Er ermittelt zunächst den Reingewinn des 1. Gesellschafters für dessen Anlagezeit von 9 Monaten (40 Gulden), danach rechnet er diesen Gewinn mit Dreisatz auf die Anlagezeit des 2. Gesellschafters (12 Monate) proportional um ($53\frac{1}{3}$ Gulden). Damit hat er auch das Kapital zuzüglich Gewinn des 1. Gesellschafters für 12 Monate ($133\frac{1}{3}$ Gulden). Nun ist das Verhältnis von Gewinnkapital und Anlagekapital bei gleichen Zeiträumen für alle Gesellschafter konstant, so daß sich aus dem bekannten Gewinnkapital des 2. Gesellschafters (570 Gulden) dessen Anlagekapital berechnen läßt. Hierzu setzt Ries wieder den Dreisatz an und nennt noch das Ergebnis (342 Gulden).

Ries kann jetzt davon ausgehen, daß das Verfahren völlig klargeworden ist: So überläßt er dem Leser die Berechnung des 3. Anlagekapitals und gibt zur Kontrolle nur noch das Ergebnis an. Die entsprechenden Überlegungen wären: 9 Monate bringen 40 Gulden Gewinn (vgl. den 1. Gesellschafter). Dann ergeben 7 Monate $31\frac{1}{9}$ Gulden Gewinn, also zuzüglich Anlagekapital (80 Gulden) ein Gewinnkapital von $111\frac{1}{9}$ Gulden. Nun ist das auf 7 Monate bezogene konstante Verhältnis von Gewinnkapital und Anlagekapital wieder bekannt, so daß sich aus dem Gewinnkapital des dritten Gesellschafters (590 Gulden) das Anlagekapital berechnen läßt.

184) Diese Aufgabe zeigt, daß man in eine Handelsgesellschaft auch Waren einbringen konnte. Der zweite und der 3. Gesellschafter legen Silber bzw. Wein anstatt eines Geldbetrags ein, ansonsten handelt es sich um eine ähnliche Problemstellung wie in der vorigen Aufgabe. Allerdings sind, wie das Lösungsverfahren zeigt, nicht die einzelnen Gewinnkapitalien, sondern die jeweiligen Reingewinne gegeben.

Ries rechnet nun mit dem Produkt "Anlagekapital mal Anlagezeit" im Dreisatz — sein Verfahren wird mit Blick auf die Formel zu Nr. 177 einsichtig: Aus dieser Identität folgt, daß das Verhältnis von s_i und $k_i \cdot t_i$ für $i = 1, 2, 3$ konstant ist. k_2 und k_3 sind in dieser Aufgabe natürlich keine Kapitalien, sondern die Geldwerte für das Silber bzw. den Wein.

Gegeben sind hier k_1, t_i und s_i ($i = 1, 2, 3$), und k_2, k_3 sind gesucht. Ries berechnet $k_1 t_1$, daraus mit Dreisatz $k_2 t_2$ und k_2. Mit Dreisatz kann man ebenso $k_3 t_3$ und k_3 berechnen, worauf Ries aber verzichtet; weiter oben im Text hatte er das Ergebnis schon mitgeteilt. Die naheliegende Frage nach dem Wert von 1 Mark Silber und 1 Fuder Wein greift er nicht auf.

185) Auch bei dieser Aufgabe sind die Einlagen des zweiten und des 3. Gesellschafters nicht bekannt, aber der Zeitfaktor spielt hier keine Rolle. Gegeben ist der Reingewinn und der Verteilungsschlüssel $\frac{1}{3} : \frac{1}{4} : \frac{1}{5}$, den Ries auf $20 : 15 : 12$ erweitert. Daraus berechnet er die jeweiligen Einzelgewinne. Da das Verhältnis von Gewinn und Kapital bei allen Gesellschaftern konstant und beim ersten bekannt ist — vgl. die Formel zu Nr. 176 —, kann nun auch auf das Kapital des zweiten und den Wert der "Weineinlage" des dritten geschlossen werden. Ries führt keine Rechnungen mehr vor.

Vom Warentausch (S. 83):

Bis ins ausgehende Mittelalter hinein, zumal in Zeiten verminderten Geldumlaufs oder der Geldentwertung, spielte der Warentausch noch eine gewisse Rolle. Dabei hatte sich seit dem 13. Jahrhundert, vor allem in Italien, die Gepflogenheit herausgebildet, den Preis einer Ware beim Tausch ("Stich") höher anzusetzen als bei Barzahlung. (Vgl. hierzu auch [46, S. 519—527].)

Sind b_1, b_2 die Barpreise und s_1, s_2 die Tauschpreise pro Wareneinheit für die Waren beider Partner, so ist das Tauschgeschäft korrekt, wenn $s_1 : s_2$ $= b_1 : b_2$ gilt. Die Maßzahlen w_1, w_2 der einzutauschenden Warenmengen, bezogen auf die jeweilige Wareneinheit, müssen natürlich im umgekehrten Verhältnis dazu stehen. Insgesamt gilt also:

$$\frac{s_1}{s_2} = \frac{b_1}{b_2} = \frac{w_2}{w_1}$$

186) In dieser Aufgabe sind $b_1 = 1\frac{7}{8}$ Gulden, $s_1 = 2\frac{1}{4}$ Gulden, $b_2 = 8\frac{1}{4}$ Gulden und $w_1 = 258\frac{2}{3}$ gegeben, und die Werte s_2 und w_2 sind gesucht. Ries berechnet sie mit Hilfe zweier Dreisatzrechnungen (1 Stein = 22 Pfund).

187) Hier gibt es jeweils nur einen Preis für Seide und Samt, und zwar $b_1 = 2$ Gulden 8 Groschen und $b_2 = 18$ Gulden 11 Groschen, und außerdem ist $w_2 = 23\frac{1}{2}$ gegeben. Ries setzt zweimal den Dreisatz an — nach der obigen Formel dagegen kann der gesuchte Wert w_1 sofort als Quotient von $w_2 b_2$ durch b_1 ermittelt werden. (1 Pfund = 32 Lot)

188) In der vorliegenden Aufgabe sind b_1 (= 8 Gulden), s_1 (= 11 Gulden), $s_2 - b_2$ (= 4 Gulden) gegeben, und b_2 ist gesucht. Aufgrund der obigen Formel gilt ($s_1 - b_1$) : b_1 = ($s_2 - b_2$) : b_2, und dementsprechend berechnet Ries b_2 mit dem Dreisatz.

189) Bei dieser Aufgabe sind alle 4 Preise (b_1 = 17 Gulden, s_1 = 20 Gulden, b_2 = 3 Gulden, s_2 = 4 Gulden) gegeben, aber das Tauschgeschäft ist nicht korrekt, denn es gilt

$$\frac{s_1}{b_1} = \frac{s_2}{b_2 + \frac{2}{5}}$$

anstatt $s_1 : b_1 = s_2 : b_2$, wie Ries mit Hilfe des 1. Dreisatzes ermittelt.
Der 2. Tauschpartner (Bleiverkäufer) übervorteilt also den ersten um $\frac{2}{5}$ Gulden pro 4 Gulden. Das ergibt bei einem Tauschpreis von insgesamt 100 Gulden einen Barverlust von 10 Gulden.
Ries schlägt eine Probe vor: Es sollen die Barwerte verglichen werden, die die beiden Partner bei einem Warentausch im Wert von 100 Gulden einbringen.
Der erste gibt Ware im Barwert von ($100 \cdot b_1$) : s_1 Gulden = 85 Gulden, der zweite nur im Barwert von ($100 \cdot b_2$) : s_2 Gulden = 75 Gulden. Also hat der erste einen Barverlust von 10 Gulden.
Zusätzlich könnte man noch fragen, wieviel der Zentner Blei beim Tausch hätte kosten dürfen ($3\frac{9}{17}$ Gulden). Eine andere Frage ist, wie sich der Zinnverkäufer bei unveränderten Bar- und Tauschpreisen vor Übervorteilung schützen kann: Eine Möglichkeit besteht darin, Zinn im Tauschwert von nur $88\frac{4}{17}$ Gulden zu übergeben, wenn der Bleiverkäufer Ware im Tauschwert von 100 Gulden abgibt. In diesem Fall stimmen nämlich die Barwerte (75 Gulden) überein.

190) Komplizierter werden die Verhältnisse, wenn der eine Partner für einen bestimmten Bruchteil $\frac{1}{n}$ seiner Ware vom anderen Partner bares Geld verlangt.
Angenommen, Partner A setzt 1 Wareneinheit beim Tausch für s_1 Gulden an und verlangt s_1 / n Gulden in bar, akzeptiert also nur $s_1 - s_1 / n$ Gulden in Warenform. Partner B gibt Ware für diesen Wert, und zwar ($s_1 - s_1 / n$) / s_2 Wareneinheiten. B muß für w_1 Wareneinheiten von A also $w_1 \cdot (s_1 - s_1 / n) / s_2$ Wareneinheiten zurückgeben, d. h. für die Maßzahlen w_1, w_2 der einzutauschenden Warenmengen, bezogen auf die jeweilige Wareneinheit, gilt:

$$w_2 = \frac{w_1}{s_2} \cdot \left(s_1 - \frac{s_1}{n} \right)$$

Des weiteren muß der Barwert der von A übergebenen Ware so groß sein wie die Summe aus dem Barwert der von B übergebenen Ware und dem Barpreis, den B anteilig bezahlt:

$$w_1 b_1 = w_2 b_2 + w_1 \cdot \frac{s_1}{n}$$

Setzt man den obigen Wert für w_2 in diese Formel ein, so erhält man

$$b_1 = \frac{b_2}{s_2} \cdot \left(s_1 - \frac{s_1}{n} \right) + \frac{s_1}{n},$$

woraus

$$\left(b_1 - \frac{s_1}{n} \right) : \left(s_1 - \frac{s_1}{n} \right) = b_2 : s_2$$

folgt. Dabei muß $s_1/n < b_1$ sein, denn sonst würde A mehr bares Geld verlangen, als seine Ware wert ist.
In der vorliegenden Aufgabe sind $b_1 = 1$ Gulden, $s_1 = 1\frac{1}{4}$ Gulden, $w_1 = \frac{126}{3}$ (bezogen auf 3 Ellen Tuch), $b_2 = 7$ Gulden (bezogen auf 1 Zentner Wolle) und $n = 3$ gegeben. Gesucht sind s_2 und w_2.
Ries berechnet zunächst die Terme $b_1 - s_1/n$ und $s_1 - s_1/n$, um dann mit Hilfe des Dreisatzes gemäß der 4. Formel s_2 ($= 10$ Gulden) bestimmen zu können.
. Danach ermittelt er schrittweise — in Entsprechung zur 1. Formel — w_2: $w_1 s_1 = 52\frac{1}{2}$ Gulden, $w_1 s_1 \cdot (1 - 1/n) = 35$ Gulden, dies durch s_2 dividiert ergibt w_2 ($= 3\frac{1}{2}$ Zentner).
Im Rahmen einer Probe überzeugt sich Ries davon, daß die in der 2. Formel gegebene Identität mit den ermittelten Werten erfüllt ist:
$w_1 b_1 = 42$ Gulden, $w_2 b_2 = 24\frac{1}{2}$ Gulden, $w_1 s_1/n = 17\frac{1}{2}$ Gulden

Die Regel der falschen Zahlen oder der Falsche Ansatz (S. 85):

Die zweite zentrale Methode des Rechenbuchs ist der sog. doppelte falsche Ansatz ("Regula falsi"), mit dem die folgenden 34 Aufgaben dieses Kapitels gelöst werden. Dieses Verfahren, das bereits im 1. Jahrhundert v. Chr. in der chinesischen Mathematik verwendet wurde und später bei mittelalterlichen Autoren der islamischen Welt wiederzufinden ist, erlaubte es, solche Probleme zu bewältigen, die — algebraisch betrachtet — auf lineare Gleichungen oder einfache lineare Gleichungssysteme führen, ohne daß algebraische Kenntnisse erforderlich gewesen wären. Am Beispiel des einfachsten Typs einer linearen Gleichung, $ax = b$ ($a > 0$), soll das Verfahren in moderner Schreibweise erläutert werden.
Man wählt zwei Versuchszahlen (falsche Ansatzwerte) x_1 und x_2 mit $ax_1 = b_1$ und $ax_2 = b_2$. Dafür gibt es folgende Möglichkeiten:

I) Beide Versuchszahlen sind zu groß gewählt. Es gelte $x_1 > x_2$, also auch $b_1 > b_2$, und $f_1 = b_1 - b$, $f_2 = b_2 - b$ seien die positiven Fehlbeträge. Dann liefert der Term

$$\frac{x_2 f_1 - x_1 f_2}{f_1 - f_2}$$

die Lösung x, wie sich leicht nachrechnen läßt.

II) Beide Versuchszahlen sind zu klein gewählt. Es gelte $x_2 > x_1$, also auch $b_2 > b_1$, und $f_1 = b - b_1$, $f_2 = b - b_2$ seien die positiven Fehlbeträge. Dann liefert der Term

$$\frac{x_2 f_1 - x_1 f_2}{f_1 - f_2}$$

ebenfalls die Lösung x, wie sich leicht nachrechnen läßt.

III) Die eine Versuchszahl, etwa x_1, ist zu klein, die andere (x_2) ist zu groß gewählt, d. h. $b_1 < b < b_2$. Sind $f_1 = b - b_1$ und $f_2 = b_2 - b$ die positiven Fehlbeträge, so liefert der Term

$$\frac{x_2 f_1 + x_1 f_2}{f_1 + f_2}$$

die Lösung x, wie sich leicht nachrechnen läßt.

Der byzantinisch-arabische Mathematiker Quṣṭā ibn Lūquā (8./9. Jahrhundert) hat geometrische Beweise für die drei Formeln geliefert — vgl. [45]:

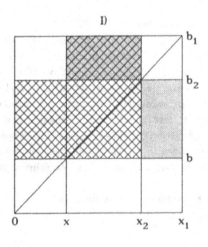
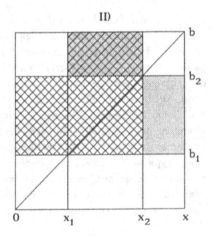

III)

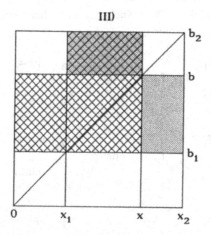

Zu I) Die beiden punktierten Rechtecke sind ergänzungsgleich und somit flächeninhaltsgleich. Daher hat das karierte Winkelstück (Gnomon) denselben Flächeninhalt wie der mittlere waagerechte Streifen, also $x_1(b_2-b) = x_1 f_2$.

Andererseits kann der Gnomon mit dem linken oberen Rechteck [Inhalt: $x(b_1-b_2) = x(f_1-f_2)$] zu einem Rechteck mit dem Inhalt $x_2(b_1-b)$ $= x_2 f_1$ ergänzt werden. Es folgt $x_1 f_2 = x_2 f_1 - x(f_1-f_2)$ und daraus die Formel von I.

Dieselben Überlegungen führen bei den beiden anderen Figuren zu den Formeln von II bzw. III.

Im Grunde liefern diese "Beweise" allerdings nur den (geometrischen) Übergang von den Proportionen

$$\frac{f_1}{x_1-x} = \frac{f_2}{x_2-x} \text{ (vgl. I)}, \quad \frac{f_1}{x-x_1} = \frac{f_2}{x-x_2} \text{ (vgl. II) und } \frac{f_1}{x-x_1} = \frac{f_2}{x_2-x} \text{ (vgl. III)}$$

zu den Formeln in I, II bzw. III.

Riesens allgemeine Erläuterung des doppelten falschen Ansatzes zu Anfang des Kapitels — in seiner Terminologie sind die Versuchszahlen "falsche Zahlen" und die Fehlbeträge "Lügen" — fällt ziemlich knapp aus. Erst die Beispiele lassen das Verfahren deutlich werden.

In den Aufgaben 1-4, 20 und 33 tritt der Fall I, in den Aufgaben 5-7, 9, 11, 14, 15, 21-25, 28 und 30 der Fall II und in den Aufgaben 8, 10, 12, 13, 16-19, 26, 27, 29, 31 und 32 der Fall III auf.

Zur Erleichterung der Rechnung gibt Ries jeweils ein Schema an, das je nachdem, welcher der drei Fälle vorliegt, mit den obigen Bezeichnungen allgemein folgende Gestalt hat:

I) $\quad$ x_1 $\quad$ plus $\quad$ f_1 $\qquad\qquad\qquad$ x_2 $\quad$ plus $\quad$ f_2

$\qquad\qquad\qquad$ $f_1 - f_2$ $\quad$ oder $\qquad\qquad\qquad\qquad$ $f_1 - f_2$

$\quad$ x_2 $\quad$ plus $\quad$ f_2 $\qquad\qquad\qquad$ x_1 $\quad$ plus $\quad$ f_1

II) $\quad$ x_1 $\quad$ minus $\quad$ f_1 $\qquad\qquad\qquad$ x_2 $\quad$ minus $\quad$ f_2

$\qquad\qquad\qquad$ $f_1 - f_2$ $\quad$ oder $\qquad\qquad\qquad\qquad$ $f_1 - f_2$

$\quad$ x_2 $\quad$ minus $\quad$ f_2 $\qquad\qquad\qquad$ x_1 $\quad$ minus $\quad$ f_1

III) $\quad$ x_1 $\quad$ minus $\quad$ f_1 $\qquad\qquad\qquad$ x_2 $\quad$ plus $\quad$ f_2

$\qquad\qquad\qquad$ $f_1 + f_2$ $\quad$ oder $\qquad\qquad\qquad\qquad$ $f_1 + f_2$

$\quad$ x_2 $\quad$ plus $\quad$ f_2 $\qquad\qquad\qquad$ x_1 $\quad$ minus $\quad$ f_1

1) Eine "Gott Grüß Euch"-Aufgabe

Dieser Aufgabentyp gehört zu einer Tradition der Unterhaltungsmathematik, die sich bis in die griechische Antike zurückverfolgen läßt — vgl. [46, S. 574 f.].

Ist x die Anzahl der Gesellen, so erhalten wir die Gleichung

$x + x + \frac{x}{2} = 30$ bzw. $2\frac{1}{2} \cdot x = 30$

mit der Lösung x = 12.

In der vorliegenden Aufgabe ist nach den obigen Bezeichnungen $a = 2\frac{1}{2}$ und b = 30. Ries wählt deshalb gerade Versuchszahlen ($x_1 = 16$ und $x_2 = 14$), um die Rechnung so einfach wie möglich zu gestalten. Er erhält $b_1 = 40$, $b_2 = 35$ und damit $f_1 = 10$, $f_2 = 5$. Den weiteren Rechengang beschreibt Ries gemäß der obigen Formel I.

2) Die Frage nach dem Alter

Auch diese Aufgabe der Unterhaltungsmathematik hat eine in der griechischen Antike wurzelnde Tradition — vgl. [46, S. 575 f.].

Für das Alter x des Sohnes gilt:

$x + x + \frac{1}{2}x + \frac{1}{4}x + 1 = 100$ (x = 36)

Mit den Versuchszahlen $x_2 = 40$ und $x_1 = 48$, durch die bei der weiteren Rechnung Brüche vermieden werden, erhält man $b_2 = 111$, $b_1 = 133$ und wegen b = 100 die Fehlbeträge $f_2 = 11$, $f_1 = 33$. Die Rechnung erfolgt wieder gemäß der Formel I.

3) Eine offene Rechnung

Diese Aufgabe, in der nach dem Münzsystem gefragt wird, kann ebenso wie Nr. 145 allein mit Dreisatz gelöst werden: Einerseits ergeben 21 Ellen $\frac{5 \cdot 21}{4}$ Gulden, andererseits 26 Gulden $6\frac{3}{4}$ Groschen, also sind 105 Gulden soviel wie 104 Gulden 27 Groschen. Es folgt unmittelbar das Ergebnis.

Ries stilisiert die Aufgabe zu einem Regula-falsi-Problem hoch, wobei auch der Dreisatz zur Anwendung kommt. Die algebraische Formulierung würde lauten:

Ist x die Anzahl der Groschen eines Guldens, so muß

$26 + \frac{x}{4} = 26 + 6\frac{9}{12}$

erfüllt sein ($x = 27$).

Vielleicht will Ries aufzeigen, daß auch solche Aufgaben prinzipiell mit doppeltem falschen Ansatz gelöst werden können.

4)-9) Die Schachtelaufgaben des vorliegenden Typs hatten ihren festen Platz in der traditionellen Unterhaltungsmathematik — vgl. [46, S. 582 ff.].

4) Ein erfolgreicher Kapitalanleger

Ist x der gesuchte Anfangsbetrag in Gulden, so gilt:

$[(2x-1)\cdot 2 - 2]\cdot 2 - 3 = 10 \quad (x = 2\frac{5}{8})$

Die verschachtelten Aggregate sind in dieser algebraischen Formulierung gut zu erkennen.

5) Ein leichtsinniger Händler

Ist x der gesuchte Anfangsbetrag in Gulden, so gilt:

$(x - \frac{1}{3}x - 4) - \frac{1}{4}\cdot(x - \frac{1}{3}x - 4) = 20 \quad (x = 46)$

Hier tritt erstmals Fall II auf: $x_1 = 12$ führt zu $f_1 = 17$, $x_2 = 24$ zu $f_2 = 11$. Durch die Wahl der beiden Ansatzwerte x_1, x_2 vermeidet Ries eine Bruchrechnung.

6) Noch ein erfolgreicher Kapitalanleger

Ist x der gesuchte Anfangsbetrag in Gulden, so gilt:

$(x + \frac{1}{3}x) + \frac{1}{4}\cdot(x + \frac{1}{3}x) = 30 \quad (x = 18)$

Ries weist auf die zur Vermeidung von Brüchen vorteilhafte Wahl der beiden Ansatzwerte $x_1 = 6$, $x_2 = 12$ hin.

7) Eine erfolgreiche Geschäftsreise

Ist x der gesuchte Anfangsbetrag in Gulden, so gilt:

$(x + \frac{1}{3}x + 4) + \frac{1}{4}\cdot(x + \frac{1}{3}x + 4) = 40 \quad (x = 21)$

8) Der glücklose Fischhändler

Offenbar verdirbt dem Händler ein Teil der Fische beim Transport.

Ist x der Einkaufspreis für die Fische in Gulden, so gilt:

$x - \frac{1}{3}x - \frac{1}{4}x = 8 \quad (x = 19\frac{1}{5})$

Hier tritt erstmals Fall III auf: $x_1 = 12$ führt zu $f_1 = 3$, $x_2 = 24$ zu $f_2 = 2$.

9) Noch einmal: die Frage nach dem Alter

Für das Alter x gilt:

$$(x+x) + \frac{1}{2} \cdot (x+x) + \frac{1}{4} \cdot \{(x+x) + \frac{1}{2} \cdot (x+x)\} = 100 \quad (x = 26\frac{2}{3})$$

10) Der faule Arbeiter

Dies ist ebenfalls eine traditionell bekannte Aufgabe der Unterhaltungs-mathematik — vgl. [46, S. 603]. Moderne arbeitsrechtliche Bestimmungen verhindern, daß ein solcher Arbeiter auch heute leer ausgeht.

Ist x die Anzahl der Arbeitstage, so gilt:

$$7x - 5 \cdot (30 - x) = 0 \quad (x = 12\frac{1}{2})$$

Wenn der Arbeiter 15 Tage arbeitet ($x_2 = 15$), dann erhält er gegenüber der Aufgabenstellung 30 Gulden zuviel ($f_2 = 30$), bei 10 Arbeitstagen ($x_1 = 10$) hingegen erhält er 30 Gulden zuwenig ($f_1 = 30$), d. h. er muß 30 Gulden an seinen Dienstherrn zahlen. Daher erwartet man — in Über-einstimmung mit der 2. Möglichkeit von Fall III — ein Schema, bei dem oben "minus" und unten "plus" steht. Ries beurteilt die Situation aber offenbar aus der Sicht des Dienstherrn, dem bei 15 Arbeitstagen 30 Gulden zuwenig, bei 10 Arbeitstagen 30 Gulden zuviel bleiben. Auf die weitere Ausrechnung hat dies natürlich keinen Einfluß.

11) Ein weiterer erfolgreicher Kapitalanleger — die Aufgabe gehört wieder zu den Schachtelaufgaben (vgl. Nr. 4-9).

Ist x der gesuchte Anfangsbetrag in Gulden, so gilt:

$$(x+4) + \frac{1}{2} \cdot (x+4) + 5 + \frac{1}{4} \cdot \{(x+4) + \frac{1}{2} \cdot (x+4) + 5\} = 70 \quad (x = 30)$$

Die Wahl von $x_2 = 12$ führt zu $f_2 = 33\frac{3}{4}$, also zu einer gemischten Zahl. Ries multipliziert daher beide Fehlbeträge f_1 und f_2 mit 4 und bildet erst dann die Differenz $f_1 - f_2$ (vgl. das 2. Schema); diese Operation ist zulässig, da sie lediglich einer Erweiterung des Lösungsterms für x mit 4 entspricht.

Mit einer anderen Wahl, etwa $x_2 = 14$, hätte Ries für f_2 von vornherein eine natürliche Zahl erhalten.

12) Ein Zahlenrätsel

Das Erraten von Zahlen gehört zu den von alters her beliebten Denk-sportaufgaben — vgl. [46, S. 642 f.].

Ist x die gesuchte Zahl, so gilt:

$$x - \frac{5}{6}x + \frac{1}{4}x = 7 \quad (x = 16\frac{4}{5})$$

13) Einer allein kann nicht kaufen — Pferdekauf

Sehr verbreitet war auch dieser Aufgabentyp: Keiner hat genügend Geld, ein Pferd o. a. zu kaufen, und muß sich deshalb einen Geldanteil vom anderen erbitten — vgl. [46, S. 608 f.].

Die Problemstellung führt aus algebraischer Sicht auf zwei lineare Gleichungen mit zwei Variablen.

Sind x und y die Geldbeträge in Gulden, die A bzw. B zur Verfügung stehen, so gilt:

$x + \frac{1}{3}y = 15$, $y + \frac{1}{4}x = 15$ ($x = 10\frac{10}{11}$, $y = 12\frac{3}{11}$)

Solche einfachen linearen Gleichungssysteme mit zwei oder mehreren Variablen lassen sich ebenfalls mit der Methode des doppelten falschen Ansatzes lösen: $x_2 = 12$ führt nach der 1. Gleichung zu $y_2 = 9$. Die linke Seite der 2. Gleichung hat dann den Wert 12, das sind also 3 zuwenig. (Ries empfiehlt eine Überprüfung dieser Werte x_2, y_2: Die 1. Gleichung ist erfüllt, die zweite nicht.) Die Versuchszahl $x_1 = 8$ führt nach der 1. Gleichung zu $y_1 = 21$. Die linke Seite der 2. Gleichung hat diesmal den Wert 23, das sind 8 zuviel.

Gegenüber den bisherigen Schemata ist das Schema dieser Aufgabe um eine 2. Spalte erweitert, in der die Werte y_2, y_1 notiert sind. Zur Berechnung von x zieht man die Zahlen der 1. Spalte, zur Berechnung von y die der 2. Spalte heran und verfährt gemäß Formel III, also:

$x = (12 \cdot 8 + 8 \cdot 3) / 11 = 10\frac{10}{11}$, $y = (9 \cdot 8 + 21 \cdot 3) / 11 = 12\frac{3}{11}$

Die Methode zur Lösung des Gleichungssystems mit doppeltem falschen Ansatz entspricht unserer als "Einsetzungsverfahren" bekannten algebraischen Methode: Das Einsetzungsverfahren führt zu einer Gleichung, in der nur noch eine Variable vorkommt, also zu

$$3 \cdot (15 - x) + \frac{1}{4}x = 15 \quad \text{oder} \quad y + \frac{1}{4} \cdot (15 - \frac{1}{3}y) = 15.$$

Jede dieser Gleichungen wird nun mit doppeltem falschen Ansatz anstatt durch algebraische Äquivalenzumformungen gelöst.

Ist die eine Variable erst einmal bestimmt, so erhält man die andere natürlich viel schneller ohne erneuten Falschen Ansatz. Auf diesen Rechenvorteil geht Ries hier aber nicht ein.

14) Eine Aufgabe aus derselben Gruppe: Diesmal geht es um einen Hauskauf. Sind x und y die Geldbeträge in Gulden, die A bzw. B zur Verfügung stehen, so gilt:

$x + \frac{2}{3}y = 39$, $y + \frac{3}{4}x = 39$ ($x = 26$, $y = 19\frac{1}{2}$)

Mit der Ansatzzahl $x_2 = 36$ ist die Zahl y_2 aus $\frac{2}{3}y_2 = 3$ zu bestimmen; Ries wendet hierzu den Dreisatz an ($y_2 = 4\frac{1}{2}$) und überprüft, ob die 1. Gleichung mit diesem Wert erfüllt ist. Anschließendes Einsetzen in die 2. Gleichung ergibt einen Fehlbetrag $f_2 = 7\frac{1}{2}$. Mit der anderen Versuchszahl $x_1 = 32$ erhält Ries $y_1 = 10\frac{1}{2}$ und $f_1 = 4\frac{1}{2}$.

Es folgt ein Schema wie in der vorigen Aufgabe.

Zur Berechnung von x löst Ries nun das betreffende Teildiagramm heraus und multipliziert die Fehlbeträge mit 2, was wieder nur einer Erweiterung des Lösungsterms entspricht.

Danach greift er den Rechenvorteil zur schnelleren Bestimmung von y auf, den er in der vorigen Aufgabe versäumt hat: Mit Hilfe des Dreisatzes ermittelt er y aus der 1. Gleichung. Alternativ dazu nimmt er sich das Teildiagramm mit den falschen Ansatzwerten für y vor und multipliziert diese und die Fehlbeträge jeweils mit 2. Da dadurch der Zähler des Lösungsterms mit 4 multipliziert wird, muß auch die Differenz der Fehlbeträge mit 4 multipliziert werden — vgl. die Zahl 12 rechts im Schema.

15) Diese Aufgabe gehört zur Problemgruppe "Geben und Nehmen" — vgl. [46, S. 609 ff.].
Sind x und y die Geldbeträge in Pfennigen, die A bzw. B besitzen, so gilt:
$x + 1 = y - 1$, $y + 1 = 3 \cdot (x - 1)$ ($x = 3$, $y = 5$)
Das Lösungsverfahren wurde bei den beiden vorigen Aufgaben ausführlich besprochen; auch Ries faßt sich kürzer.

16) Drei Gesellen wollen ein Haus kaufen.
Diese Aufgabe ist eine Variante zu Nr. 1 und 2.
Ist x der Geldbetrag in Gulden, den der dritte besitzt, so gilt:
$12x + 4x + x = 200$ ($x = 11\frac{13}{17}$)
Entsprechend erhält der zweite $47\frac{1}{17}$ Gulden, der erste $141\frac{3}{17}$ Gulden.

17) Diese Aufgabe des Typs "Zuviel — zuwenig" (vgl. [46, S. 601 f.]) führt algebraisch betrachtet auf die Gleichung
$7x + 30 = 9x - 30$. ($x = 30$)
Dabei ist x die Anzahl der Arbeiter.

18) Eine Aufgabe der Gruppe "Einer allein kann nicht kaufen" (Weiherkauf)
Das Problem führt aus algebraischer Sicht auf ein einfaches System von drei Gleichungen mit drei Variablen.
Sind x, y und z die Geldbeträge in Gulden, die A, B bzw. C besitzen, so gilt:
$x + \frac{1}{2}y = 100$, $y + \frac{1}{3}z = 100$, $z + \frac{1}{4}x = 100$ ($x = 64$, $y = 72$, $z = 84$)
Auch in diesem Fall verhilft der doppelte falsche Ansatz zur Lösung:
Die Versuchszahl $x_1 = 60$ führt nach der 1. Gleichung zu $y_1 = 80$, was aufgrund der 2. Gleichung $z_1 = 60$ nach sich zieht. Die linke Seite der 3. Gleichung beträgt nun 75 anstatt 100: das sind 25 (Gulden) zuwenig ($f_1 = 25$). Entsprechend führt die Versuchszahl $x_2 = 68$ zu $y_2 = 64$ und $z_2 = 108$, woraus sich diesmal ein Überschuß von 25 Gulden ($f_2 = 25$) ergibt.

Gegenüber den Schemata der Aufgaben 13-15 ist das Schema dieser Aufgabe um eine 3. Spalte erweitert, in der die Werte z_1, z_2 notiert sind. Zur Berechnung von x zieht man die Zahlen der 1. Spalte, zur Berechnung von y die der 2. Spalte und zur Berechnung von z die der 3. Spalte heran und verfährt gemäß Formel III, also:

$$x = (68 \cdot 25 + 60 \cdot 25) / 50 = 64,$$
$$y = (64 \cdot 25 + 80 \cdot 25) / 50 = 72,$$
$$z = (108 \cdot 25 + 60 \cdot 25) / 50 = 84$$

Die Methode zur Lösung des Gleichungssystems mit doppeltem falschen Ansatz entspricht wieder unserer als "Einsetzungsverfahren" bekannten algebraischen Methode: Das Einsetzungsverfahren führt zu einer Gleichung, in der nur noch eine Variable vorkommt, also zu

$$2 \cdot (100 - x) + \tfrac{1}{3} \cdot (100 - \tfrac{1}{4}x) = 100$$

oder

$$3 \cdot (100 - y) + \tfrac{1}{4} \cdot (100 - \tfrac{1}{2}y) = 100$$

oder

$$z + \tfrac{1}{4} \cdot (50 + \tfrac{1}{6}z) = 100.$$

Jede dieser Gleichungen wird nun mit doppeltem falschen Ansatz anstatt durch algebraische Äquivalenzumformungen gelöst.

Ist die eine Variable erst einmal bestimmt, so erhält man die anderen natürlich viel schneller ohne erneuten Falschen Ansatz. Auf diesen Rechenvorteil geht Ries hier aber nicht ein — vgl. Nr. 13.

19) Diese Aufgabe weist Ähnlichkeit zu den Zahlenrätseln auf (vgl. Nr. 12). Für den Geldbetrag x (in Gulden) gilt:
$$x + x + \tfrac{1}{3}x + \tfrac{1}{4}x - 100 = 100 - x \quad (x = 55\tfrac{35}{43})$$

20) Ein merkwürdiger Eierkauf

Für 5 Pfennig und 1 Ei erhält der Käufer 7 Eier und hat noch 2 Pfennig Schulden; 6 Eier kosten also 7 Pfennig, der Preis für 1 Ei beträgt demnach $1\tfrac{1}{6}$ Pfennig.

Anstatt diese einfache Überlegung anzustellen, rechnet Ries umständlich mit dem doppelten falschen Ansatz. Die algebraische Gleichung würde lauten:

$7x - 2 = 5 + x$ (x: Preis für 1 Ei in Pfennigen)

21) Eine Mischungsrechnung, die mit doppeltem falschen Ansatz gelöst wird: Es handelt sich um eine Aufgabe, die zweifellos nicht der Unterhaltungsmathematik zuzurechnen ist.

Für x Pfund Safran und (20 - x) Pfund Ingwer gilt:
$3x + \tfrac{1}{2} \cdot (20 - x) = 45$ (x = 14, 20 - x = 6)

22) 2 Becher und 1 Deckel

Dieser Aufgabentyp der Unterhaltungsmathematik ist erst seit dem 15. Jahrhundert bekannt — vgl. [46, S. 612 f.].

Sind x und y die gesuchten Gewichte der beiden Becher und p das Deckelgewicht, so gilt:

$x + p = k \cdot y$, $y + p = l \cdot x$ ($k \cdot l > 1$)

Die Lösungen dieses Gleichungssystems sind $x = \dfrac{(k+1) \cdot p}{k \cdot l - 1}$, $y = \dfrac{(l+1) \cdot p}{k \cdot l - 1}$.

In der vorliegenden Aufgabe sind $k = 4$, $l = 3$ und $p = 16$ (Lot) gegeben: Es ergibt sich $x = 7\frac{3}{11}$ (Lot), $y = 5\frac{9}{11}$ (Lot).

Zur Berechnung mit dem doppelten falschen Ansatz gibt Ries ein gegenüber früheren vergleichbaren Aufgaben (13, 14, 15) verkürztes Schema an: Es fehlt hier die 2. Spalte mit den Ansatzwerten für den 2. Becher ($y_1 = 7$, $y_2 = 6$).

Ries erwähnt zwei Möglichkeiten zur Bestimmung von y: die direkte Berechnung, nachdem x bestimmt ist (gemäß $x + p = k \cdot y$), oder die Berechnung durch erneuten Falschen Ansatz, etwa mit den obigen Werten für y_1, y_2.

23) Es handelt sich um dieselbe Problemstellung wie bei Nr. 108, nur mit anderen Zahlen. Am einfachsten wäre es wieder, so zu rechnen:

Mit 1 Elle Tuch erzielt der Händler $(\frac{3}{4} - \frac{2}{3})$ Gulden Gewinn. Bei einem Gewinn von 10 Gulden hat er demnach mit $10 / (\frac{3}{4} - \frac{2}{3})$ Ellen = 120 Ellen gehandelt.

Entsprechend würde die algebraische Formulierung lauten:

$x \cdot (\frac{3}{4} - \frac{2}{3}) = 10$ ($x = 120$)

Ries hingegen rechnet umständlich mit dem doppelten falschen Ansatz. Dabei muß er auch noch auf den Dreisatz zurückgreifen.

Das Lösungsschema entsteht nach Erweiterung mit 2 — vgl. Nr. 11.

24) An der Zollschranke

Der Zöllner erhebt Zoll für den Wein, wobei er jeweils 1 Fuder in Zahlung nimmt. Für 60 Fuder erhebt er $x - 30$ Gulden, für 200 Fuder erhebt er $x + 20$ Gulden Zoll, wobei x der Wert eines Fuders in Gulden bedeutet. Auf jeweils 1 Fuder umgerechnet, erhält man die Identität

$(x - 30) / 60 = (x + 20) / 200$. ($x = 51\frac{3}{7}$)

Ries rechnet mit doppeltem falschen Ansatz und nimmt auch den Dreisatz zu Hilfe. Die Aufgabenstellung erfordert, daß die kleinere Versuchszahl den Wert 30 nicht unterschreitet. Das Lösungsschema entsteht nach Erweiterung mit 3 — vgl. Nr. 11.

Auf die Frage nach der Zollgebühr pro Fuder Wein geht Ries nicht mehr ein: es sind nach der obigen Gleichung $\frac{5}{14}$ Gulden. Die Weinhändler müssen demnach $\frac{25}{36}$% Zoll bezahlen.

25) 2 Sorten von Gulden — eine einfache Mischungsrechnung

In dieser Aufgabe kommt erstmals die Münzeinheit "Dickpfennig" vor — vgl. den metrologischen Anhang.

Wenn x Gulden den Wert von je 4 Dickpfennig haben, dann gibt es 160 − x Gulden zu je 3 Dickpfennig, und es gilt:

$4x + 3 \cdot (160 - x) = 560$ ($x = 80$)

Von beiden Sorten hat der Verkäufer also jeweils 80 Gulden.

26) Eine merkwürdige Gewinnausschüttung

Im Unterschied zu früheren Aufgaben des Kapitels "Von Handelsgesellschaften" (Nr. 178-181, 185) sind die Gewinnanteile hier absolut zu nehmen, obwohl ihre Summe die Zahl 1 überschreitet. Dies führt zu dem kuriosen Ergebnis, daß sich die Gesellschafter einen Betrag auszahlen, der höher als der Gewinn ist. Die Aufgabe ist also inhaltlich sinnlos, wird rechnerisch aber korrekt gelöst.

Ist x der Gewinn in Gulden, so gilt:

$(\frac{1}{2} + \frac{1}{3} + \frac{1}{4}) \cdot x = 50$ ($x = 46\frac{2}{13}$)

27) Silberkauf

Ist x der Preis (in Groschen) für die 1. Mark Silber, so kostet die 2. Mark $2x + 5$ (Groschen), die 3. Mark $3 \cdot (x + 2x + 5) + 11$ (Groschen), und es gilt:

$x + (2x + 5) + 3 \cdot (x + (2x + 5)) + 11 = 907$ ($x = 73$)

Die 1. Mark kostet also 2 Dukaten 13 Groschen, die zweite 5 Dukaten 1 Groschen und die dritte 22 Dukaten 23 Groschen (1 Dukaten = 30 Groschen).

Mit dem doppelten falschen Ansatz rechnet Ries nur den Preis für die 1. Mark aus. Daraus leitet er dann die beiden anderen Preise her. Im Lösungstext des Originals hat sich eine kleine Ungenauigkeit eingeschlichen: Es fehlt die in Klammern stehende Ergänzung "und noch 11 Groschen mehr".

28) Eine Aufgabe zur Silberlegierung (Mischungsrechnung)

Dieser Aufgabentyp fehlt im Kapitel "Beschickung des Schmelztiegels". Einer Silberlegierung bestimmten Feingehalts wird anstatt Feinsilber (wie in Nr. 165) eine Silberlegierung anderen Feingehalts zugesetzt. Ziel ist, eine bestimmte Menge Silberlegierung zu erhalten, deren Feingehalt vorgegeben ist. Es stellt sich daher die Frage, wieviel Silber von den ursprünglichen Sorten genommen werden muß.

Ist m_1 das Gewicht der 1. Sorte Silber (Einheit: Mark) und k_1 ihr Feingehalt (Einheit: Lot pro Mark), so hat nach Zugabe von m_2 Mark der 2. Sorte Silber mit dem Feingehalt k_2 die Legierung — nunmehr mit dem

Gewicht $(m_1 + m_2)$ Mark — den Feingehalt

$$k = \frac{m_1 k_1 + m_2 k_2}{m_1 + m_2} \quad \text{Lot pro Mark.}$$

Daraus folgt nach geschickter Rechnung:

$$\frac{m_1}{m_2} = \frac{k_2 - k}{k - k_1}$$

Auch hier erkennt man wieder das Mischungskreuz: Die Gewichte verhalten sich umgekehrt wie die Abweichungen vom "mittleren" Feingehalt (oder — in anderem Sachzusammenhang — von der "mittleren" Konzentration).

In Verbindung mit $m = m_1 + m_2$ liegt nun ein Gleichungssystem vor, aus dem sich m_1 und m_2 ermitteln lassen, wenn k_1, k_2, k und m gegeben sind.

In unserem Fall sind die Werte $k_1 = 10$, $k_2 = 15$, $k = 13\frac{1}{2}$ (jeweils Lot pro Mark) und $m = 1$ (Mark) gegeben, und m_1, m_2 sind gesucht. Aus der 2. Formel folgt $m_1 / m_2 = 3/7$, und wegen $1 = m_1 + m_2$ ergibt sich $m_2 = \frac{7}{10}$ (Mark) und $m_1 = \frac{3}{10}$ (Mark).

Ries löst das Gleichungssystem $m_1 \cdot 10/16 + m_2 \cdot 15/16 = 1 \cdot 13\frac{1}{2}$, $m_1 + m_2$ $= 16$ (Einheit: Lot) — vgl. die 1. Formel — mit den falschen Ansatzwerten $x_1 = 8$, $y_1 = 8$ und $x_2 = 6$, $y_2 = 10$ für m_1 bzw. m_2. Dazu bestimmt er zunächst die Summanden $x_1 \cdot 10/16$ und $y_1 \cdot 15/16$ mit Dreisatz (siehe Schema). Das Schema zum doppelten falschen Ansatz entsteht nach Erweiterung mit 8 — vgl. Nr. 11. Natürlich kann nach der Berechnung von $m_1 = 4\frac{4}{5}$ (Lot) m_2 direkt angegeben werden ($11\frac{1}{5}$ Lot).

29) Eine einfache Mischungsrechnung

Diese Aufgabe weist eine Ähnlichkeit zu Nr. 25 auf.

Von dem einen Gulden sei x der Anteil der ersten Groschensorte ($0 \leq x \leq 1$). Dann ist $1 - x$ der Anteil der zweiten Groschensorte, und es gilt:

$20x + 30 \cdot (1 - x) = 27$ ($x = \frac{3}{10}$)

$\frac{3}{10}$ Gulden stammen also von der 1. Sorte, $\frac{7}{10}$ Gulden von der 2. Sorte, das sind 6 Groschen von der ersten und 21 Groschen von der 2. Sorte.

Ries führt den Falschen Ansatz mit den Versuchszahlen $x_1 = \frac{1}{2}$, $y_1 = 1 - x_1 = \frac{1}{2}$ und $x_2 = \frac{1}{4}$, $y_2 = 1 - x_2 = \frac{3}{4}$ durch; sein 1. Schema enthält daher Brüche. Der Übergang zum 2. Schema mit ausschließlich ganzzahligen Werten entspricht der Erweiterung des Lösungsterms III mit 8.

30) Ein weiteres Zahlenrätsel

Im Unterschied zu den vorherigen Zahlenrätseln (Nr. 12 und 19) ließe sich diese Aufgabe einigermaßen bequem durch Rückwärtsrechnen lösen:

$(((20+4)\cdot 4\cdot 2-8):4):\frac{5}{3}=27\frac{3}{5}$

Ist x die gesuchte Zahl, so lautet der algebraische Ansatz

$((x+\frac{2}{3}x)\cdot 4+8):2:4-4=20.$ ($x=27\frac{3}{5}$)

Ries rechnet dementsprechend mit der "Regula falsi".

Nur in dieser Aufgabe benutzt Ries das Fremdwort "Produkt", das auch schon in Widmans Rechenbuch von 1508 [25, S. 144^r] vorkommt. Dies ist bemerkenswert, da er außer "Summe" die zu seiner Zeit bereits einge-führten Begriffe "Differenz" und "Quotient" nicht verwendet.

31) Eine Bewegungsaufgabe

Bewegungsaufgaben gehören auch heute noch zu den Standardthemen des Mathematikunterrichts. Die hier vorliegende Aufgabe gehört zur Gruppe der "Begegnungsaufgaben": 2 Personen laufen von verschiedenen Orten mit verschiedenen Geschwindigkeiten aufeinander zu. (Heute sind es meistens Autos oder Züge, die aufeinander zufahren.) Gefragt ist nach dem Zeitpunkt der Begegnung und der jeweils zurückgelegten Strecke.

Angenommen, die beiden Fuhrmänner träfen sich nach t Tagen ($0 < t < 6$). Dann hat der 1. Fuhrmann $\frac{t}{6}$, der 2. Fuhrmann $\frac{t}{8}$ der Strecke zurückge-legt. Da die Summe der Streckenanteile gleich 1 ist, gilt:

$\frac{t}{6}+\frac{t}{8}=1$ ($t=3\frac{3}{7}$)

Ries rechnet wieder mit doppeltem falschen Ansatz. Das Lösungsschema entsteht durch Erweiterung der Fehlbeträge mit 8. Auf die Frage, wel-che Streckenanteile s_1, s_2 die beiden Fuhrleute bis zum Treffpunkt zu-rückgelegt haben, geht Ries nicht mehr ein ($s_1=\frac{4}{7}$, $s_2=\frac{3}{7}$).

32) Ein Zahlenrätsel mit kriegerischem Hintergrund (vgl. auch Nr. 12, 19 und 30)

Die Einkleidung dieser zur Gruppe der Zahlenrätsel gehörenden Aufgabe läßt an die Wirren der Bauernkriege denken, die in den zwanziger Jahren des 16. Jahrhunderts im Umkreis der Wirkungsstätte von Ries ihren Höhepunkt erreichten.

Ist x die Anzahl der Landsknechte, so ist 400 - x die Anzahl der Bauern, und es gilt:

$\frac{1}{2}x+\frac{1}{4}\cdot(400-x)=x$ ($x=133\frac{1}{3}$, $400-x=266\frac{2}{3}$)

Ries berechnet mit Hilfe des Falschen Ansatzes die Anzahl der Lands-knechte, woraus er die Anzahl der Bauern direkt bestimmt.

Natürlich ist das Ergebnis mit Bruchteilen von Personen kurios. In sei-nem 3. Rechenbuch [19, S. 175^v] präsentiert Ries dieselbe Aufgabe, wobei er nur die Gesamtzahl der Personen geändert hat: Mit 1200 Menschen erhält er nun 400 Landsknechte und 800 Bauern.

33) Eine weitere Aufgabe aus der Gruppe "Einkauf gleicher Mengen"

Wie die zur gleichen Gruppe gehörenden Nrn. 137, 152 und 153 läßt sich auch diese Aufgabe sehr einfach mit Dreisatz lösen:

Für $(\frac{1}{8} + \frac{1}{5})$ Gulden erhält man zusammen 1 Pfund Feigen und 1 Pfund Rosinen. Deshalb erhält man für 2 Gulden zusammen $2 / (\frac{1}{8} + \frac{1}{5})$ Pfund Feigen und $2 / (\frac{1}{8} + \frac{1}{5})$ Pfund Rosinen. Die Maßzahlen vereinfachen sich zu $6\frac{2}{13}$.

Ist x die Anzahl der Pfunde beider Waren, so gilt die Gleichung $\frac{x}{8} + \frac{x}{5} = 2$. ($x = 6\frac{2}{13}$)

Dementsprechend löst Ries die Aufgabe mit doppeltem falschen Ansatz. Das Lösungsschema entsteht nach Erweiterung mit 5.

Bei der Aufgabenformulierung unterläuft dem Rechenmeister wieder ein Personenwechsel (von "ich" zu "er").

34) Wieviel Uhr ist es?

Dieser Aufgabentyp der Unterhaltungsmathematik läßt sich bereits in der griechischen Antike nachweisen [46, S. 604]. Mit den 15 Stunden ist offenbar die Zeit der Tageshelligkeit gemeint.

Ries führt den Lösungsweg nicht mehr durch und nennt nur noch das Ergebnis.

Ist x die Anzahl der vergangenen Stunden, so gilt:

$\frac{2}{3}x + \frac{1}{7} \cdot (15 - x) = x$ ($x = 4\frac{1}{2}$)

Nach den Kapiteln "Beschickung des Schmelztiegels", "Von Handelsgesellschaften" und "Vom Warentausch" hatte Ries auf weitere Aufgaben hingewiesen, auf die er aus Zeitgründen oder um der Kürze des Buches willen verzichten müßte. Auch zum Abschluß dieses Kapitels erklärt er, daß "noch andere Fragen mehr vorhanden waren", und wie bei den Gesellschaftsrechnungen deutet er an, daß er bei nächster Gelegenheit weitere Aufgaben vorstellen wolle. (Dieses Vorhaben hat er in seinem umfangreichen 3. Rechenbuch [19] realisiert.) Als geschickter Pädagoge gibt er hier aber noch einen weiteren Grund für die Beschränkung des Stoffs an: Er will vermeiden, daß die "Anfänger" mit Problemen von höherem Schwierigkeitsgrad überfordert werden.

Zech- oder Jungfrauenrechnung (S. 103):

Wie aus der Formulierung zum Ausklang des Kapitels "Vom Warentausch" hervorgeht, hatte Ries wohl ursprünglich vor, das Buch mit dem vorigen Kapitel enden zu lassen. Doch er sieht sich noch veranlaßt, ein damals sehr beliebtes Problem der Unterhaltungsmathematik aufzugreifen, über das "unter den Laien und des Rechnens Unkundigen" offenbar viel Falsches in

Umlauf war.

Die "Zechenaufgaben" stehen in engem Zusammenhang mit den Mischungs-
aufgaben. (Ein Spezialfall ist das sog. Problem der 100 Vögel [46, S.
613−616].)

In einem Wirtshaus sitzen d Personen, die sich aus n Personengruppen
(Männer, Frauen, Jungfrauen etc.) zusammensetzen. Es wird eine bestimmte
Geldsumme e vertrunken, für die die Angehörigen der verschiedenen Personengruppen unterschiedliche Beiträge $k_1, \ldots, k_n$ leisten. Gefragt ist, wie
viele Personen jeder Gruppe angehören.

Algebraisch gesehen geht es um die Bestimmung der positiven ganzzahligen
Lösungen $x_1, \ldots, x_n$ des Gleichungssystems

$$x_1 + x_2 + \ldots + x_n = d$$
$$k_1 x_1 + k_2 x_2 + \ldots + k_n x_n = e \qquad (n \geq 2, \ k_1, \ldots, k_n \in \mathbb{N}).$$

Im Fall $n = 2$ existiert höchstens 1 Lösungspaar (x_1, x_2), im Fall $n \geq 3$ können mehrere Lösungs-n-tupel ($x_1, \ldots, x_n$) auftreten.

Der theoretische Lehrtext von Ries wird uns besser verständlich, wenn wir
die allgemeinen Bezeichnungen benutzen.

Zunächst empfiehlt er folgendes Schema:

$$d \quad \begin{matrix} k_1 \\ \vdots \\ k_n \end{matrix} \quad e$$

Dabei sollen die Geldbeträge $k_1, \ldots, k_n$ auf die kleinste vorkommende
Münzeinheit umgerechnet werden, und es soll $k_1 > k_2 > \ldots > k_n$ gelten, wie
aus dem weiteren Text hervorgeht.

Nun wird ein Dividend a aus dem Term $e - k_n d$ und $n-1$ Teiler $t_1, \ldots, t_{n-1}$
mit Hilfe von $k_1 - k_n, \ldots, k_{n-1} - k_n$ bestimmt. Deshalb sagt Ries, daß es
"stets einen Teiler weniger gibt, als Personengruppen vorhanden sind". Er
trifft die folgende Fallunterscheidung:

$n = 2$: Es gibt nur 1 Teiler $t_1 = k_1 - k_2$.

$$x_1 = \frac{a}{t_1} = \frac{e - k_2 d}{k_1 - k_2}$$ ist die Anzahl der Personen mit der höchsten Zeche.

$x_2 = d - x_1$ ist die Anzahl der Personen mit der kleinsten Zeche.

$n = 3$: Es gibt 2 Teiler $t_1 = k_1 - k_3$, $t_2 = k_2 - k_3$.

Der Dividend $a = e - k_3 d$ ist so in zwei Summanden a_1, a_2 aufzuspal-

186

ten, daß gilt: t_1 ist Teiler von a_1, t_2 ist Teiler von a_2. Dann erhält man

$$x_1 = \frac{a_1}{t_1}, \ x_2 = \frac{a_2}{t_2} \text{ und } x_3 = d - (x_1 + x_2).$$

$n \geq 4$: Auf diese Fälle geht Ries nicht mehr ein, da sie "ebenso" zu behandeln seien.

Für $n = 4$ zum Beispiel gibt es die 3 Teiler $t_1 = k_1 - k_4$, $t_2 = k_2 - k_4$ und $t_3 = k_3 - k_4$.

Der Dividend $a = e - k_4 d$ ist so in drei Summanden a_1, a_2, a_3 aufzuspalten, daß gilt: t_1 ist Teiler von a_1, t_2 ist Teiler von a_2, t_3 ist Teiler von a_3. Dann erhält man

$$x_1 = \frac{a_1}{t_1}, \ x_2 = \frac{a_2}{t_2}, \ x_3 = \frac{a_3}{t_3} \text{ und } x_4 = d - (x_1 + x_2 + x_3).$$

Die Frage nach der jeweiligen Anzahl der Lösungen diskutiert Ries nicht.

Das von Ries skizzierte Verfahren zur Lösung von linearen Gleichungssystemen wird heute als "Gaußscher Algorithmus" bezeichnet und hat seinen festen Platz im Mathematikunterricht der gymnasialen Oberstufe. Wir greifen noch einmal die Fälle $n = 2$ und $n = 3$ auf.

$n = 2$:

$$x_1 + x_2 = d$$
$$k_1 x_1 + k_2 x_2 = e$$

Man kann die Variable x_2 eliminieren, indem man die beiden Seiten der 1. Gleichung mit k_2 multipliziert und anschließend von den Seiten der 2. Gleichung subtrahiert. Dadurch entsteht die Gleichung

$$(k_1 - k_2) x_1 = e - k_2 d,$$

aus der sich x_1 bestimmen läßt. Aus der 1. Gleichung erhält man dann x_2.

$n = 3$:

$$x_1 + x_2 + x_3 = d$$
$$k_1 x_1 + k_2 x_2 + k_3 x_3 = e$$

Man kann die Variable x_3 eliminieren, indem man die beiden Seiten der 1. Gleichung mit k_3 multipliziert und anschließend von den Seiten der 2. Gleichung subtrahiert. Dadurch entsteht die Gleichung

$$(k_1 - k_3)x_1 + (k_2 - k_3)x_2 = e - k_3 d.$$

Wenn man nun $e - k_3 d$ so in zwei Summanden a_1, a_2 zerlegen kann, daß a_1 durch $k_1 - k_3$ und a_2 durch $k_2 - k_3$ teilbar sind, dann hat man mit $x_1 = a_1 / (k_1 - k_3)$ und $x_2 = a_2 / (k_2 - k_3)$ zwei ganzzahlige Lösungen gefunden. x_3 berechnet sich wieder aus $d - (x_1 + x_2)$.

1) **Männer und Frauen im Wirtshaus**
Mit den obigen Bezeichnungen gilt: $n = 2$, $d = 21$, $e = 81$ (Pfennig), $k_1 = 5$ (Pfennig), $k_2 = 3$ (Pfennig); ($t_1 = 2$, $e - k_2 d = 18$, $x_1 = 9$, $x_2 = 12$)
Das Schema in dieser Aufgabe ist so angelegt, wie Ries es vorher beschrieben hat.

2) **Männer, Frauen und Jungfrauen im Wirtshaus**
Mit den obigen Bezeichnungen gilt: $n = 3$, $d = 20$, $e = 40$ (Heller), $k_1 = 6$ (Heller), $k_2 = 4$ (Heller), $k_3 = 1$ (Heller); ("Teiler für die Männer" $t_1 = 5$, "Teiler für die Frauen" $t_2 = 3$, $e - k_3 d = 20$, $a_1 = 5$, $a_2 = 15$, $x_1 = 1$, $x_2 = 5$, $x_3 = 14$)
Die Zerlegung $20 = 5 + 15$ ist die einzige, die die Teilbarkeit des 1. Summanden durch 5 und die des zweiten durch 3 sicherstellt. Daher ist die Lösung des Problems eindeutig.
Ries führt zu dieser Aufgabe 2 Schemata an: Im zweiten hat er die Werte e, k_1, k_2, k_3 zu Hellern vereinheitlicht und außerdem in der Mitte eine zweite Spalte für die Teiler t_1, t_2 hinzugefügt. Allgemein hätte dieses Schema folgende Gestalt:

$$d \quad \begin{matrix} k_1 & k_1 - k_n \\ \vdots & \vdots \\ k_{n-1} & k_{n-1} - k_n \\ k_n & \end{matrix} \quad e$$

3) **Viehkauf**
Eine völlig andere Einkleidung hat diese Aufgabe, die aber zur selben Gruppe wie die Zechrechnungen, speziell zum obenerwähnten Typ "Problem der 100 Vögel", gehört.
Mit den obigen Bezeichnungen gilt: $n = 4$, $d = 100$, $e = 400$ (Örter), $k_1 = 16$ (Örter), $k_2 = 6$ (Örter), $k_3 = 2$ (Örter), $k_4 = 1$ (Ort); (Teiler für die Ochsen $t_1 = 15$, Teiler für die Schweine $t_2 = 5$, Teiler für die Kälber $t_3 = 1$, $e - k_4 d = 300$, $a_1 = 180$, $a_2 = 100$, $a_3 = 20$, $x_1 = 12$, $x_2 = 20$, $x_3 = 20$, $x_4 = 48$)
In dieser Aufgabe findet sich nur noch das zweite, erweiterte Lösungsschema — vgl. Nr. 2. Zum Abschluß legt Ries dem Leser noch eine Proberechnung nahe.

Die Zerlegung $300 = 180 + 100 + 20$ ist allerdings keineswegs die einzige, die die Teilbarkeit des 1. Summanden durch 15 und die des zweiten durch 5 sicherstellt. (Wegen $t_3 = 1$ ist mit dem 3. Summanden zunächst keine weitere Bedingung verknüpft.) Daher ist das Problem unbestimmt, worauf Ries aber nicht hinweist.

Wie viele Lösungen gibt es nun?

Zur Beantwortung dieser Frage ist ein wenig Zahlentheorie erforderlich. Die Summanden a_1, a_2 der Zerlegung $300 = a_1 + a_2 + a_3$ sind durch 15 bzw. 5 teilbar, und zwar gilt

$$300 = 15x_1 + 5x_2 + x_3.$$

Man sieht sofort ein, daß auch x_3 $(= a_3)$ durch 5 teilbar sein muß. Mit $x_3 = 5m$ folgt

$$300 = 15x_1 + 5x_2 + 5m$$

und, nach Division durch 5,

$$60 = 3x_1 + x_2 + m.$$

$x_2 + m$ ist offenbar durch 3 teilbar, und es sei $x_2 + m = 3c$. Es folgt

$$x_1 = 20 - c, \quad x_2 = 3c - m.$$

Beachtet man noch $x_4 = 100 - (x_1 + x_2 + x_3)$, so müssen die Lösungen x_1, x_2, x_3, x_4 des Gleichungssystems insgesamt folgenden Bedingungen genügen:

$$x_1 = 20 - c, \quad x_2 = 3c - m, \quad x_3 = 5m, \quad x_4 = 80 - 2c - 4m$$

Die Parameter c und m sind natürliche Zahlen zwischen den Schranken

$$0 < c < 20, \quad c + 2m < 40, \quad 0 < m < 3c.$$

Daraus ergibt sich folgende Tabelle für mögliche m und c:

m	1, 2	3, 4, 5	6, 7, 8	9, 10	11	12
c	1, ..., 19	2, ..., 19	3, ..., 19	4, ..., 19	4, ..., 17	5, ..., 15

m	13	14	15	16	17	18	19
c	5, ..., 13	5, ..., 11	6, 7, 8, 9	6, 7	—	—	—

Jedes m kann mit jedem c kombiniert werden, so daß es insgesamt 222 Kombinationen gibt. Da jeweils zwei verschiedene Paare (m, c) auch zu verschiedenen Quadrupeln (x_1, x_2, x_3, x_4) führen, kann der Viehkauf auf 222 verschiedene Weisen stattfinden.

Die Riessche Lösung erhält man für $m = 4$, $c = 8$.

Ohne weitere Kapitelüberschrift präsentiert Ries anschließend 4 Aufgaben zu magischen Quadraten. Dieser Abschnitt ist in zweifacher Hinsicht bemerkenswert: Riesens Bemühungen, Konstruktionsverfahren zu finden, dürften originell sein. Andererseits erscheinen die magischen Quadrate bei ihm (1522) erstmals überhaupt im Druck [33].

Zur Bildung 9zelliger magischer Quadrate mit vorgegebener Zeilen-, Spalten- und Diagonalensumme s unter der Bedingung, daß nur aufeinanderfolgende Zahlen eingetragen werden dürfen, geht Ries allgemein so vor:

In die Mitte setzt er den Wert $\frac{s}{3}$, den er unnötigerweise mit Dreisatz berechnet ("15 gibt 5. Was gibt ...?"). Dann trägt er die Zahlen $\frac{s}{3} - 4$, $\frac{s}{3} - 3$, $\frac{s}{3} - 2$, $\frac{s}{3} - 1$, $\frac{s}{3} + 1$, $\frac{s}{3} + 2$, $\frac{s}{3} + 3$, $\frac{s}{3} + 4$ auf der folgenden Zickzacklinie in das Quadrat ein und tauscht anschließend noch die Eckzahlen links unten und rechts oben gegeneinander aus:

$$
\begin{array}{ccc}
\frac{s}{3}+1 \rightarrow \frac{s}{3}+2 \rightarrow \boxed{\frac{s}{3}+3} \\
\frac{s}{3}-4 \qquad \frac{s}{3} \qquad \frac{s}{3}+4 \\
\boxed{\frac{s}{3}-3} \rightarrow \frac{s}{3}-2 \rightarrow \frac{s}{3}-1
\end{array}
\qquad \longrightarrow \qquad
\begin{array}{ccc}
\frac{s}{3}+1 & \frac{s}{3}+2 & \boxed{\frac{s}{3}-3} \\
\frac{s}{3}-4 & \frac{s}{3} & \frac{s}{3}+4 \\
\boxed{\frac{s}{3}+3} & \frac{s}{3}-2 & \frac{s}{3}-1
\end{array}
$$

Zu bemerken ist noch, daß die Zahl in der Mitte stets das arithmetische Mittel aus der kleinsten und der größten vorkommenden Zahl sein muß.

4) Beispiel für $s = 15$

5) Beispiel für $s = 24$

6) Beispiel für $s = 7$: Hier ergibt sich als Mittelzahl $\frac{s}{3} = 2\frac{5}{15}$. Man kann leicht erkennen, wie Ries zu den anderen einzutragenden Zahlen gekommen ist: Mit 15 multipliziert, ergäbe sich für $\frac{s}{3}$ der Wert 35. Dann müßten die neun Zahlen 31 bis 39 eingetragen werden, deren arithmetisches Mittel 35 ist. Dividiert man diese wieder durch 15, so erhält man die Zahlen bei Ries, die in Fünfzehntelschritten aufeinanderfolgen.

7) Ein 16zelliges magisches Quadrat

Das von Ries beschriebene Konstruktionsverfahren ist ohne weiteres verständlich.

Weitere vierzeilige magische Quadrate erhält man, indem man einfach zu den hier vorliegenden natürlichen Zahlen eine konstante natürliche Zahl, etwa $a - 1$, addiert. Die Zeilen-, Spalten- und Diagonalsumme beträgt dann $4a + 30$.

8) Die Schnecke im Brunnen — eine reizvolle Abschlußaufgabe

Das vorliegende Problem, das zu den komplizierteren Bewegungsaufgaben zählt (vgl. Falscher Ansatz Nr. 31 und [46, S. 588 ff., S. 595]), ist ein unverwüstliches Stück Unterhaltungsmathematik: Mit einfacheren Werten tritt es heute noch in nahezu jedem Unterrichtswerk für die Grundschule auf.

Der Reiz dieser Aufgabe, bei der eine Schnecke mit Hilfe einer Vorwärts- und einer Rückwärtsbewegung den Rand eines Brunnens erreicht und nach der dafür benötigten Zeit gefragt ist, liegt darin, daß die naheliegende Rechnung versagt: Um die Anzahl der Tage zu gewinnen, darf man nicht einfach die Tiefe des Brunnens durch die tägliche Steigungsrate dividieren, denn am letzten Tag braucht die Schnecke ja nicht mehr zurückzukriechen, wenn sie den Brunnenrand bereits erreicht hat.

Wir können die Aufgabe folgendermaßen lösen:

Pro Tag schafft die Schnecke einen Anstieg von $4\frac{2}{3} - 3\frac{3}{4}$ Ellen = $\frac{11}{12}$ Ellen. Am letzten Tag von insgesamt n Tagen braucht sie nur noch hochzukriechen und nicht mehr zurückzufallen. Deshalb ist n die kleinste natürliche Zahl, die die Ungleichung

$$\frac{11}{12}(n-1) + 4\frac{2}{3} \geq 32$$

erfüllt: es ergibt sich n = 31.

Die Schnecke erreicht den Brunnenrand also am 31. Tag während ihrer Steigungsperiode. Setzt man nun n = 31 in die linke Seite der obigen Ungleichung ein, so erhält man $32\frac{1}{6}$, d. h. die Schnecke braucht am letzten Tag nur noch $(4\frac{2}{3} - \frac{1}{6})$ Ellen = $4\frac{1}{2}$ Ellen hochzukriechen: das sind $4\frac{1}{2} / 4\frac{2}{3} = \frac{27}{28}$ des letzten Tages.

Insgesamt benötigt sie also $30\frac{27}{28}$ Tage.

Ries rechnet mit 56 als dem Maß für das Steigen und mit 45 als dem Maß für das Fallen der Schnecke. Die passende Einheit dazu ist Zwölftelellen. Als Maß für die tägliche Steigungsleistung hat er deshalb 11 (Zwölftelellen). Seine weitere Rechnung führt zu dem falschen Ergebnis $30\frac{9}{11}$ Tage.

Bei der Lösung beruft er sich auf seinen langjährigen Freund Hans Conrad, mit dem er in dessen Annaberger Zeit (1515) Algebra-Aufgaben gerechnet hat, wie wir aus einer Textstelle der Coß [17] wissen. Die Bekräftigung, es handele sich um die richtige Lösung, setzt beim Leser das Erstaunen darüber voraus, daß die weiter oben genannte naheliegende Rechnung falsch ist. (Es trifft aber historisch nicht zu, daß erst Conrad darauf aufmerksam wurde und die richtige Lösung erbracht hat.)

Natürlich hat Ries diesen simplen Fehler vermieden, denn er zieht zum Schluß ja noch "das Fallen" ab; sein Fehler bezieht sich nur auf den

Bruchteil des letzten Tages. Studieren wir hierzu seine Rechnung genauer, so erkennen wir, daß sich, algebraisch gesehen, sein Wert $30\frac{9}{11}$ als Lösung der Gleichung

$$\frac{11}{12}(x-1) + 4\frac{2}{3} = 32$$

ergibt. Dieser Ansatz ist falsch, da die tägliche Steigungsleistung von $\frac{11}{12}$ Ellen nur für volle Tage (mit Tag- und Nachtanteil) gilt und die Schnecke am letzten Tag weniger als $4\frac{2}{3}$ Ellen vom Brunnenrand entfernt ist.

Ries hat seinen versteckten Fehler bereits in der 2. Auflage des Buchs von 1525 korrigiert. Dort [16b, I^{8r}] schreibt er (modernisierte Fassung): "... es bleiben 339. Die teile durch 11. Dann werden es 30 Tage, und 9 bleiben übrig. Dazu addiere das Fallen, d. h. 45: es werden 54. Teile durch 56. Dann werden es $\frac{27}{28}$. Nach so langer Zeit kommt die Schnecke heraus."

Ries rechnet also jetzt mit dem Rest 9 noch weiter: Der Term $(9+45)/56$ hat denselben Wert wie $(32-\frac{11}{12}\cdot 30)/4\frac{2}{3}$, und der Zähler des letzten Terms gibt korrekt (in Ellen) an, wie hoch die Schnecke am letzten Tag noch steigen muß.

Zu diesem kleinen Mißgeschick finden wir in der Coß [17] eine kurze Bemerkung.

Die beiden Proben werden ausdrücklich dem unverständigen Leser empfohlen.

I) Eine Probe mit zwei Zirkeln

Eine lange Linie, die die Tiefe des Brunnens darstellen soll, wird in $32\cdot 12$ ($=384$) gleiche Teile geteilt. Jeder Teil entspricht also $\frac{1}{12}$ Ellen, und mit zwei Zirkeln, deren Öffnung auf 56 bzw. 45 Teile fixiert ist, kann die Bewegung der Schnecke simuliert werden.

II) Eine Probe durch Rechnung

Diese Probe besteht darin, daß die Zirkelprobe nun rechnerisch nachvollzogen wird. Die Bewegungen der Schnecke werden vom oberen Brunnenrand aus rückgängig gemacht, bis sie den Boden des Brunnens wieder erreicht hat. Ries bezieht sich auf den folgenden Algorithmus, der dementsprechend mit der Zahl 384 beginnt und die jeweils erreichte Position der Schnecke im Rückblick simuliert:

$384 = \underline{6}\cdot 56 + 48$, $6\cdot 45 + 48 = 318$
Vor 6 Tagen war die Schnecke 318/12 Ellen vom Brunnenboden entfernt.
$318 = \underline{5}\cdot 56 + 38$, $5\cdot 45 + 38 = 263$

Weitere 5 Tage zuvor war sie 263/12 Ellen vom Boden entfernt usw.

$263 = \underline{4} \cdot 56 + 39, \quad 4 \cdot 45 + 39 = 219$
$219 = \underline{3} \cdot 56 + 51, \quad 3 \cdot 45 + 51 = 186$
$186 = \underline{3} \cdot 56 + 18, \quad 3 \cdot 45 + 18 = 153$
$153 = \underline{2} \cdot 56 + 41, \quad 2 \cdot 45 + 41 = 131$
$131 = \underline{2} \cdot 56 + 19, \quad 2 \cdot 45 + 19 = 109$
$109 = \underline{1} \cdot 56 + 53, \quad 1 \cdot 45 + 53 = 98$
$98 = \underline{1} \cdot 56 + 42, \quad 1 \cdot 45 + 42 = 87$
$87 = \underline{1} \cdot 56 + 31, \quad 1 \cdot 45 + 31 = 76$
$76 = \underline{1} \cdot 56 + 20, \quad 1 \cdot 45 + 20 = 65$
$65 = \underline{1} \cdot 56 + 9, \quad 1 \cdot 45 + 9 = 54$
$54 = \frac{27}{28} \cdot 56 + 0$

Der Brunnenboden ist erreicht.

Die Summe der unterstrichenen natürlichen Zahlen liefert zusammen mit dem Bruch das richtige Ergebnis: $30 \frac{27}{28}$ Tage

Im Abschlußtext räumt Ries mögliche Versehen ein, die er zu entschuldigen bittet. Neben dem Fehler in dieser letzten Aufgabe hatte sich noch in Nr. 129 eine Ungenauigkeit eingeschlichen, der Lösungstext zu Nr. 117 war teilweise korrupt, und auch die Fehldeutung der Neunerprobe ist hier noch zu nennen. Ansonsten ist nicht einmal eine Zahl verdruckt. Bereits in der 2. Auflage von 1525 [16b] hat Ries alle Fehler — bis auf den im Zusammenhang mit der Neunerprobe — korrigiert.

Die geplante Darstellung über die Inhaltsbestimmung von Fässern hat Ries im Rahmen seines 3. Rechenbuchs [19] realisieren können. Seine Algebra blieb unveröffentlicht, und über Buchhaltung ist uns von ihm nichts überliefert.

Am Freitag, dem 3. Oktober 1522 ("Freitag nach Michaelis"), hat das zweite Rechenbuch von Adam Ries, eines der bedeutendsten und erfolgreichsten Werke wissensvermittelnder Literatur in deutscher Sprache, die Druckerpresse von Mathes Maler in Erfurt erstmals verlassen.

Metrologischer Anhang

Die Belegstellen werden nach Aufgabennummern (fett) zitiert.
Vgl. auch die Titel [35], [44], [48] und [49] des Literaturverzeichnisses.

1. Geldwerte

Rheinischer Gulden: *Der Rheinische Gulden setzte sich seit 1386 als recht sta-*
biles Handelsgeld in Deutschland durch. Er galt als Wert-
maßstab für die verschiedenen örtlich gebundenen Landes-
münzen (Pfennige oder Heller). Bei den unterstrichenen
Belegstellen ist im Text explizit von Rh. Gulden die Rede.
1./2. Beispiel zur Addition beim Linienrechnen, Beispiel zur Subtraktion
beim Linienrechnen, 1, 2, 3, 4, 5, 6, 7, 8, 9, 10, 11, 13, 14, 15, 16, 17, 18,
19, 20, 21, 22, 23, 24, 25, 26, 27, 28, 29, 30, 31, Text vor 32; 32, 33, 34,
35, 36, 37, 38, 39, 40, 41, 42, 44, 45, 46, 47, 48, 49, 50, 51, 52, 53, 54,
55, 56, 57, 58, 59, 60, 61, 62, 63, 64, 65, 66, 67, 68, 69, 70, 71, 72, 73,
74, 75, 76, 77, 78, Text vor 79; 79, 80, 81, 82, 83, 84, 85, 86, 87, 88,
89, 90, 91, 92, 93, 94, 95, 96, 97, 98, 99, 100, 101, 102, 103, 104, 105,
106, 107, 108, 109, 110, 111, 112, 113, 114, 115, 116, 117, 118, 119, 120, 121,
122, 123, 124, 125, 126, 127, 128, 129, 130, 131, 132, 133, 137, 138, 139,
140, 144, 148, 149, 150, 151, 152, 153, 154, 155, 156, 157, 158, 159, 160,
161, 162, 163, 169, 170, 171, 172, 175, 176, 177, 178, 179, 181, 182, 183,
184, 185, 186, 187, 188, 189, 190, Falscher Ansatz 4, 5, 6, 7, 8, 11, 13,
14, 16, 18, 19, 21, 23, 24, 25, 26, 29, 33, Zechrechnung 3

Groschen: *Seit Anfang des 14. Jahrhunderts gebräuchliche Silbermünze, Unter-*
einheit von Gulden — mit Ausnahme der unterstrichenen Belegstellen
1./2. Beispiel zur Addition beim Linienrechnen, Beispiel zur Subtraktion
beim Linienrechnen, 1, 2, 3, Text vor 4; 8, 9, 10, 11, 12, 13, 14, 15, 16,
17, 18, 19, 20, 21, 22, 23, 24, 25, 26, 28, 29, 30, 31, Text vor 32; 32, 33,
34, 35, 36, 37, 38, 39, 40, 41, 42, 43, 44, 45, 46, 47, 48, 49, 50, 51, 52,
53, 54, 55, 56, 57, 58, 59, 60, 61, 62, 63, 64, 65, 66, 69, 70, 71, 73, 74,
75, 76, 77, 78, 102, 109, 124, 128, 136, 142, 151, 153, 154, 169, 170, 171,
175, 179, 187, Falscher Ansatz 27, 29

Pfennig: *Silberwährung, Untereinheit von Groschen — mit Ausnahme der unter-*
strichenen Belegstellen
1./2. Beispiel zur Addition beim Linienrechnen, Beispiel zur Subtraktion
beim Linienrechnen, 1, 2, 3, Text vor 4; 11, 12, 14, 15, 16, 17, 18, 19, 20,
21, 23, 24, 25, 26, 27, 28, 29, 30, 31, Text vor 32; 32, 33, 34, 35, 36, 37,

38, 39, 40, 41, 42, 43, 44, 45, 46, 47, 48, 49, 50, 51, 52, 53, 55, 56, 57, 58, 60, 61, 62, 63, 64, 65, 66, 71, <u>72</u>, 73, 74, 75, 77, 78, 102, 109, 124, 128, 131, 132, 133, <u>136</u>, 139, 140, 142, 148, 151, 154, <u>172</u>, 175, 179, Falscher Ansatz 10, 15, 17, 20, Zechrechnung 1, <u>2</u>

Heller: *Ursprünglich mit dem Haller Pfennig identisch, ab 1385 Untereinheit von Pfennig*
15, 21, 29, 32, 36, 38, 39, 40, 41, 42, 43, 44, 45, 46, 47, 48, 49, 50, 51, 52, 53, 55, 56, 57, 58, 59, 60, 61, 62, 63, 64, 65, 66, 71, 72, 75, 77, 78, 154, 179, Zechrechnung 2

1 Gulden = 21 Groschen:
8, 9, 10, 13, 22, 54, 69, 70, 76, 153, 169, 187

1 Groschen = 12 Pfennig:
12

1 Pfennig = 2 Heller:
Zechrechnung 2

1 Gulden = 252 Pfennig:
27, 172

1 Gulden = 252 Pfennig, 1 Pfennig = 2 Heller:
72

1 Gulden = 21 Groschen, 1 Groschen = 12 Pfennig:
1./2. Beispiel zur Addition beim Linienrechnen, Beispiel zur Subtraktion beim Linienrechnen, 1, 2, 3, 11, 14, 16, 17, 18, 19, 20, 23, 24, 25, 26, 27, 28, 30, 31, 33, 34, 35, 37, 73, 74, 102, 109, 124, 128, 151

1 Groschen = 12 Pfennig, 1 Pfennig = 2 Heller:
43

1 Gulden = 21 Groschen, 1 Groschen = 12 Pfennig, 1 Pfennig = 2 Heller:
15, 21, 29, 32, 36, 38, 39, 40, 41, 42, 44, 45, 46, 47, 48, 49, 50, 51, 52, 53, 55, 56, 57, 58, 59, 60, 61, 62, 63, 64, 65, 66, 71, 75, 77, 78, 154, 179

1 Gulden = 7 Groschen:
153, 170

1 Gulden = 18 Groschen:
   153

1 Gulden = $18\frac{34}{55}$ Groschen:
   171

1 Gulden = 20 Groschen:
   Falscher Ansatz 29

1 Gulden = 20 Groschen, 1 Groschen = 8 Pfennig:
   175

1 Gulden = 28 Groschen:
   153

1 Gulden = 30 Groschen:
   Falscher Ansatz 29

Pfund: *Untereinheit von Gulden*
   131, 133, 139, 140, 148

1 Gulden = 5 Pfund 28 Pfennig, 1 Pfund = 30 Pfennig:
   133, 140

1 Gulden = 7 Pfund, 1 Pfund = 30 Pfennig:
   148

1 Gulden = 8 Pfund 11 Pfennig, 1 Pfund = 30 Pfennig:
   131

1 Gulden = 8 Pfund 12 Pfennig, 1 Pfund = 30 Pfennig:
   139

Mark: *in Skandinavien und England verbreitete Währungseinheit*
   136

1 Mark = 48 Groschen, 1 Groschen = 7 Pfennig:
   136

Dickpfennig: *Böhmischer Silbergroschen*
   Falscher Ansatz 25

1 Gulden = 3 Dickpfennig:
Falscher Ansatz 25

1 Gulden = 4 Dickpfennig:
Falscher Ansatz 25

Schilling: *Goldwährung, nur als Rechnungsgeld, Untereinheit von Gulden.*
Bei der unterstrichenen Belegstelle ist im Text explizit von Rheinischen Schillingen die Rede.
Text vor 79; 79, 80, 81, 82, 83, 84, 85, 86, 87, 88, 89, 90, 91, 92, 93, 94, 95, 96, 97, 98, 99, 100, 101, 104, 105, 106, 107, 108, 109, 110, 111, 112, Text vor 114; 114, 115, 116, 117, 118, 120, 121, 122, 123, 124, 125, 126, 127, 129, 130, 132, 137, 144, 152, 155, 156, 157, 158, 159, 160, 161, 162, 163, 176, 177, 178, 179, 186

Heller: *Goldwährung, nur als Rechnungsgeld, Untereinheit von Schilling*
Text vor 79; 79, 81, 82, 83, 84, 85, 86, 88, 89, 90, 91, 92, 93, 94, 95, 96, 97, 98, 99, 100, 101, 104, 105, 106, 107, 109, 110, 111, 112, 115, 116, 117, 120, 121, 122, 123, 125, 126, 127, 129, 130, 144, 152, 155, 156, 157, 158, 161, 162, 163, 176, 177, 178, 179

1 Gulden = 20 Schilling:
80, 87, 108, 114, 118, 124, 137, 159, 160, 186

1 Gulden = 20 Schilling, 1 Schilling = 12 Heller:
Text vor 79; 79, 81, 82, 83, 84, 85, 86, 88, 89, 90, 91, 92, 93, 94, 95, 96, 97, 98, 99, 100, 101, 104, 105, 106, 107, 109, 110, 111, 112, 115, 116, 117, 120, 121, 122, 123, 125, 126, 127, 129, 130, 144, 152, 155, 156, 157, 158, 161, 162, 163, 176, 177, 178, 179

1 Gulden = 7 Schilling 24 Pfennig, 1 Schilling = 30 Pfennig:
132

Ungarischer Gulden: *an böhmischen, polnischen und großungarischen Handelsplätzen verwendete Goldmünze; bei den unterstrichenen Belegstellen ist im Text explizit von Ung. Gulden die Rede.*
110, 111, 112, 113, 114, 115, 116, 118, 119, 120, 125, 126, 134, 135, 141, 145, 147, 173, 174, Falscher Ansatz 3

Groschen: *Untereinheit von Ung. Gulden*
113, 126, 134, 135, 141, 145, 173, 174, Falscher Ansatz 3

Pfennig: *Untereinheit von Ung. Groschen*
113, 141, 145, Falscher Ansatz 3

Heller: *Untereinheit von Ung. Groschen*
126, 134, 135

1 Ungarischer Gulden = 29 Groschen, 1 Groschen = 12 Pfennig:
113

1 Ungarischer Gulden = 30 Groschen, 1 Groschen = 18 Heller:
134

1 Ungarischer Gulden = 35 Groschen:
174

1 Ungarischer Gulden = 48 Groschen, 1 Groschen = 7 Pfennig:
141

1 Ungarischer Gulden = 56 Groschen:
173

1 Ungarischer Gulden = 60 Groschen, 1 Groschen = 12 Heller:
135

1 Ungarischer Gulden = 84 Groschen, 1 Groschen = 12 Heller:
126

Böhmischer Groschen:
119

1 Ungarischer Gulden = 27 Böhmische Groschen:
119

1 Ungarischer Gulden = 27 (Böhmische?) Groschen, 1 Groschen = 12 Pfennig:
145, Falscher Ansatz 3

100 Ungarische Gulden = 129 Rheinische Gulden:
110

100 Ungarische Gulden = $129\frac{1}{2}$ Rheinische Gulden:
113

100 Ungarische Gulden = $131\frac{1}{4}$ Rheinische Gulden:
111

100 Ungarische Gulden = $132\frac{1}{3}$ Rheinische Gulden:
115

100 Ungarische Gulden = $132\frac{1}{2}$ Rheinische Gulden:
114, 125

100 Ungarische Gulden = $133\frac{1}{3}$ Rheinische Gulden:
112, 126

100 Ungarische Gulden = 135 Rheinische Gulden:
119

100 Ungarische Gulden = $136\frac{1}{4}$ Rheinische Gulden:
120

100 Ungarische Gulden = $138\frac{8}{9}$ Rheinische Gulden:
118

100 Ungarische Gulden = $141\frac{7}{20}$ Rheinische Gulden:
116

Dukaten: *Goldwährung, meistens nur andere Bezeichnung für den Ungarische*
Gulden
117, 118, 122, Falscher Ansatz 27

1 Dukaten = 30 Groschen:
Falscher Ansatz 27

100 Dukaten = 124 Rheinische Gulden:
118

100 Dukaten = 134 Rheinische Gulden:
122

100 Dukaten = $138\frac{7}{10}$ Rheinische Gulden:
117

100 Dukaten = $89\frac{7}{25}$ Ungarische Gulden (*! — s. o.*)
118

Ort: *vierter Teil einer Münzeinheit*
42, **Text vor 44;** 44, 45, 46, 47, 55, 58, 59, 62, 63, 66, 68, 69, 72, 77, 78, 92, 93, 95, 98, 99, 100, 103, 105, 120, 123, 125, 127, 134, 135, 136, 139, 141, 156, 158, 160, 171, 174, 178, 186, 190, **Zechrechnung 3**

1 Ort = $\frac{1}{4}$ Gulden: *bei der unterstrichenen Belegstelle ist im Text explizit von Rh. Gulden die Rede*
42, **Text vor 44;** 44, 45, 46, 47, 55, 58, 59, 62, 63, 66, 68, 69, 72, 77, 78, 92, 93, 95, 98, 99, 100, 103, 105, 120, 123, 127, 139, 156, 158, 160, 171, 178, 186, 190, **Zechrechnung 3**

1 Ort = $\frac{1}{4}$ Ungarische Gulden:
120, 125, 134, 135, 141, 174

1 Ort = $\frac{1}{4}$ Mark:
136

2. Gewichte (ggf. mit Warenangaben)

Zentner:
4 Wachs, 5 Zinn, **Text vor 16;** 16, 17, 18, 19, 20, 21, **Text vor 34;** 36, 42 rote Farbe, 44, 45, 47 Wachs, 48, 49, 52, 67 Zwiebelsamen, 68, 77 Wachs, **Text vor 79;** 87 Pfeffer, 92 Mandeln, 93 Baumwolle, 94 Schafwolle, 95 Lorbeer, 96 Weinstein, 97 Alaun, 98 Feigen, 99 Unschlitt, 100 Öl, 101 Honig, 102 Seife, 103 Wachs, 128 Wolle, 131 Messing, 132 Draht, 133 Unschlitt, 138 Wolle, Wachs, 139 Wachs, 140 Schweinefett, 141 Seife, 144 Reis, 145 Schwefel, 147, 148, 189 Zinn, Blei, 190 Wolle

Stein: *Untereinheit von Zentner und / oder Obereinheit von Pfund*
20, 21, 43 Unschlitt, 46, 71, 77 Wachs, 141 Seife, 186 Wachs, Ingwer

Pfund: *Das karolingische Pfund (libra) wog ca. 367,2 g.*
3, 8 Wachs, 9 Zinn, 11 Feigen, 15 Wolle, **Text vor 16;** 16, 17, 18, 19, 20, 21, **Text vor 34;** 36, 37 Safran, 42 rote Farbe, 43 Unschlitt, 44, 45, 46, 47 Wachs, 48, 49, 52, 67 Zwiebelsamen, 68, 71, 72, 77 Wachs, **Text vor 79;** 79, 80, 81, 82, 83, 84, 85, 86, 87 Pfeffer, 88 Ingwer, 89 Safran, 90 Safran, 91 Kalmus, 92 Mandeln, 93 Baumwolle, 94 Schafwolle, 95 Lorbeer, 96 Weinstein, 97 Alaun, 98 Feigen, 99 Unschlitt, 100 Öl, 101 Honig, 102 Seife, 103 Wachs, 104 Ingwer, 105 Safran, 129 Safran, Nelken, Ingwer, 130 Pfeffer, Ingwer, Safran, 131 Messing, 132 Draht, 133 Unschlitt, 137 Safran, Nelken, Ingwer, 139 Wachs, 140 Schweinefett, 141 Seife, 144 Reis, 145 Schwefel, 154 Butter, 186 Ingwer, 187 Seide, **Falscher Ansatz** 21 Safran, Ingwer, 33 Feigen, Rosinen

Mark: *Gewichtseinheit für Edelmetalle und Kupfer; die Mark ist eine aus den nordischen Ländern stammende Gewichtseinheit und gewann vor allem für die Münzprägung Bedeutung. Die karolingische Mark wog 244,75 g.*
Text vor 155 Silber, Gold; 155 Silber, 156 Silber, 157 Silber, 158 Silber, 159 Gold, 160 Gold, 161 Gold, 162 Gold, 163 vergoldetes Silber, Silber, Gold, 164 Silber, 165 Silber, 166 Silber, 167 Silber, Kupfer, 168 Silber, 169 Silber, 170 Silber, 171 Silber, 172 Silber, 173 Silber, 174 Silber, 175 Silber, 184 Silber, Falscher Ansatz 27 Silber, 28 Silber

Lot: *Untereinheit von Pfund oder Mark*
Text vor 34; 37 Safran, 67 Zwiebelsamen, 68, 72, Text vor 79; 88 Ingwer, 89 Safran, 90 Safran, 91 Kalmus, 103 Wachs, 137 Safran, Nelken, Ingwer, 142 Pfennigbrot, Text vor 155 Silber; 155 Silber, 156 Silber, 157 Silber, 158 Silber, 160 Gold, 161 Gold, 162 Gold, 163 vergoldetes Silber, Gold, Silber, 164 Silber, 165 Silber, 166 Silber, 167 Silber, Kupfer, 168 Silber, Kupfer, 169 Silber, 170 Silber, 171 Silber, 172 Silber, 173 Silber, 174 Silber, 175 Silber, 187 Seide, Falscher Ansatz 22 silberne Becher, Deckel, 28 Silber

Karat: *Gewichtseinheit für Edelmetalle, Untereinheit von Mark*
Text vor 155 Gold; 159 Gold, 160 Gold, 161 Gold, 162 Gold, 163 Gold .

Quent: *Untereinheit von Lot*
Text vor 79; 89 Safran, 103 Wachs, Text vor 155 Silber; 155 Silber, 156 Silber, 157 Silber, 158 Silber, 161 Gold, 162 Gold, 163 vergoldetes Silber, Gold, Silber, 164 Silber, 165 Silber, 166 Silber, 167 Silber, 172 Silber, 174 Silber, 187 Seide

Gran: *Gewichtseinheit für Edelmetalle, Untereinheit von Karat*
Text vor 155 Gold; 161 Gold, 162 Gold, 163 Gold

Pfenniggewicht: *Untereinheit von Quent*
Text vor 79; 103 Wachs, Text vor 155 Silber; 157 Silber, 158 Silber, 162 Gold, 163 Gold, Silber, 164 Silber, 165 Silber, 174 Silber

Grän: *Gewichtseinheit für Edelmetalle, Untereinheit von Gran*
Text vor 155 Gold

Hellergewicht: *Untereinheit von Pfenniggewicht*
Text vor 79; 103 Wachs, Text vor 155 Silber; 162 Gold, 165 Silber, 174 Silber

1 Zentner = 100 Pfund: *entsprechend dem karolingischen centenarius librarum*
87 Pfeffer, 92 Mandeln, 93 Baumwolle, 94 Schafwolle, 95 Lorbeer, 96 Weinstein, 97 Alaun, 98 Feigen, 99 Unschlitt, 100 Öl, 101 Honig, 102 Seife, 131 Messing, 132 Draht, 133 Unschlitt, 139 Wachs, 140 Schweinefett, 144 Reis, 145 Schwefel

1 Zentner = 100 Pfund, 1 Pfund = 32 Lot, 1 Lot = 4 Quent, 1 Quent = 4 Pfenniggewicht, 1 Pfenniggewicht = 2 Hellergewicht: *Die Gewichtseinheit "Unze" (= 2 Lot) kommt bei Ries nicht vor. 1 Quent oder Quint war, wie die Bezeichnung verrät, ursprünglich wohl der 5. Teil eines Lots.*
Text vor 79; 103 Wachs

1 Zentner = 102 Pfund:
19

1 Zentner = 110 Pfund:
17, 18, 44, 45, 47 Wachs, 48, 49, 52

1 Zentner = 5 Stein, 1 Stein = 22 Pfund:
20, 77 Wachs

1 Zentner = 110 Pfund, 1 Pfund = 32 Lot:
67 Zwiebelsamen, 68

1 Zentner = 112 Pfund:
16, 36, 42 rote Farbe

1 Zentner = 5 Stein 7 Pfund, 1 Stein = 21 Pfund:
21

1 Zentner = 6 Stein, 1 Stein = 20 Pfund:
141 Seife

1 Stein = 22 Pfund:
43 Unschlitt, 46, 71, 186 Ingwer

1 Pfund = 32 Lot:
37 Safran, 72, 88 Ingwer, 90 Safran, 91 Kalmus, 137 Safran, Nelken, Ingwer

1 Pfund = 32 Lot, 1 Lot = 4 Quent:
89 Safran, 187 Seide

1 Mark = 16 Lot:
    160 Gold, **167** Kupfer, **168** Silber, **169** Silber, **170** Silber, **171** Silber, **173** Silber, **175** Silber, **Falscher Ansatz 28** Silber

1 Mark = 16 Lot, 1 Lot = 4 Quent:
    155 Silber, **156** Silber, **161** Gold, **163** vergoldetes Silber, **166** Silber, **167** Silber, **172** Silber

1 Mark = 16 Lot, 1 Lot = 4 Quent, 1 Quent = 4 Pfenniggewicht:
    157 Silber, **158** Silber, **163** Silber, **164** Silber

1 Mark = 16 Lot, 1 Lot = 4 Quent, 1 Quent = 4 Pfenniggewicht, 1 Pfenniggewicht = 2 Hellergewicht:
    Text vor 155 Silber; **162** Gold, **165** Silber, **174** Silber

1 Mark = 24 Karat:
    160 Gold

1 Mark = 24 Karat, 1 Karat = 4 Gran:
    162 Gold, **163** Gold

1 Mark = 24 Karat, 1 Karat = 4 Gran, 1 Gran = 3 Grän: *Das alte französische Probiergewicht für Silber hatte noch die Einteilung 1 marc = 288 grains.*
    Text vor 155 Gold

1 Lot = $1\frac{1}{2}$ Karat = 4 Quent, 1 Quent = 4 Pfenniggewicht:
    163 Gold

1 Karat = 4 Gran:
    161 Gold

Nürnberger Zentner:
    121 Nelken, **123** Zinn, **124** Pfeffer, **125** Wachs, **126** Pfeffer

Pfund: *Untereinheit von Nürnberger Zentner*
    121 Nelken, **122** Safran, **124** Pfeffer, **125** Wachs, **126** Pfeffer, **146**, **179** Pfeffer, Tara

1 Nürnberger Zentner = 100 Pfund:
    121 Nelken, **124** Pfeffer, **125** Wachs, **126** Pfeffer

Krakauer Zentner:
134 Wachs

Stein: *Untereinheit von Krakauer Zentner*
134 Wachs

Pfund: *Untereinheit von Stein*
134 Wachs

1 Krakauer Zentner = 5 Stein, 1 Stein = 26 Pfund:
134 Wachs

Breslauer Zentner:
125 Wachs, 135 Wachs, 136 Öl

Stein: *Untereinheit von Breslauer Zentner*
125 Wachs, 126 Pfeffer, 135 Wachs, 136 Öl

Pfund: *Untereinheit von Stein*
125 Wachs, 126 Pfeffer, 135 Wachs, 136 Öl

1 Breslauer Zentner = $5\frac{1}{2}$ Stein, 1 Stein = 24 Pfund:
125 Wachs, 135 Wachs, 136 Öl

1 Stein = 24 Pfund:
126 Pfeffer

Egerer Zentner:
123 Zinn

Leipziger Pfund:
124 Pfeffer, 179 Pfeffer

Lot: *Untereinheit von Leipziger Pfund*
179 Pfeffer

1 Leipziger Pfund = 32 Lot:
179 Pfeffer

Kölner Pfund:
146

Pfund von Padua:
  146

Venezianisches Pfund:
  121 Nelken, **122** Safran, **146**

1 Nürnberger Zentner = $\frac{3}{4}$ Egerer Zentner:
  123 Zinn

100 Nürnberger Pfund = 73 Kölner Pfund:
  146

100 Nürnberger Pfund = 110 Leipziger Pfund:
  124 Pfeffer, **179** Pfeffer

100 Nürnberger Pfund = 128 Breslauer Pfund:
  125 Wachs, **126** Pfeffer

100 Nürnberger Pfund = 166 $\frac{2}{3}$ Venezianische Pfund:
  121 Nelken, **122** Safran, **146**

100 Nürnberger Pfund = 233 $\frac{1}{3}$ Pfund von Padua:
  146

3. Feingewichte

Feinsilber hat 16 Lot, Feingold hat 24 Karat.

1 Mark = 2 Quent 1 $\frac{13}{48}$ Pfenniggewicht:
  163 Gold

1 Mark = 4 Lot 2 Quent:
  172 Silber

1 Mark = 6 Lot 3 Quent:
  166 Silber, **167** Silber

1 Mark = 7 Lot:
  168 Silber

1 Mark = 7 Lot 3 Quent:
  164 Silber

1 Mark = 7 Lot 3 Quent 1 Pfenniggewicht:
    158 Silber

1 Mark = 7 Lot 3 Quent 3 Pfenniggewicht $1\frac{129}{385}$ Hellergewicht:
    174 Silber

1 Mark = $8\frac{8}{25}$ Lot:
    175 Silber

1 Mark = 8 Lot 2 Quent:
    164 Silber

1 Mark = $8\frac{72}{119}$ Lot:
    173 Silber

1 Mark = 9 Lot:
    165 Silber, **168** Silber, **169** Silber

1 Mark = 9 Lot 1 Quent:
    166 Silber

1 Mark = 9 Lot 3 Quent:
    157 Silber

1 Mark = 9 Lot 3 Quent $2\frac{8}{233}$ Pfenniggewicht:
    164 Silber

1 Mark = 10 Lot:
    168 Silber, **171** Silber, **Falscher Ansatz 28** Silber

1 Mark = 10 Lot 3 Quent $2\frac{35}{48}$ Pfenniggewicht
    163 Silber

1 Mark = 11 Lot:
    165 Silber

1 Mark = 12 Lot 1 Quent:
    167 Silber

1 Mark = $12\frac{1}{2}$ Lot:
    Falscher Ansatz 28 Silber

1 Mark = 12 Lot 3 Quent:
164 Silber

1 Mark = $13\frac{1}{8}$ Lot:
Falscher Ansatz 28 Silber

1 Mark = $13\frac{1}{2}$ Lot:
Falscher Ansatz 28 Silber

1 Mark = 14 Lot:
168 Silber, **170** Silber

1 Mark = 15 Lot:
Falscher Ansatz 28 Silber

1 Mark = 16 Karat:
160 Gold

1 Mark = 17 Karat:
159 Gold

1 Mark = 18 Karat 3 Gran:
161 Gold

1 Mark = 22 Karat 1 Gran:
163 Gold

1 Mark = 22 Karat 3 Gran:
162 Gold

4. Längenmaße (ggf. mit Warenangaben)

Die Begriffe "Tuch", "Damast", "Barchent" (aus Leinen und Baumwolle dicht gewirkter starker Stoff), "Harraß" (ein leichtes Wollgewebe), "Satin" (feiner Woll- oder Seidenstoff) und "Zwillich" (grobes Leinentuch) dienen auch als Längenmaße mit der Untereinheit "Elle".

Meile:
147, 148

Harraß:
65

Tuch:
Text vor 16; 22, 23, 34, 35, 53, 54, 61, 69

Zwillich:
63

Satin:
64

Barchent:
62

Damast:
66

Elle:
1 Tuch, 2, 12 Leinwand, 14 Tuch, **Text vor 16;** 22, 23, 34, 35, 50 Tuch, **51** Tuch, **53, 54, 55** Leinwand, 61, 62, 63, 64, 65, 66, 69, 106 Samt, 107 Samt, 108 Tuch, 143 Tuch, Futtertuch, 152 rotes Tuch, schwarzes Tuch, grünes Tuch, 190 Tuch, **Falscher Ansatz 3** Tuch, 23 Tuch, **Schneckenaufgabe 8**

Viertelelle:
69, 143 Tuch, Futtertuch

1 Harraß = 48 Ellen:
65

1 Tuch = 39 Ellen:
23

1 Tuch = 36 Ellen:
22, 34, 35, 53, 54, 61, 69

1 Zwillich = 32 Ellen:
63

1 Satin = 24 Ellen:
64

1 Barchent = 22 Ellen:
62

1 Damast = $16\frac{1}{2}$ Ellen:
66

5. Hohlmaße (ggf. mit Warenangaben)

Fuder:
6 Wein, **Text vor 16; 27** Wein, **184** Wein, **185** Wein, **Falscher Ansatz 24**
Wein

Eimer:
10 Wein, **Text vor 16; 24** Wein, **25, 26** Wein, **27** Wein, **40** Wein, **41,**
70 Wein

Viertel:
24 Wein, **25, 26** Wein, **27** Wein, **40** Wein, **41, 70** Wein

1 Fuder = 12 Eimer, 1 Eimer = 64 Viertel:
27 Wein

1 Eimer = 64 Viertel:
26 Wein, **41, 70** Wein

1 Eimer = 72 Viertel:
24 Wein, **25, 40** Wein

Malter:
28 Korn, **29, 30, 31**

Scheffel:
28 Korn, **29, 30, 31, 76** Hafer

1 Malter = 16 Scheffel:
28 Korn, **29, 30, 31**

6. Handelsübliche Lieferformen für bestimmte Waren, ggf. mit Angaben über die Taren
(N: Der Prozentsatz der Tara bezieht sich auf das Nettogewicht)

Posten:
164 Silber

Stumpf:

89 Safran; **90** Safran: Tara 9 Lot pro 38 Pfund 16 Lot $\hat{=}$ $\frac{225}{308}$ % $\approx$ 0,73 %

Bund:

76 Heu, Stroh

Korb:

98 Feigen: Tara 14 Pfund pro Korb

Kübel:

7 Waid, **13** Waid; **154** Butter: Tara 29$\frac{1}{3}$ Pfund bei 3 Kübeln

Sack:

91 Kalmus: Tara 2 Pfund 16 Lot pro 48 Pfund 24 Lot $\hat{=}$ 5$\frac{5}{39}$ % $\approx$ 5,13 %; **92** Mandeln; **93** Baumwolle: Tara 37 Pfund pro 9 Zentner 40 Pfund $\hat{=}$ 3$\frac{44}{47}$ % $\approx$ 3,94 %; **94** Schafwolle: Tara 21 Pfund pro 7 Zentner 44 Pfund $\hat{=}$ 2$\frac{51}{62}$ % $\approx$ 2,82 %; **95** Lorbeer, **121** Nelken; **124** Pfeffer: Tara 12$\frac{1}{2}$ Pfund pro 4 Zentner 48 Pfund $\hat{=}$ 2$\frac{177}{224}$ % $\approx$ 2,79 %; **179** Pfeffer: Tara 2$\frac{1}{2}$ Pfund pro 204 Pfund $\hat{=}$ 1$\frac{23}{102}$ % $\approx$ 1,23 %

Scheibe:

77 Wachs, **134** Wachs, **135** Wachs, **139** Wachs

Fäßchen:

100 Öl: Tara (N) 11 Pfund pro Zentner $\hat{=}$ 11 %; **136** Öl: Tara (N) 12 Pfund pro 1 Zentner (= 132 Pfund) $\hat{=}$ 9$\frac{1}{11}$ % $\approx$ 9,09 %; **102** Seife: Tara (N) 10 Pfund pro Zentner $\hat{=}$ 10 %

Faß:

96 Weinstein: Tara 21 Pfund pro 3 Zentner 68 Pfund $\hat{=}$ 5$\frac{65}{92}$ % $\approx$ 5,71 %; **97** Alaun: Tara 23 Pfund pro 3 Zentner 75$\frac{1}{2}$ Pfund $\hat{=}$ 6$\frac{94}{751}$ % $\approx$ 6,13 %; **99** Unschlitt: Tara 21 Pfund pro Faß; **140** Schweinefett, **141** Seife

Tonne:

38 Hering, **178** Hering, **101** Honig: Tara (N) 12 Pfund pro Zentner $\hat{=}$ 12 %

Auch der Scheidelohn in Nr. 163 wird im Originaltext als Tara bezeichnet:

163 vergoldetes Silber: Tara 6 Schilling pro 8 Gulden 18 Schilling 7$\frac{159}{512}$ Heller $\hat{=}$ 3$\frac{15771}{43895}$ % $\approx$ 3,36 %

7. Stückmaße mit Warenangaben

Stück:
> **55** Leinwand, **158** Silber, **160** Gold, **161** Gold, **168** Silber, **187** Samt, **Zechrechnung** 3 Vieh

Decher (= 10 Stück):
> **60** Messer

12 (Stück):
> **58** Leder

Zimmer (= 40 Stück):
> **127** Zobel

Schock (= 60 Stück):
> **38** Heringe, **56** Hühner

100 (Stück):
> **59** Kalbfell, **78** Ochsen, **127** Wieselfell, Hermelinfell

1000 (Stück):
> **127** feine Lederarbeiten

Saum (= 22 Tuch):
> **120** Gewand

8. Zeitspannen mit Bezugsangaben

Jahr:
> **57** Knechtslohn, **76** Pferdefutter, **149** Zinsen, **151** Zinsen, **Falscher Ansatz** 2 Alter, **9** Alter

Vierteljahr:
> **Text vor 151** Zinsen

Monat:
> **150** Zinsen, **177** Geschäftsbeteiligung, **183** Geschäftsbeteiligung, **184** Geschäftsbeteiligung

Woche:
> **57** Knechtslohn, **74** Arbeiterlohn, **76** Pferdefutter, **151** Zinsen

Tag:

73 Arbeiterlohn, **74** Arbeiterlohn, **Falscher Ansatz 10** Arbeiterlohn, **31** Kaufmannsreise, **34** Uhrzeit, **Schneckenaufgabe 8** Schneckengang

Stunde:
Falscher Ansatz 34 Uhrzeit

1 Jahr = 12 Monate:
150 Zinsen .

1 Jahr = 52 Wochen:
57 Knechtslohn, **76** Pferdefutter, **151** Zinsen

1 Woche = 7 Tage:
74 Arbeiterlohn

1 Tag = 15 Stunden (*Arbeitstag*):
Falscher Ansatz 34 Uhrzeit

9. Waren und Preise

Die Preise werden zu allen Größeneinheiten angegeben, die in der betreffenden Aufgabe vorkommen. In vielen Fällen ergeben sich die Preise erst indirekt durch Rechnung.

9.1 Preise von Inlandswaren (Lebensmittel, landwirtschaftliche Produkte, Vieh, Fisch, Hilfsmittel für pharmazeutische und technische Zwecke)

Wein: *offenbar von sehr unterschiedlicher Qualität*
6, 10, 24, 25, 26, 27, 40, 41, 70, 184, 185, Falscher Ansatz 24
6: 1 Fuder - 29 Gulden; **10:** 1 Eimer - 17 Groschen; **24:** 1 Eimer - 2 Gulden 6 Groschen, 1 Viertel - 8 Pfennig; **25:** 1 Eimer - 2 Gulden 12 Groschen, 1 Viertel - 9 Pfennig; **26:** 1 Eimer - 4 Gulden 1 Groschen 4 Pfennig, 1 Viertel - 1 Groschen 4 Pfennig; **27:** 1 Fuder - 67 Gulden 1 Groschen, 1 Eimer - 5 Gulden 12 Groschen 4 Pfennig, 1 Viertel - 1 Groschen 10 Pfennig; **40:** 1 Eimer - 2 Gulden 7 Groschen, 1 Viertel - 8 Pfennig $\frac{1}{3}$ Heller; **41:** 1 Eimer - 3 Gulden 7 Groschen, 1 Viertel - 1 Groschen 1 Pfennig $\frac{1}{4}$ Heller; **70:** 1 Eimer - 3 Gulden 16 Groschen, 1 Viertel - $1\frac{15}{64}$ Groschen; **184:** 1 Fuder - $11\frac{11}{34}$ Gulden; **185:** 1 Fuder - $25\frac{4}{5}$ Gulden; **Falscher Ansatz 24:** 1 Fuder - $51\frac{3}{7}$ Gulden

Öl:

100, 136

100: 1 Zentner - 7 Gulden 7 Schilling 6 Heller, 1 Pfund - 1 Schilling 5 $\frac{7}{10}$ Heller; **136:** 1 Zentner - 9 Mark 12 Groschen, 1 Stein - 1 Mark 32 Groschen 5 $\frac{1}{11}$ Pfennig, 1 Pfund - 3 Groschen 2 $\frac{6}{11}$ Pfennig

Unschlitt: *Rindertalg, verwendet in der Gerberei, zur Kerzen- und zur Seifenproduktion*

43, 99, 133

43: 1 Stein - 17 Groschen 9 Pfennig, 1 Pfund - 9 Pfennig 1 $\frac{4}{11}$ Heller; **99:** 1 Zentner - 2 Gulden 12 Schilling 6 Heller, 1 Pfund - 6 $\frac{3}{10}$ Heller; **133:** 1 Zentner - 3 Gulden 5 Pfund 27 Pfennig, 1 Pfund - 7 $\frac{11}{100}$ Pfennig

Schweinefett:

140

140: 1 Zentner - 3 Gulden 5 Pfund 27 Pfennig, 1 Pfund - 7 $\frac{11}{100}$ Pfennig

Seife:

102, 141

102: 1 Zentner - 6 Gulden 11 Groschen 6 Pfennig, 1 Pfund - 16 $\frac{1}{2}$ Pfennig; **141:** 1 Zentner - 4 Ungarische Gulden 18 Groschen, 1 Stein - 35 Ungarische Groschen, 1 Pfund - 1 Ungarischer Groschen 5 $\frac{1}{4}$ Pfennig

Wachs: *Die Preise schwanken nur geringfügig.*

4, 8, 47, 77, 103, 125, 134, 135, 138, 139, 186

4: 1 Zentner - 18 Gulden; **8:** 1 Pfund - 5 Groschen; **47:** 1 Zentner - 17 Gulden 13 Groschen 1 Pfennig 1 Heller, 1 Pfund - 3 Groschen 4 Pfennig $\frac{83}{110}$ Heller; **77:** 1 Zentner - 14 Gulden 18 Groschen 4 Pfennig 1 Heller; **103:** 1 Zentner - 15 $\frac{3}{4}$ Gulden / 16 $\frac{341}{400}$ Gulden, 1 Pfund - $\frac{63}{400}$ Gulden / $\frac{6741}{40000}$ Gulden, 1 Lot - $\frac{63}{12800}$ Gulden / $\frac{6741}{1280000}$ Gulden, 1 Quent - $\frac{63}{51200}$ Gulden / $\frac{6741}{5120000}$ Gulden, 1 Pfenniggewicht - $\frac{63}{204800}$ Gulden / $\frac{6741}{20480000}$ Gulden, 1 Hellergewicht - $\frac{63}{409600}$ Gulden / $\frac{6741}{40960000}$ Gulden (Einkaufspreise / Verkaufspreise); **125:** 1 Stein - 2 $\frac{3}{8}$ Ungarische Gulden = 3 Rheinische Gulden 2 Schilling 11 $\frac{1}{4}$ Heller, 1 Pfund - $\frac{19}{192}$ Ungarische Gulden = 2 Schilling 7 $\frac{15}{32}$ Heller, 1 Breslauer Zentner - 13 $\frac{1}{16}$ Ungarische Gulden = 17 Gulden 6 Schilling 1 $\frac{7}{8}$ Heller, 1 Nürnberger Zentner (mit Fuhrlohn und Gewinn) - 15 $\frac{5}{53}$ Ungarische Gulden 4 $\frac{243}{275}$ Rheinische Heller = 20 Rheinische Gulden 4 $\frac{243}{275}$ Heller; **134:** 1 Zentner - 11 Gulden 3 Groschen 13 $\frac{1}{2}$ Heller, 1 Stein - 2 Gulden 6 Groschen 13 $\frac{1}{2}$ Heller, 1 Pfund - 2 Groschen 10 $\frac{11}{52}$ Heller; **135:** 1 Zentner - 18 Ungarische Gulden 33 Groschen 9 Heller, 1 Stein - 3 Ungarische Gulden 22 Groschen 6 Heller,

1 Pfund - 8 Groschen 5$\frac{1}{4}$ Heller; **138:** 1 Zentner - 14 Gulden; **139:** 1 Zentner - 16 Gulden 1 Pfund 1$\frac{1}{2}$ Pfennig, 1 Pfund - 1 Pfund 10$\frac{127}{200}$ Pfennig; **186:** 1 Stein - 1$\frac{7}{8}$ Gulden (= 1 Gulden 17$\frac{1}{2}$ Schilling) / 2$\frac{1}{4}$ Gulden (= 2 Gulden 5 Schilling), 1 Pfund - $\frac{15}{176}$ Gulden (= 1$\frac{31}{44}$ Schilling) / $\frac{9}{88}$ Gulden (= 2$\frac{1}{22}$ Schilling) (Preise in bar / beim Tausch)

Honig:
101
101: 1 Zentner - 10 Gulden 14 Schilling 3$\frac{3}{7}$ Heller, 1 Pfund - 2 Schilling 1$\frac{5}{7}$ Heller

Zwiebelsamen:
67
67: 1 Zentner - 16 Gulden

Ei:
Falscher Ansatz 20
Falscher Ansatz 20: 1 Ei - 1$\frac{1}{6}$ Pfennig

Butter:
154
154: 1 Pfund - 7 Pfennig 1 Heller

Brot (Pfennigbrot):
142
142: 1 Lot - $\frac{1}{34}$ Pfennig vor / $\frac{1}{28}$ Pfennig nach der Teuerung

Korn: *starke Preisschwankungen, je nach Ausfall der Ernte*
28, 29, 30, 31, 142
28: 1 Malter - 1 Gulden 17 Groschen 8 Pfennig, 1 Scheffel - 2 Groschen 5 Pfennig; **29:** 1 Malter - 2 Gulden 12 Groschen, 1 Scheffel - 3 Groschen 4 Pfennig 1 Heller; **30:** 1 Malter - 2 Gulden 15 Groschen 4 Pfennig, 1 Scheffel - 3 Groschen 7 Pfennig; **31:** 1 Malter - 4 Gulden 18 Groschen 8 Pfennig, 1 Scheffel - 6 Groschen 5 Pfennig; **142:** Unbestimmte Menge - 14 Groschen vor / 17 Groschen nach der Teuerung

Hafer:
76
76: 1 Scheffel - 2 Groschen

Stroh:
> **76**
> **76:** 1 Bund - $\frac{1}{5}$ Groschen

Heu:
> **76**
> **76:** 1 Bund - $\frac{3}{40}$ Groschen

Waid: *Pflanze zum Färben — mit indigoartigem Farbstoff*
> **7, 13**
> **7:** 1 Kübel - 11 Gulden; **13:** 1 Kübel - 9 Gulden 17 Groschen

Rote Farbe:
> **42**
> **42:** 1 Zentner - 6 Gulden 5 Groschen 3 Pfennig

Huhn:
> **56**
> **56:** 1 Huhn - 14 Pfennig / 15 Pfennig

Schwein:
> **Zechrechnung 3**
> **Zechrechnung 3:** 1 Schwein - $1\frac{1}{2}$ Gulden

Ziege:
> **Zechrechnung 3**
> **Zechrechnung 3:** 1 Ziege - $\frac{1}{4}$ Gulden

Kalb: (*auffällig: 1 Schwein ist dreimal so teuer.*)
> **Zechrechnung 3**
> **Zechrechnung 3:** 1 Kalb - $\frac{1}{2}$ Gulden

Ochse:
> **78, Zechrechnung 3**
> **78:** 1 Ochse - 3 Gulden 18 Groschen 4 Pfennig 1 Heller; **Zechrechnung 3:** 1 Ochse - 4 Gulden

Pferd:
> **32, Falscher Ansatz 13**
> **32:** 1 Pferd - 13 Gulden; **Falscher Ansatz 13:** 1 Pferd - 15 Gulden

Hering:

38, 178

38: 1 Hering - 2 Pfennig 1 Heller; **178:** 1 Hering - $1\frac{59}{130}$ Heller (Gold-währung)

Fisch:

Falscher Ansatz 8

Falscher Ansatz 8: Unbestimmte Menge - $19\frac{1}{5}$ Gulden

Kalmus: *Kalmusöl wird aus der Wurzel der Kalmusstaude gewonnen und dient zur Herstellung von Likören sowie zu pharmazeutischen Zwecken.*

91

91: 1 Pfund - 13 Schilling 6 Heller, 1 Lot - $5\frac{1}{16}$ Heller

Schwefel: *dient zur Schwarzpulverherstellung; wird auch für Malerfarben verwendet*

145

145: 1 Zentner - 8 Ungarische Gulden 18 Groschen, 1 Pfund - 2 Ungarische Groschen $4\frac{2}{25}$ Pfennig

Alaun: *ein Doppelsulfat: Beizmittel in der Gerberei und Färberei, Leimmittel in der Papierfabrikation*

97

97: 1 Zentner - 13 Gulden 10 $\frac{10}{23}$ Heller, 1 Pfund - 2 Schilling $7\frac{7}{23}$ Heller

Weinstein: *ein Salz der Weinsäure: für Backpulver und Arzneimittel*

96

96: 1 Zentner - 9 Gulden 13 Schilling, 1 Pfund - 1 Schilling $11\frac{4}{25}$ Heller

9.2 Preise von Auslandswaren (Landwirtschaftliche Produkte, Obst, Gewürze)

Reis:

144

144: 1 Zentner - 6 Gulden 12 Schilling 6 Heller, 1 Pfund - 1 Schilling $3\frac{9}{10}$ Heller

Mandeln:

92

92: 1 Zentner - 7 Gulden 12 Schilling 6 Heller, 1 Pfund - 1 Schilling $6\frac{3}{10}$ Heller

Feigen:

11, 98, Falscher Ansatz 33
11: 1 Pfund - 8 Pfennig; **98:** 1 Zentner - 5 Gulden 15 Schilling, 1 Pfund -
1 Schilling $1\frac{4}{5}$ Heller; **Falscher Ansatz 33:** 1 Pfund - $\frac{1}{8}$ Gulden

Rosinen:

Falscher Ansatz 33
Falscher Ansatz 33: 1 Pfund - $\frac{1}{5}$ Gulden

Pfeffer: *Die Preise schwanken z. T. erheblich.*

87, 124, 126, 130, 179
87: 1 Zentner - 35 Gulden, 1 Pfund - 7 Schilling; **124:** 1 Nürnberger
Zentner - 45 Gulden / 49 Gulden 15 $\frac{5}{21}$ Schilling = 49 Gulden 16 Groschen (Einkaufspreis / Verkaufspreis), 1 Nürnberger Pfund - 9 Schilling /
$9\frac{20}{21}$ Schilling = 10 Groschen 5 $\frac{2}{5}$ Pfennig (Einkaufspreis / Verkaufspreis),
1 Leipziger Zentner - 45 Gulden $4\frac{16}{21}$ Schilling = 45 Gulden 5 Groschen,
1 Leipziger Pfund - $9\frac{1}{21}$ Schilling = 9 Groschen 6 Pfennig; **126:** 1 Nürnberger Zentner - 42 Gulden 1 Schilling 8 Heller, 1 Nürnberger Pfund -
8 Schilling 5 Heller, 1 Breslauer Stein - 6 Ungarische Gulden 9 Gro-
schen $7\frac{61}{80}$ Heller = 8 Rheinische Gulden 3 Schilling $\frac{3}{4}$ Heller, 1 Breslauer Pfund - 21 Ungarische Groschen $4\frac{527}{640}$ Heller = 6 Schilling $9\frac{17}{32}$ Hel-
ler; **130:** 1 Pfund - 17 Schilling $4\frac{2}{3}$ Heller / 19 Schilling $5\frac{53}{75}$ Heller (Einkaufspreis / Verkaufspreis); **179:** 1 Nürnberger Pfund - 6 Schilling 9 Heller,
1 Lot - $2\frac{17}{32}$ Heller; Leipziger Gewicht mit Fuhrlohn: 1 Pfund - 6 Groschen 8 Pfennig $\frac{1423}{4433}$ Heller, 1 Lot - 2 Pfennig $1\frac{1423}{141856}$ Heller

Ingwer: *Die Preise schwanken erheblich.*

88, 104, 129, 130, 137, Falscher Ansatz 21
88: 1 Pfund - 13 Schilling, 1 Lot - $4\frac{7}{8}$ Heller; **104:** 1 Pfund - 10 Schilling $7\frac{7}{9}$ Heller / 11 Schilling 6 Heller (Einkaufspreis / Verkaufspreis);
129: 1 Pfund - 1 Gulden 5 Schilling / 1 Gulden 6 Schilling 9 Heller
(Einkaufspreis / Verkaufspreis); **130:** 1 Pfund - 17 Schilling $5\frac{3}{5}$ Heller /
19 Schilling $6\frac{94}{125}$ Heller (Einkaufspreis / Verkaufspreis); **137:** 1 Pfund -
8 Schilling, 1 Lot - $\frac{1}{4}$ Schilling; **Falscher Ansatz 21:** 1 Pfund - $\frac{1}{2}$ Gulden

Safran: *Die Preise schwanken z. T. erheblich.*

37, 89, 90, 105, 122, 129, 130, 137, Falscher Ansatz 21
37: 1 Pfund - 3 Gulden 9 Groschen, 1 Lot - 2 Groschen 3 Pfennig; **89:**
1 Pfund - 3 Gulden 9 Schilling 6 Heller, 1 Lot - 2 Schilling $2\frac{1}{16}$ Heller;
90: 1 Pfund - 2 Gulden 7 Schilling $8\frac{8}{11}$ Heller, 1 Lot - 1 Schilling $5\frac{79}{88}$ Heller; **105:** 1 Pfund - 3 Gulden 7 Schilling 6 Heller / 2 Gulden 17 Schilling
$7\frac{7}{8}$ Heller (Einkaufspreis / Verkaufspreis); **122:** 1 Venezianisches Pfund -

$2\frac{1}{3}$ Dukaten = 3 Gulden 2 Schilling $6\frac{2}{5}$ Heller / $2\frac{1}{67}$ Dukaten = 2 Gulden 14 Schilling (Einkaufspreis / Verkaufspreis), 1 Nürnberger Pfund - 4 Gulden 10 Schilling = $3\frac{24}{67}$ Dukaten; **129:** 1 Pfund - 3 Gulden 10 Schilling / 3 Gulden 14 Schilling $10\frac{4}{5}$ Heller (Einkaufspreis / Verkaufspreis); **130:** 1 Pfund - 2 Gulden 12 Schilling 2 Heller / 2 Gulden 18 Schilling $5\frac{3}{25}$ Heller (Einkaufspreis / Verkaufspreis); **137:** 1 Pfund - 4 Gulden 5 Schilling, 1 Lot - $2\frac{21}{32}$ Schilling; **Falscher Ansatz 21:** 1 Pfund - 3 Gulden

Nelken: *Die Preise sind ziemlich konstant.*
121, 129, 137
121: 1 Venezianischer Zentner hochwertige Ware - 45 Gulden, 1 Venezianisches Pfund hochwertige Ware - 9 Schilling, 1 Nürnberger Zentner hochwertige Ware - 80 Gulden, 1 Nürnberger Pfund hochwertige Ware - 16 Schilling, 1 Nürnberger Zentner minderwertige Ware - 20 Gulden, 1 Nürnberger Pfund minderwertige Ware - 4 Schilling, 1 Nürnberger Zentner mit 15 % minderwertiger Ware - 71 Gulden, 1 Nürnberger Pfund mit 15 % minderwertiger Ware - 14 Schilling $2\frac{2}{5}$ Heller; **129:** 1 Pfund - 16 Schilling / 17 Schilling $1\frac{11}{25}$ Heller (Einkaufspreis / Verkaufspreis); **137:** 1 Pfund - 17 Schilling, 1 Lot - $\frac{17}{32}$ Schilling

Lorbeer:
95
95: 1 Zentner - 10 Gulden 7 Schilling 6 Heller, 1 Pfund - 2 Schilling $\frac{9}{10}$ Heller

9.3 Wolle, Textilien, Leder und Felle

Wolle: *Die Preise schwanken nur mäßig.*
15, 128, 138, 190
15: 1 Pfund - 1 Groschen 9 Pfennig 1 Heller; **128:** 1 Zentner - 7 Gulden, 7 Gulden 10 Groschen 6 Pfennig, 8 Gulden, 9 Gulden 10 Groschen 6 Pfennig (Einkaufspreise) / 8 Gulden 7 Groschen $11\frac{199}{295}$ Pfennig (Verkaufspreis); **138:** 1 Zentner - 7 Gulden; **190:** 1 Zentner - 7 Gulden in bar, 10 Gulden beim Tausch

Baumwolle:
93
93: 1 Zentner - 17 Gulden 17 Schilling 6 Heller, 1 Pfund - 3 Schilling $6\frac{9}{10}$ Heller

Schafwolle:
> **94**
>
> **94:** 1 Zentner - 6 Gulden 9 Schilling 8 Heller, 1 Pfund - 1 Schilling
> $3\frac{14}{25}$ Heller

Tuch: *von offenbar sehr unterschiedlicher Qualität*
> **1, 14, 50, 51, 108, 190, Falscher Ansatz 3, 23**
> **1:** 1 Elle - 18 Groschen $4\frac{1}{2}$ Pfennig; **14:** 1 Elle - 8 Groschen 7 Pfennig;
> **50, 51:** 1 Elle - 6 Groschen 5 Pfennig $\frac{2}{3}$ Heller; **108:** 1 Elle - 1 Gulden
> 5 Schilling / 1 Gulden $11\frac{3}{7}$ Schilling (Einkaufspreis / Verkaufspreis);
> **190:** 1 Elle - $\frac{1}{3}$ Gulden in bar, $\frac{5}{12}$ Gulden beim Tausch; **Falscher Ansatz 3:**
> 1 Elle - $1\frac{1}{4}$ Gulden = 1 Gulden 6 Groschen 9 Pfennig; **Falscher Ansatz 23:**
> 1 Elle - $\frac{2}{3}$ Gulden / $\frac{3}{4}$ Gulden (Einkaufspreis / Verkaufspreis)

Rotes Tuch:
> **152**
> **152:** 1 Elle - 6 Schilling 8 Heller

Schwarzes Tuch:
> **152**
> **152:** 1 Elle - 5 Schilling

Grünes Tuch:
> **152**
> **152:** 1 Elle - 4 Schilling

Gewand:
> **120**
> **120:** 1 Saum - 297 Rheinische Gulden = 217 Ungarische Gulden 1 Rheini-
> scher Gulden 6 Schilling 9 Heller, 1 Tuch - 13 Rheinische Gulden 10 Schil-
> ling = 9 Ungarische Gulden 1 Rheinischer Gulden 4 Schilling 9 Heller
> (Einkaufspreise) / 1 Saum - 385 Rheinische Gulden 18 Schilling $6\frac{3}{4}$ Hel-
> ler = 283 Ungarische Gulden 6 Schilling $9\frac{3}{4}$ Heller, 1 Tuch - 17 Rheini-
> sche Gulden 10 Schilling $10\frac{1}{8}$ Heller = 12 Ungarische Gulden 1 Rheini-
> scher Gulden 3 Schilling $10\frac{1}{8}$ Heller (Verkaufspreise)

Leinwand: *stark schwankende Preise*
> **12, 55**
> **12:** 1 Elle - 9 Pfennig; **55:** 1 Elle - 1 Groschen 9 Pfennig $1\frac{5}{16}$ Heller

Zwillich: *grobes Leinentuch*

63

63: 1 Elle - 1 Groschen 2 Pfennig $1\frac{17}{32}$ Heller

Harraß: *ein leichtes Wollgewebe; die Bezeichnung leitet sich von der französischen Stadt Arras ab.*

65

65: 1 Elle - 2 Groschen 4 Pfennig $1\frac{3}{4}$ Heller

Barchent: *ein aus Leinen und Baumwolle dicht gewirkter starker Stoff*

62

62: 1 Elle - 2 Groschen 6 Pfennig $\frac{3}{22}$ Heller

Satin: *ein feiner Woll- oder Seidenstoff*

64

64: 1 Elle - 5 Groschen 8 Pfennig $\frac{1}{2}$ Heller

Damast:

66

66: 1 Elle - 1 Gulden 1 Groschen 5 Pfennig $\frac{4}{11}$ Heller

Samt:

106, 107, 187

106: 1 Elle - 3 Gulden 9 Schilling / 3 Gulden 16 Schilling $7\frac{2}{25}$ Heller (Einkaufspreis / Verkaufspreis); **107:** 1 Elle - 4 Gulden / 4 Gulden 7 Schilling 10 $\frac{86}{91}$ Heller (Einkaufspreis / Verkaufspreis); **187:** 1 Stück - 18 Gulden 11 Groschen

Seide:

187

187: 1 Pfund - 2 Gulden 8 Groschen, 1 Lot - 1 Groschen $6\frac{3}{4}$ Pfennig, 1 Quent - $4\frac{11}{16}$ Pfennig

Leder:

58

58: 1 Stück - 13 Groschen 4 Pfennig 1 Heller

Feine Lederarbeit:

127

127: 1000 Stück - 58 Gulden 5 Schilling, 1 Stück - 1 Schilling $1\frac{49}{50}$ Heller

Kalbfell:
   59
   59: 100 Stück - 8 Gulden 7 Groschen 10 Pfennig 1 Heller, 1 Stück - 1 Groschen 9 Pfennig $\frac{21}{100}$ Heller

Wieselfell: *bei Ries "Lassitz" genannt*
   127
   127: 100 Stück - 5 Gulden 10 Schilling, 1 Stück - 1 Schilling $1\frac{1}{5}$ Heller

Hermelinbalg:
   127
   127: 100 Stück - 8 Gulden 12 Schilling 6 Heller, 1 Stück - 1 Schilling $8\frac{7}{10}$ Heller

Zobel: *die weitaus wertvollste Pelzart*
   127
   127: 1 Zimmer - 75 Gulden 12 Schilling 6 Heller, 1 Stück - 1 Gulden 17 Schilling $9\frac{3}{4}$ Heller

9.4 Metallwaren und Metalle

Draht:
   132
   132: 1 Zentner - $5\frac{2}{3}$ Gulden = 5 Gulden 5 Schilling 6 Pfennig, 1 Pfund - $13\frac{13}{50}$ Pfennig

Zinn: *Die Preise schwanken stark.*
   5, 9, 123, 189
   5: 1 Zentner - 14 Gulden; **9:** 1 Pfund - 3 Groschen; **123:** 1 Egerer Zentner - 16 Gulden 10 Schilling / 7 Gulden 15 Schilling $7\frac{1}{2}$ Heller (Einkaufspreis / Verkaufspreis), 1 Nürnberger Zentner - 22 Gulden / 10 Gulden 7 Schilling 6 Heller (Einkaufspreis / Verkaufspreis); **189:** 1 Zentner in bar - 17 Gulden, 1 Zentner beim Tausch - 20 Gulden

Blei:
   189
   189: 1 Zentner in bar - 3 Gulden, 1 Zentner beim Tausch - 4 Gulden

Messing:
   131
   131: 1 Zentner - $13\frac{4}{5}$ Gulden = 13 Gulden 6 Pfund $20\frac{4}{5}$ Pfennig, 1 Pfund - $\frac{69}{500}$ Gulden = 1 Pfund $4\frac{319}{500}$ Pfennig

Kupfer: *als Zusatz bei Edelmetall-Legierungen, insbesondere Silberlegierungen, ohne Berechnung*
167, 168

Feinsilber: *Die Preise sind ziemlich konstant.*
155, 156, 157, 158, 163, 169, 170, 171, 172, 173, 174, 175, 184
155: 1 Mark - 8 Gulden, 1 Lot - 10 Schilling, 1 Quent - 2 Schilling 6 Heller; **156:** 1 Mark - 8 Gulden 2 Schilling 6 Heller, 1 Lot - 10 Schilling $1\frac{7}{8}$ Heller, 1 Quent - 2 Schilling $6\frac{15}{32}$ Heller; **157:** 1 Mark - 8 Gulden 3 Schilling, 1 Lot - 10 Schilling $2\frac{1}{4}$ Heller, 1 Quent - 2 Schilling $6\frac{9}{16}$ Heller, 1 Pfenniggewicht - $7\frac{41}{64}$ Heller; **158:** 1 Mark - 7 Gulden 17 Schilling 6 Heller, 1 Lot - 9 Schilling $10\frac{1}{8}$ Heller, 1 Quent - 2 Schilling $5\frac{17}{32}$ Heller, 1 Pfenniggewicht - $7\frac{49}{128}$ Heller; **163:** 1 Mark - 8 Gulden 10 Schilling, 1 Lot - 10 Schilling $7\frac{1}{2}$ Heller, 1 Quent - 2 Schilling $7\frac{7}{8}$ Heller; **169:** 1 Mark - 8 Gulden $2\frac{2}{3}$ Groschen, 1 Lot - $10\frac{2}{3}$ Groschen; **170:** 1 Mark - $9\frac{1}{7}$ Gulden, 1 Lot - $\frac{4}{7}$ Gulden; **171:** 1 Mark - $8\frac{1}{4}$ Gulden, 1 Lot - $\frac{33}{64}$ Gulden; **172:** 1 Mark - $8\frac{8}{63}$ Gulden, 1 Lot - $\frac{32}{63}$ Gulden, 1 Quent - $\frac{8}{63}$ Gulden; **173:** 1 Mark - $8\frac{1}{2}$ Ungarische Gulden, 1 Lot - $\frac{17}{32}$ Ungarische Gulden; **174:** 1 Mark - $8\frac{1}{4}$ Ungarische Gulden, 1 Lot - $\frac{33}{64}$ Ungarische Gulden, 1 Quent - $\frac{33}{256}$ Ungarische Gulden, 1 Pfenniggewicht - $\frac{33}{1024}$ Ungarische Gulden, 1 Hellergewicht - $\frac{33}{2048}$ Ungarische Gulden; **175:** 1 Mark - $7\frac{1}{2}$ Gulden, 1 Lot - $\frac{15}{32}$ Gulden; **184:** 1 Mark - $8\frac{1}{20}$ Gulden

Silber unbestimmten Feingehalts:
Falscher Ansatz 27
Falscher Ansatz 27: 1 Mark - 2 Dukaten 13 Groschen = $2\frac{13}{30}$ Dukaten, 5 Dukaten 1 Groschen = $5\frac{1}{30}$ Dukaten, 22 Dukaten 23 Groschen = $22\frac{23}{30}$ Dukaten

Feingold: *Die Preise sind ziemlich konstant.*
159, 160, 161, 162, 163
159: 1 Mark - 82 Gulden 16 Schilling, 1 Lot - 5 Gulden $3\frac{1}{2}$ Schilling, 1 Karat - 3 Gulden 9 Schilling; **160:** 1 Mark - 81 Gulden, 1 Lot - 5 Gulden $1\frac{1}{4}$ Schilling, 1 Karat - 3 Gulden $7\frac{1}{2}$ Schilling; **161:** 1 Mark - 84 Gulden 18 Schilling, 1 Lot - 5 Gulden 6 Schilling $1\frac{1}{2}$ Heller, 1 Karat - 3 Gulden 10 Schilling 9 Heller, 1 Quent - 1 Gulden 6 Schilling $6\frac{3}{8}$ Heller, 1 Gran - 17 Schilling $8\frac{1}{4}$ Heller; **162:** 1 Mark - 84 Gulden, 1 Lot - 5 Gulden 5 Schilling, 1 Karat - 3 Gulden 10 Schilling, 1 Quent - 1 Gulden 6 Schilling 3 Heller, 1 Gran - 17 Schilling 6 Heller, 1 Pfenniggewicht - 6 Schilling $6\frac{3}{4}$ Heller, 1 Hellergewicht - 3 Schilling $3\frac{3}{8}$ Heller; **163:** 1 Mark -

86 Gulden 8 Schilling, 1 Lot - 5 Gulden 8 Schilling, 1 Karat - 3 Gulden 12 Schilling, 1 Quent - 1 Gulden 7 Schilling, 1 Gran - 18 Schilling, 1 Pfenniggewicht - 6 Schilling 9 Heller

Die Preisrelation zwischen Gold und Silber schwankt etwa zwischen 9:1 und 11,5:1.

9.5 Sonstiges

Haus:

> **Falscher Ansatz 14, 16**
> **Falscher Ansatz 14:** 1 Haus - 39 Gulden, **Falscher Ansatz 16:** 1 Haus - 200 Gulden

Gut:

> **181**
> **181:** 1 Gut - 360 Gulden

Weiher:

> **Falscher Ansatz 18**
> **Falscher Ansatz 18:** 1 Weiher - 100 Gulden

Messer:

> **60**
> **60:** 1 Decher - 7 Groschen 4 Pfennig, 1 Stück - 8 Pfennig $1\frac{3}{5}$ Heller

Waren unbestimmter Art:

> **188, Falscher Ansatz 25**
> **188:** 8 Gulden in bar, 11 Gulden beim Tausch; $10\frac{2}{3}$ Gulden in bar, $14\frac{2}{3}$ Gulden beim Tausch; **Falscher Ansatz 25:** 160 Gulden

10. Dienstleistungen und Löhne

Knecht:

> **57**
> **57:** Lohn für 1 Jahr - 10 Gulden 16 Groschen, Lohn für 1 Woche - 4 Groschen 4 Pfennig $\frac{4}{13}$ Heller

Arbeiter:

> **73, 74, Falscher Ansatz 10**
> **73:** Lohn für 1 Tag - 15 Pfennig = 1 Groschen 3 Pfennig; **74:** Lohn für

1 Woche - 8 Groschen 2 Pfennig, Lohn für 1 Tag - 14 Pfennig = 1 Groschen 2 Pfennig; **Falscher Ansatz 10:** Lohn für 1 Tag - 7 Pfennig

Fuhrlohn bei Warentransporten, ggf. mit Angabe der Waren und der Handelsplätze (*jeweils umgerechnet auf 1 Gewichtseinheit*):

120, 121, 122, 123, 124, 125, 126, 147, 148, 179

120: 1 Tuch Gewand von **Brügge** nach **Preßburg:** 15 Schilling $5\frac{5}{11}$ Heller

121: 1 Pfund Nelken von **Venedig** nach **Nürnberg:** $9\frac{219}{1309}$ Heller

122: 1 Venezianisches Pfund Safran von **Venedig** nach **Nürnberg:** $\frac{5}{51}$ Dukaten = 2 Schilling $7\frac{9}{17}$ Heller

123: 1 Egerer Zentner Zinn von **Eger** nach **Nürnberg:** 5 Schilling $5\frac{25}{31}$ Heller

124: 1 Nürnberger Zentner Pfeffer mit Tara von **Nürnberg** nach **Leipzig:** $17\frac{6}{7}$ Schilling = 18 Groschen 9 Pfennig; 1 Nürnberger Pfund Pfeffer mit Tara von **Nürnberg** nach **Leipzig:** $\frac{5}{28}$ Schilling = $2\frac{1}{4}$ Pfennig

125: 1 Breslauer Zentner Wachs von **Breslau** nach **Nürnberg:** $1\frac{1}{2}$ Ungarische Gulden = 1 Rheinischer Gulden 19 Schilling 9 Heller; 1 Breslauer Pfund Wachs von **Breslau** nach **Nürnberg:** $\frac{3}{264}$ Ungarische Gulden = $3\frac{81}{132}$ Rheinische Heller

126: 1 Nürnberger Zentner Pfeffer von **Nürnberg** nach **Breslau:** 1 Gulden 8 Schilling; 1 Nürnberger Pfund Pfeffer von **Nürnberg** nach **Breslau:** $3\frac{9}{25}$ Heller

147: 1 Zentner pro Meile: $\frac{1}{72}$ Ungarische Gulden

148: 1 Zentner pro Meile: $9\frac{27}{28}$ Pfennig

179: 1 Nürnberger Pfund Pfeffer mit Tara von **Nürnberg** nach **Leipzig:** $2\frac{16}{17}$ Heller

11. Zinsen

149, 150; 151 (Zinseszins ab $\frac{1}{2}$ Jahr)

149: 1 Jahr - $19\frac{4}{9}$%; **150:** 1 Jahr - 36 %, 1 Monat - 3 %; **151:** 1 Jahr - $45\frac{2095}{3969}$ % $\approx 45,5$ %, $\frac{1}{2}$ Jahr - $20\frac{40}{63}$ % $\approx 20,63$ %, 1 Woche - $\frac{50}{63}$ % $\approx 0,79$ %

12. Zoll

Falscher Ansatz 24

Falscher Ansatz 24: $\frac{25}{36}$ % $\approx 0,69$ % auf Wein

13. Geschäftsgewinne und -verluste, Handelsspannen, Teuerung, Rabatte, Aufschlag beim Warentausch u. ä.

(*ausgenommen: Aufgaben der Unterhaltungsmathematik*)

Wachs: **103, 125**
    103: 7 % Gewinn; **125:** 7 % Gewinn

Butter:
    154
    154: $\frac{96}{463}$ % ≈ 0,21 % Rabatt

Korn:
    142
    142: $21\frac{3}{7}$ % ≈ 21,43 % Teuerung

Ochse:
    78
    78: $2\frac{94}{103}$ % ≈ 2,91 % Rabatt

Fisch:
    Falscher Ansatz 8
    Falscher Ansatz 8: $33\frac{1}{3}$ % Verlust durch Diebstahl, 25 % Verlust

Pfeffer:
    124, 130
    124: $8\frac{62168}{167979}$ % ≈ 8,37 % Gewinn; **130:** 12 % Gewinn

Ingwer:
    104, 129, 130
    104: 8 % Gewinn; **129:** 7 % Gewinn; **130:** 12 % Gewinn

Safran:
    105, 122, 129, 130
    105: $14\frac{7}{12}$ % ≈ 14,58 % Verlust; **122:** $17\frac{266}{2077}$ % ≈ 17,13 % Verlust; **129:** 7 % Gewinn; **130:** 12 % Gewinn

Nelken:
    121, 129
    121: Qualitätsminderung bei 15 % der Ware, $12\frac{9460}{12781}$ % ≈ 12,74 % Verlust; **129:** 7 % Gewinn

Wolle:
128
128: 3 % Gewinn

Tuch:
108, Falscher Ansatz 23
108: $25\frac{5}{7}$ % ≈ 25,71 % Gewinn; **Falscher Ansatz 23:** $12\frac{1}{2}$ % Gewinn

Gewand:
120
120: $22\frac{4557}{5024}$ % ≈ 22,91 % Gewinn

Samt:
106, 107
106: 11 % Gewinn; **107:** 9 % Verlust

Zinn:
123
123: $17\frac{83}{156}$ % ≈ 12,53 % Verlust

Silberwährung:
175
175: $11\frac{4}{11}$ % ≈ 11,36 % Gewinn bei der Münzprägung

Gesellschaften (Geschäftsbeteiligungen):
176, 177, 183, 184, 185
176: $16\frac{1}{4}$ % Gewinn an Geld; **177:** $52\frac{29}{48}$ % ≈ 52,60 % Gewinn an Geld pro Monat; **183:** $5\frac{5}{9}$ % ≈ 5,56 % Gewinn an Geld pro Monat; **184:** $19\frac{1}{21}$ % ≈ 19,05 % Gewinn an Geld, Silber und Wein pro Monat; **185:** $59\frac{761}{2021}$ % ≈ 59,38 % Gewinn an Geld und Wein

Warentausch — Aufschlag des Tauschpreises gegenüber dem Barpreis:
186, 188, 189, 190
186: Wachs / Ingwer - 20 %; **188:** Ware / Ware - $37\frac{1}{2}$ %; **189:** Zinn - $17\frac{11}{17}$ % ≈ 17,65 % / Blei - $33\frac{1}{3}$ %; **190:** Tuch - 25 % / Wolle - $42\frac{6}{7}$ % ≈ 42,86 %

14. Sonstiges

Erbschaft:
75, 182
75: 3789 Gulden 7 Groschen; **182:** 3600 Gulden

Pferdefutter:
76
76: 2 Scheffel Hafer, 40 Bund Heu, 10 Bund Stroh pro Woche

Zechen (unbestimmter Qualität und Menge):
Zechrechnung 1, 2
Zechrechnung 1: Mann - 5 Pfennig, Frau - 3 Pfennig; **Zechrechnung 2:**
Mann - 3 Pfennig, Frau - 2 Pfennig, Jungfrau - 1 Heller

Personen- und Berufsgruppen

Mann:
>   Text vor Zechrechnung 1; Zechrechnung 1, 2

Vater:
>   182 Erbschaft, Falscher Ansatz 2, 3

Frau:
>   Text vor Zechrechnung 1; Zechrechnung 1, 2

Ehefrau:
>   182 Erbschaft

Mutter:
>   75 Erbschaft

Kinder:
>   75 Erbschaft

Sohn:
>   182 Erbschaft, Falscher Ansatz 2

Tochter:
>   182 Erbschaft

Junggeselle:
>   180

Jungfrau:
>   180, Text vor Zechrechnung 1; Zechrechnung 2

Edelleute:
>   180

Bürger:
>   180

Bauer:
>   180, Falscher Ansatz 32

Landsknecht:
  Falscher Ansatz 32

Kaufmann:
  Falscher Ansatz 7

Krämer, wandernder Kleinhändler:
  179

Geselle:
  Falscher Ansatz 1, 16

Erzprüfer:
  Schneckenaufgabe 8

Münzherr:
  175

Münzmeister:
  164, 166, 167, 168, 171, 175

Jude (als Geldverleiher):
  151

Zöllner:
  Falscher Ansatz 24

Hofmeister:
  76

Wirt:
  76

Arbeiter:
  73, 74, Falscher Ansatz 10, 17

Knecht:
  57

Eigennamen

Conrad, Hans:
    Erzprüfer aus Eisleben - **Schneckenaufgabe 8**

Isidor (von Sevilla):
    Vorrede

Josephus (Flavius):
    Vorrede

Maler, Mathes:
    Drucker - **Abschlußtext**

Platon:
    Vorrede

Ries, Adam:
    Titelblatt

Städte

Breslau:
    125 Wachs, **126**, **135** Wachs

Brügge:
    120 Gewand

Eger:
    123 Zinn

Eisleben:
    Herkunftsort von Hans Conrad - **Schneckenaufgabe 8**

Erfurt:
    Wirkungsstätte von Adam Ries, Druckort des Buches - **Titelblatt, Abschlußtext**

Köln:
 146

Krakau:
 134 Wachs

Leipzig:
 124, 179, Falscher Ansatz 31

Naumburg:
 Falscher Ansatz 8 Fisch

Nürnberg:
 121, 122, 123, 124 Pfeffer, **125, 126** Pfeffer, **146, 179** Pfeffer, **Falscher Ansatz 31**

Padua:
 146

Preßburg:
 120

Regensburg:
 Falscher Ansatz 24

Staffelstein:
 Geburtsort von Adam Ries – **Titelblatt**

Venedig:
 121 Nelken, **122** Safran, **146**

Wien:
 Falscher Ansatz 24 Wein

Literatur

1. Quellen

[1] ALBERT, Johann: Rechenbüchlin // Auff der Federn / Gantz // leicht / aus rechtem Grund / In // Gantzen vnd Gebrochen / Neben // angehefftem vnlangst ausgelassnem Büch-//lin / Avff den Linien / Dem einfel-//tigen gemeinen Man / vnd anhe-//benden der Arithmetica // zu gut... Wittenberg 1534

[2] APIAN, Petrus: Eyn Newe // vnnd wolgegründte // vnderweysung aller Kauffmanß Rech-//nung ... Ingolstadt 1527

[3] Das Bamberger Rechenbuch von 1483 (Verfasser: Ulrich WAGNER). Ed. E. SCHRÖDER. Berlin 1988

[4] BÖSCHENSTEYN, Joann: Ain New geordnet Rech-//en biechlin mit den zyffern // den angenden schülern zü nutz ... Augsburg 1514

[5] CARDANO, Geronimo: Opera omnia. Ed. Ch. SPON. Bd. 4. Lyon 1663. Nachdruck New York / London 1967

[6] Die erste deutsche Algebra aus dem Jahre 1481. Nach einer Handschrift C 80 Dresdensis. Ed. K. VOGEL. Bayer. Akad. d. Wiss., Math.-naturwiss. Kl., Abhandlungen. Neue Folge, Heft 160. München 1981

[7] EUKLID: Die Elemente. Buch I—XIII, hrsg. u. übersetzt v. C. THAER. Darmstadt 1980. (Buch VII, §§ 1—2, S. 142 ff.)

[8] FLAVIUS JOSEPHUS: The Jewish War. In: Josephus in nine volumes, Vol. II. Transl. by H. St. J. THACKERAY. Cambridge, Mass./ London 1966—1978

[9] ISIDOR VON SEVILLA: Isidori Hispalensis episcopi Etymologiarum sive originum libri XX. Liber III. Ed. W. M. LINDSAY. Oxford 1911. Nachdruck 1962

[10] KÖBEL, Jakob: Ain New geordnet Rech-//en biechlin auf den linien // mit Rechen pfeningen: den // Jungen angenden zu heis-//lichem gebrauch vnd hend-//eln leychtlich zu lernen ... Augsburg 1514

[11] KÖBEL, Jakob: Mit der Krydē od' Schreibfedern / durch die zeiferzal zu rechnē // Ein neüw Rechēpüchlein / den angenden Schulern d' rechnūg zu erē getruckt. Oppenheim 1520

[12] PESCHECK, Christian: Arithmetischer Hauptschlüssel. Zittau 1741

[13] PESCHECK, Christian: Allgemeine Teutsche Rechenstunden. Zittau / Leipzig 1765

[14] PLATON: Sämtliche Dialoge. Hrsg. (in 7 Bänden) v. O. APELT. Hamburg 1988

[15] RIES, Adam: Rechnung auff der linihen // gemacht durch Adam Riesen vonn Staffel-//steyn / in massen man es pflegt tzu lern in allen // rechenschulen gruntlich begriffen anno 1518. // vleysigklich vberlesen / vnd zum andern mall // in trugk vorfertiget. (2. Auflage Erfurt 1525)

Das 1. Rechenbuch von Adam RIES. Nachdruck der 2. Auflage Erfurt 1525 — mit einer Kurzbiographie, einer Inhaltsanalyse, bibliographischen Angaben, einer Übersicht über die Fachsprache und einem metrologischen Anhang. Ed. St. DESCHAUER. Algorismus — Studien zur Geschichte der Mathematik und der Naturwissenschaften (hrsg. v. M. Folkerts), Band 6. München 1992

Rechnung auff der linihen — gemacht durch Adam Riesen. (Bibliophile Faksimile-Ausgabe des Hamburger Fragments der 2. Auflage Erfurt 1525, ergänzt um die fehlenden Blätter aus dem vollständigen New Yorker Exemplar — mit einer Beilage "Bericht über Fund und Restaurierung", hrsg. von der Commerzbibliothek Hamburg). Hamburg 1991

[16] RIES, Adam: Rechenung auff der linihen // vnd federn in zal / maß / vnd gewicht auff // allerley handierung / gemacht vnnd zu // samen gelesen durch Adam Riesen // võ Staffelstein Rechenmey-//ster zu Erffurdt im // 1522. Jar.

RIES, Adam: ... Itzt vff sant Annabergk / durch in // fleissig vbersehen / vnd alle ge-//brechen eygentlich gerecht-//fertiget / vnd zum letz-// ten eine hübsche vn-//derrichtung an-//gehengt. (2. Auflage Erfurt 1525)

RIES, Adam: Adam Risen // REchenbuch / auff Linien // vnd Ziphren / in allerley Hand//thierung / Geschäfften vnnd Kauffman//schafft. Mit neuwen künstlichen Regeln vnd // Exempeln gemehret / Innhalt für//gestellten Registers. .... Frankfurt a. M. 1578

Das 2. Rechenbuch von Adam RIES. Nachdruck der Erstausgabe Erfurt 1522 — mit einer Kurzbiographie, bibliographischen Angaben und einer Übersicht über die Fachsprache. Ed. St. DESCHAUER. Algorismus — Studien zur Geschichte der Mathematik und der Naturwissenschaften (hrsg. v. M. Folkerts), Band 5. München 1991

Nachdrucke anderer Auflagen des 2. Rechenbuchs:
Erfurt 1532: Erfurt 1991
Frankfurt a. M. 1544: Hannover 1978
Frankfurt a. M. 1574: Darmstadt 1955, Brensbach 1979, Hannover 1987

[17] RIES, Adam: Coß-Manuskript (Standort: Erzgebirgsmuseum Annaberg-Buchholz).

Adam Ries, Coß — Faksimile mit Kommentarband in Deutsch, verf. v. W. KAUNZNER & H. WUSSING. Stuttgart / Leipzig 1992

[18] RIES, Adam: Ein Gerechent Büch-//lein / auff den Schöffel / Eimer / // vnd Pfundtgewicht / zu eh-//ren einem Erbarn / Weisen // Rathe auff Sanct An-//nenbergk. // Durch Adam Riesen. // 1533 (Leipzig 1536)

[19] RIES, Adam: Rechenung nach der // lenge / auf den Linihen // vnd Feder. // Darzu forteil vnd behendigkeit durch die Proportio-//nes / Practica genant / Mit grüntlichem // vnterricht des visierens. // Durch Adam Riesen. // im 1550. Jar. (Leipzig 1550)

2. Auflage: Wittenberg 1611 (hrsg. v. Carolus Ries)

Nachdruck der Erstausgabe: Hildesheim 1976

[20] RUDOLFF, Christoff: Behend vnnd Hübsch Rechnung durch die Kunstreichen regeln Algebre, so gemeinicklich die coss geneñt werden. Straßburg 1525

[21] RUDOLFF, Christoff: Kunstliche rech-//nung mit der ziffer vnnd mit // den zal pfenningē ... Wien 1526

[22] SCHREIBER, Heinrich (GRAMMATEUS, Henricus): Eyn new künst-lich be-//hend vnd gewiß Rechenbüch-//lin vff alle Kauffmanschafft. ... Wien 1518

[23] STIFEL, Michael: Arithmeti-//ca integra. Nürnberg 1544

[24] STIFEL, Michael: Deutsche Arithmetica. Nürnberg 1545

[25] WIDMAN, Johannes: Behend vnd hüpsch // Rechnung vff allen // kauffmanschafften. 3. Auflage Pforzheim 1508 (Erstausgabe: Leipzig 1489)

2. Sekundärliteratur

[26] BERLET, Bruno: Adam Riese, sein Leben, seine Rechenbücher und seine Art zu rechnen. — Die Coß von Adam Riese. Leipzig / Frankfurt a. M. 1892

[27] BEYRICH, Harry: Das "Gerechent Büchlein" des Rechenmeisters Adam Ries (1492—1559). In: alpha 22/2, Berlin 1988, S. 26 f.

[28] DESCHAUER, Stefan: Methoden der vorsymbolischen Algebra. In: mathematica didactica 11 (1988), Heft 3/4, S. 97—119

[29] DESCHAUER, Stefan: "Lerñ wol mit vleiß daß eyn mol eyn / Szo wirt dir alle Rechnung gemeyn" — Ein Beitrag zur Geschichte des Kopf-rechnens. In: Mathematische Semesterberichte XXXVII/1990, Heft 1, S. 1—39

[30] DEUBNER, Fritz: ... Nach Adam Ries. Leben und Werk des großen Rechenmeisters. Leipzig / Jena 1959

[31] DEUBNER, Fritz: Adam Ries, der Rechenmeister des deutschen Volkes. In: NTM 1 (1961), Heft 3, S. 11—44

[32] DEUBNER, Hildegard: Adam Ries und die Neunerprobe — Eine histo-rische Studie. In: Mathematik in der Schule 8 (1970), Heft 7, S. 481—492

[33] FOLKERTS, Menso: Zur Frühgeschichte der magischen Quadrate in Westeuropa. Veröffentlichungen des Forschungsinstituts des Deutschen Museums für die Geschichte der Naturwissenschaften und der Technik. Rei-he A, Nr. 235. München 1981, S. 313—338

[34] GERICKE, Helmut: Mathematik im Abendland. Von den römischen Feldmessern bis zu Descartes. Berlin / Heidelberg / New York 1990

[35] KÖTZSCHKE, Rudolf: Allgemeine Wirtschaftsgeschichte des Mittelalters. Jena 1924

[36] MÜLLER, Johannes: Adam Riese. In: Vogtländischer Anzeiger und Tageblatt (Plauen), Beilage zu Nr. 199 vom 27. 8. 1880

[37] PADBERG, Friedhelm: Didaktik der Arithmetik. Lehrbücher und Monographien zur Didaktik der Mathematik Band 7 (hrsg. v. N. Knoche u. H. Scheid). Mannheim / Wien / Zürich 1986

[38] ROCH, Willy: Adam Riesens Rechenbücher. In: Zeitschrift für Bibliothekswesen und Bibliographie 6 (1959), S. 104—113

[39] ROCH, Willy: Adam Ries. Des deutschen Volkes Rechenlehrer. Sein Leben, sein Werk und seine Bedeutung. Frankfurt a. M. 1959

[40] SAEMANN, Willi: Adam Riese als Cossist. In: Mathematik in der Schule 2 (1964), Heft 1, S. 64 ff. Heft 3, S. 203—214. Heft 8, S. 632—639

[41] SCHÄCKE, Gerda / SAEMANN, Willi: Adam Riese, Rechenmeister auff Sanct Annenbergk. In: Mathematik und Physik in der Schule 2 (1955), Heft 12, S. 537—542

[42] SCHELLHAS, Walter: Der Rechenmeister Adam Ries (1492—1559) und der Bergbau. Veröffentlichungen des Wissenschaftlichen Informationszentrums der Bergakademie Freiberg (o. J.), 74/1 bis 74/3

[43] SIEMON, Helmut: Das Josephus-Problem. In: Praxis der Mathematik 27 (1985), Heft 4, S. 200—212

[44] SPUFFORD, Peter: Handbook of medieval exchange. Royal Historical Society guides and handbooks; no. 13. London 1986

[45] SUTER, Heinrich: Die Abhandlung Quoṣṭā ben Lūquās und zwei andere anonyme über die Rechnung mit zwei Fehlern und mit der angenommenen Zahl. In: Bibliotheca mathematica (3) 9 (1908/1909), S. 111—122

236

[46] TROPFKE, Johannes: Geschichte der Elementarmathematik, Band 1 — Arithmetik und Algebra (neu bearbeitet v. K. VOGEL, K. REICH, H. GERICKE). 4. Auflage Berlin / New York 1980

[47] UNGER, Friedrich: Die Methodik der praktischen Arithmetik in historischer Entwickelung. Leipzig 1888

[48] VOGEL, Kurt: Das älteste deutsche gedruckte Rechenbuch, Bamberg 1482. In: Gymnasium und Wissenschaft. Festschrift des Maximiliansgymnasiums. München 1950, S. 231—277

[49] VOGEL, Kurt: Die Practica des Algorismus Ratisbonensis. Schriftenreihe zur bayerischen Landesgeschichte, Band 50. München 1954

[50] VOGEL, Kurt: Adam Riese — der deutsche Rechenmeister. Deutsches Museum, Abhandlungen und Berichte 27 (1959), Heft 3, S. 1—37

[51] VOGEL, Kurt: Nachlese zum 400. Todestag von Adam Ries(e). In: Praxis der Mathematik 1 (1959), S. 85—88

[52] VOGEL, Kurt: Beiträge zur Geschichte der Arithmetik (hrsg. vom Forschungsinstitut des Deutschen Museums für die Geschichte der Naturwissenschaften und der Technik). München 1978

[53] WINTER, Heinrich: Entdeckendes Lernen im Mathematikunterricht. Einblicke in die Ideengeschichte und ihre Bedeutung für die Pädagogik. (Hrsg. v. E. Ch. Wittmann). Braunschweig / Wiesbaden 1989. 2. Auflage 1991

[54] WUSSING, Hans: Adam Ries — Rechenmeister und Cossist. In: Sächsische Heimatblätter 1 (1985), S. 1—4

[55] WUSSING, Hans: Adam Ries. Biographien hervorragender Naturwissenschaftler, Techniker und Mediziner, Band 95. Leipzig 1989

[56] WUSSING, Hans: Adam Ries. Erscheint demnächst in der Reihe *Vita Mathematica* (hrsg. v. E. A. Fellmann). Basel / Boston / Berlin

Abbildungsnachweis

Jahrbuch
Überblicke Mathematik 1992

Herausgegeben von S. D. Chatterji, Benno Fuchssteiner,
Ulrich Kulisch, Roman Liedl und Walter Purkert

1992. VIII, 206 Seiten. Kartoniert.
ISBN 3-528-06465-X

Inhalt: Banach-Räume – Newton-
Verfahren und nicht einfache Null-
stellen – Partielle Differentialglei-
chungen im Komplexen, ein Über-
blick – Effiziente Berechnung von
Ableitungswerten, Gradienten und
Taylorkoeffizienten – Der Einfluß der
Lebesgueschen Integrationstheorie
auf die komplexe Funktionentheorie
zu Beginn dieses Jahrhunderts –
Die Berechnung von Standardfunk-
tionen in Rechenanlagen – Schur-
analysis – Umfassende Entfaltung
einer mathematischen Methode – Neuronale Netze – Adam
Ries: Rechenmeister und Cossist. Zum 500. Geburtstag –
Mathematik an der Hochschule und Mathematik in der Indu-
strie–Ergänzung oder Gegensatz – Permanenten – Gründung
der Europäischen Mathematischen Gesellschaft.

Verlag Vieweg · Postfach 58 29 · D-6200 Wiesbaden

Printed in the United States
By Bookmasters